U0094336

启微

第一圖

第一圖

启微
BUGEYE

刘玲芳 著译

异服新穿

近代中日服饰交流史

近代日本と中国の装いの交流史

身装文化の相互認識から相互摂取まで

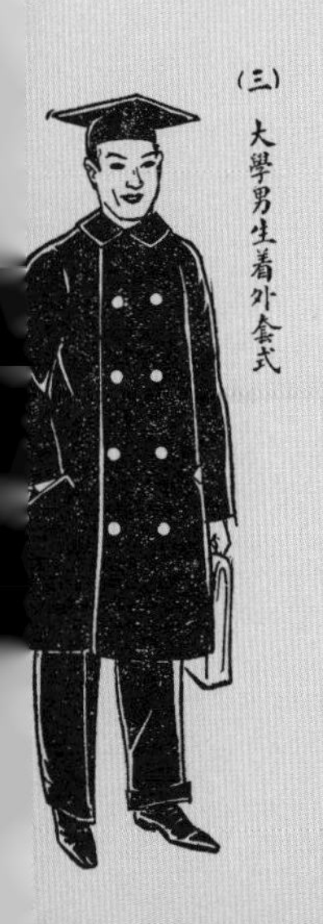

SSAP
社会科学文献出版社
SOCIAL SCIENCES ACADEMIC PRESS (CHINA)

目 录

序　章 / 1

第一篇　中日服饰文化的相互认知

第一章　“东游日记”里描绘的日本服饰文化 / 15
第一节　东渡日本的中国人及其“东游日记” / 17
第二节　异国文化的冲击 / 23
第三节　明治维新后的西服 / 28
第四节　有关和服历史的记载 / 33
第五节　日本人观 / 38

第二章　1900～1910 年代日本对华贸易资料记录的中国服饰文化 / 46
第一节　以对华贸易为视角的服饰文化研究 / 47
第二节　贸易资料中描述的中国服饰文化 / 50
第三节　与中国服饰相关的日本商品 / 55

第三章　1910～1920 年代日本人的中国服饰观 / 62
第一节　中国研究的发展 / 63
第二节　奇怪的风俗 / 65

第三节　奇妙的服饰生活文化 / 79
第四节　“中国服”优势论 / 86

第二篇　中日服饰文化的相互影响：男性篇

第四章　日本男性的中国服 / 95
第一节　中国服之话 / 96
第二节　歌舞伎演员的中国服 / 100
第三节　日本知识分子的中国服故事 / 107
第四节　其他日本人的中国服体验 / 126

第五章　中国留日男学生服饰的变迁 / 135
第一节　清末留学生服饰文化中的中日摩擦 / 136
第二节　逐渐接受日本服饰文化：剪辫、学生服、和服 / 145
第三节　中华民国时期留日学生的服饰变化 / 161

第六章　从日本的“学生服”到中国的“中山装” / 170
第一节　出现在中国的“学生服” / 171
第二节　有关穿“学生服”的一些倡导 / 193
第三节　新型“学生服”——中山装的诞生 / 198

第三篇　中日服饰文化的相互影响：女性篇

第七章　中国女学生服饰文化中的日本影响 / 215
第一节　女留学生的服饰变化 / 216

第二节　中国女学生的“文明新装”/ 234

第八章　清末民初“东洋髻”的诞生与流行 / 254

第一节　“东洋髻”的起源 / 255

第二节　“东洋髻”与近代中日女子教育的交流 / 271

第三节　普通妇女间流行的“东洋髻”/ 294

第九章　日本流行“中国服”现象 / 305

第一节　媒体报道中的“中国服”/ 311

第二节　“中国服”成为一种潮流 / 316

第三节　流行期的到来——传入普通家庭 / 332

结　语 / 344

主要参考文献 / 359

后　记 / 371

序　章

近代以来，由于受到西方文化的影响，无论是在中国还是在日本，与人们生活息息相关的服饰文化都发生了翻天覆地的变化。在以往有关中日两国近代服饰文化的研究中，常常会套用一个像“服装的近代化 = 服饰西化”一样的公式。然而，由于过分强调“西化”这一词，反而忽视了中日邻国之间的相互影响。举个例子：1920 年代，在日本的街头可以看见穿着“中国服”[①]的日本人；在 1910 年代前后的上海，出现了梳着“东洋髻”(日本女性的发型)、身着上衣下裙（汉族服饰）的女性。像这样中日两国服饰文化的交流与共享、服饰混搭的现象，以及当时服装交流的历史概况均处于一种很模糊的状态，至今还未得到任何确切的考证。

在 1900 ~ 1940 年代，日本出现了一股中国研究的热潮，而有趣的是，在清末民初（本书泛指 1870 ~ 1920 年代）的中国掀起了日本研究的热浪。在两国的研究之中，服饰文化也是一大热点。

① 从日本明治后期至二战结束前，日本人往往将当时中国人的服装统称为“支那服”。本书统一将“支那服”翻译为“中国服”，具体是指清朝及民国时期男性的长袍马褂，以及女性的上衣下裙、旗袍等。

本书主要考察和探讨19世纪后期至20世纪前期中日两国服饰文化交流的过程。笔者之所以能挖掘到这个课题，是因为在硕士学位论文《近代日本和服的文化史》的撰写过程中偶然发现：在近代，日本除了不断地学习与吸收西洋文化，也曾在一定时期内关注过中国的服装。后来，笔者在搜集博士课题所需资料的过程中又了解到：清末民初的中国其实不仅仅对西服表现出了兴趣，同样留下了大量有关日本人的服饰文化的史料。于是笔者开始着手搜集这方面的信息资料，并深刻地意识到梳理和明确近代中日两国间服饰交流的必要性。最后，笔者认识到若能跨越地域界线和国界来研究近代东亚的服饰文化是件很重要且十分有意义的事情，于是最终将此定为博士学位论文的研究课题。因此，本书从近代东亚的视点出发，以服饰为媒介探讨中日两国的交流。同时在服饰文化研究中导入“他者”的视角，这不仅为东亚交流史的研究提供了一个新视角，而且能推动中日两国服装史的研究。

本书有两大特色。第一，利用近代东亚视点，以服饰为媒介来探讨中日两国的交流。其理由是，在近代史中，服饰不仅仅是一个能代表国家、民族传统文化的重要符号，往往还包含着个人的自我认知。第二，本书在服饰文化研究中导入“他者”（他国）的视角，能为目前中日两国的服饰研究领域提供一些崭新的多元化信息。现存的服饰文化研究成果，大都以“自我”的单一视角为中心，或者针对某种特定的服饰，鲜有主动去研究他国服饰文化的例子。

学术史回顾

中日两国的服饰研究领域产生了大量有关近代中国或日本的成果。下面根据其各自的特征，大致从以下三个方面来详细说明。

“服装的近代化 = 服饰西化” 之视点

不仅是在中国或日本，在其他任何非西洋文化圈的国家，当在文化层面讨论“服饰”时，往往都会不自觉地套用“近代化 = 西化”这样的公式。而在服饰研究领域，更是容易形成思维定式，将“服装的近代化”完全等同于“服饰西化”。比如，日本的相关研究就有青木英夫《欧美文化对明治时期风俗的影响——主要从服装的角度来看》、柳洋子《时尚化的社会史：从洋气到摩登》、佐藤泰子《日本服装史》、井上雅人《洋装与日本人：国民服的流行》、刑部芳则《洋装、断发、卸刀：服制的明治维新》、增田美子《日本衣服史》等。[①] 而中国的相关研究有赵颖《从近代服饰变迁透视社会风俗移易》，刘力《衣冠之制的解体：中国传统服饰的近代化——以清末服饰变革为中心的探讨》，朱凌云《中国服饰近代化的起点》，廖军、许星《中国服饰百年》，曹彦菊《西潮东渐　洋装渐起——〈玲珑〉杂志中西服饰文化

① 青木英夫「欧米文化の明治風俗に及ぼした影響—主として服装について」『日本英学史学会英学史研究』第 5 号、1972 年；柳洋子『ファッション化社会史：ハイカラからモダンまで』ぎょうせい、1982；佐藤泰子『日本服装史』建帛社、1992；井上雅人『洋服と日本人：国民服というモード』廣済堂出版、2001；刑部芳則『洋服・散髪・脱刀：服制の明治維新』講談社、2010；増田美子編『日本衣服史』吉川弘文館、2010。

的传播者》，张竞琼、曹喆《看得见的中国服装史》等。[①] 这些研究都是中日两国学者在各自的研究领域，对本国的服饰究竟如何被西化这一过程进行论述或介绍的成果。很巧合的是，他们大都在“传统服装到洋装的直线型过渡”这一脉络中观察并阐述服装的近代史。

在近代史中，中日两国的服饰不约而同地受到了西服的巨大影响，这一点自然是毋庸置疑的，通过前述的研究成果也能明确地认识到这一点。但是，反过来看，对“西化”一词过分地强调，往往会导致我们在思考服饰变化的过程中忽略邻国间的交流，乃至相互影响的关系，因此在中日两国近代服饰变化的这段历史上，留下了诸多至今未解之谜。简而言之，在目前的研究情况下，缺乏一种能够认识到东亚文化圈内相互影响关系的新视角。而本书的最大意义就在于，能填补中日服饰史研究的这片空白。

单一视角的研究

目前研究的主流是，从自身的视角出发研究本国的服装，或者针对某种特定的服装进行研究。很少有人会主动研究其他国家的服装，有关其他国家近代服饰的研究就更是屈指可数了。

---

① 赵颖：《从近代服饰变迁透视社会风俗移易》，《沧桑》2006 年第 1 期；刘力：《衣冠之制的解体：中国传统服饰的近代化——以清末服饰变革为中心的探讨》，《求索》2007 年第 1 期；朱凌云：《中国服饰近代化的起点》，《广西社会科学》2008 年第 11 期；廖军、许星：《中国服饰百年》，上海文化出版社，2009；曹彦菊：《西潮东渐　洋装渐起——〈玲珑〉杂志中西服饰文化的传播者》，《山东纺织经济》2010 年第 3 期；张竞琼、曹喆：《看得见的中国服装史》，中华书局，2012。

在日本方面，笔者搜集到了以下几位学者的研究成果。大丸弘通过1920～1940年代的新闻报道、普通日本人对在日中国人的印象，以及参与了中日战争的士兵的叙述等，考察了日本人对中国女性服装的理解。[①] 他的研究结论显示，当时日本人对中国人的服装表示出了一定程度的关注。同时他还提及中国服一度在日本流行，这为本书的研究提供了最初的线索及可行的依据。另外，池田忍通过分析1920～1930年代不少绘画中女主人公身穿“中国服”的表象，论述了当时奉行帝国主义的日本是如何构建出中国形象的。[②] 他在论文中介绍了在“身着中国服的女性”这一题材中具有代表性的几位画家及他们的作品，另外还提及了日本人曾介绍过的中国服。他得出了以下结论：日本画家所画的“身着中国服的女性”，其本质是穿着中国服的日本女性；而关于“身着中国服的女性”这一题材的绘画，也不过是“用杂交式的方法将中国从西洋中抽离出来后，再带着日本帝国想要接近中国的欲望所呈现出来的一种被视觉化、为大众所享受的现象”罢了。以上无论是大丸还是池田的结论，都是他们在研究日本文化的过程中以男性的视角来观察或论述中国女性服装或者服饰方面的一些表象。然而，当时实际出现在日本的中国服究竟是怎么回事，而当时的日本男性、女性和中国服之间又有怎样的联系，类

---

① 大丸弘「両大戦間における日本人の中国服観」『風俗：日本風俗史学会会誌』第27卷第3号、1988年。

② 池田忍「『支那服の女』という誘惑—帝国主義とモダニズム」『歴史学研究』第765号、2002年；池田忍「アジアと日本：中国服の女性表象」長田謙一編『戦争と表象/美術20世紀以後記録集：国際シンポジウム』美学出版、2007。

似这样的问题他们的研究并未涉及。也就是说，当时在日本流行了一段时间的“中国服”究竟是何物，以及当时流行的背景、状况等至今仍没有一种清晰的认识。

同样，中国的学术界对近代日本服饰的研究也是屈指可数。根据笔者所调查过的情况，目前中国方面对日本服饰研究的主流仍是日本和服[①]或者中国古代服饰对日本和服的影响[②]等相关论述。在笔者所掌握的信息里，目前并没有找到中国学者对于近代日本服饰的相关研究。不过，近几年开始出现对日本当代服饰（主要是女学生的水手校服）感兴趣的文章，[③]然而这类文章很难被称为研究成果，充其量只能说是对日本女学生水手校服的一般介绍。

综上所述，中日两国服饰方面的单一视角研究，主要都是针对特定的对象或者是从特定的视角来论述邻国服饰的，当然这本身就带有一定的局限性。因此，它们并不能算作对邻国服饰的综合性研究。

中日比较型研究

近20年，中国陆续出现了不少针对中日两国近代服饰的比较研究，这些研究大都倾向于同时论述中日两国近代的服饰，比

① 辛艺华：《日本和服手绘纹样的审美特征》，《华中师范大学学报》（人文社会科学版）2006年第6期；张婷婷：《日本和服及其文化内涵》，《文化学刊》2016年第2期。其他众多与此相关的论文在此省略。

② 崔蕾、张志春：《从汉唐中日文化交流史看中国服饰对日本服饰的影响》，《西北纺织工学院学报》2001年第4期；王祖兮：《论唐朝服饰文化对日本的影响》，《长春教育学院学报》2014年第12期。其他相关论文在此省略。

③ 韩宁：《从服饰看日本女性的审美观——以和服到水手服的变化为中心》，《时代文学（下半月）》2014年第12期。

如张祝平的《中国国服丧失原因浅探——从近代中日服饰变化比较说明》、王海阳的《从服饰评论中看近代中日女性服饰改良》等。[①] 较引人注目的是贾莉的《古服之变：中日服饰近代化进程之比较》。[②] 该文主要是对“中国清末民初时的服饰改革”和“日本明治维新后的服饰西化”进行对比，论述中日两国在受到服饰西化影响的最初阶段所呈现的各自的反应，总结了其相似点和差异点。不过，贾莉的文章重点放在论述中日两国的异与同，而对于中日两国服饰改良的过程，只不过是做了概括性介绍。因此，很遗憾无法从贾莉的研究中窥探到中日两国服饰改良过程的全貌。

另外，在中国出版的其他中文服饰类著作中，偶尔也能找到一些诸如“近代中国服饰受到了日本的影响”等简单话语。[③] 然而，中日两国近代服饰的整体状况究竟如何，两国对对方的服饰文化究竟是否有影响等，关于这一类的研究和讨论并不充分。换言之，有关近代中日两国之间服饰文化方面的研究其实还未真正开始。

本书框架

本书试图从服装、发型及身体意识三个方面来考察近代中

---

① 张祝平：《中国国服丧失原因浅探——从近代中日服饰变化比较说明》，《历史教学》2002 年第 11 期；王海阳：《从服饰评论中看近代中日女性服饰改良》，《兰州石化职业技术学院学报》2012 年第 2 期。

② 贾莉：《古服之变：中日服饰近代化进程之比较》，《前沿》2013 年第 2 期。

③ 袁仄、胡月：《百年衣裳：20 世纪中国服装流变》，三联书店，2010；周松芳：《民国衣裳——旧制度与新时尚》，南方日报出版社，2014；吴昊：《中国妇女服饰与身体革命（1911～1935）》，东方出版中心，2008。其他省略。

日两国服饰文化的交流过程。本书的目的有两个：第一，再次探讨“服装的近代化 = 服饰西化”这个固定看法是否妥当，研究将阐明东亚内中日两国对对方的服饰文化是否有影响，以及当时历史背景下的真实状况如何；第二，聚焦中国人与日本人对彼此服饰文化的看法，并详细考察两国间服饰交流的具体过程和实际情况。

本书具体的研究时段为，日本明治后期到昭和前期，中国晚清到中华民国初期，即 1870 ~ 1920 年代。通过对中日两国的历史资料、报纸杂志、一般书籍、照片和图画等视觉资料的研究分析，考察和探讨中日两国服饰文化交流的过程和实际情况。

本书共分为三篇。第一篇（第一章至第三章）主要论述中日两国对对方近代服饰文化的认知。

第一章主要关注《中日修好条规》签订（1871 年）后到甲午战争爆发（1894 年）前的时期，对具有旅日经历的中国官员、知识分子撰写的“东游日记”中有关日本服饰文化的部分进行详细考察。具体来说，首先，综合考察中国人东渡日本的时间、目的以及当时的社会背景，然后再对他们日记的内容进行详细剖析。其次，以“东游日记”中的具体作品为分析文本，梳理中国官员、知识分子所描绘的日本服饰文化。从结论来看，他们对日本的服饰文化表现出了强烈的好奇心和极大的兴趣。他们对当时日本社会中出现的服饰西化现象毫不掩饰地表露出惊异之色，同时又对明治维新后政府所倡导的服饰西化政策嗤之以鼻。最后，考察了他们对不同年龄和身份的日本人的服饰文化两极分化的看法。

第二章主要以 1900 ~ 1910 年代为考察期，通过对“日本对中国方面的贸易”相关文献资料的梳理，考察文献中所记录的中国服饰文化。具体来讲，阐明了为了扩大对中国的贸易规模从而获得更多的利益，日本对中国服饰文化到底进行了怎样的研究。其实，对当时的日本来说，与中国人服饰文化息息相关的那些商品实际上是日本贸易商十分重视的产品。因此，日本出现了专门研究中国服饰文化，甚至其他各类风俗人情的动向，与此相关的很多书也开始大量出版。另外，本章从贸易进口方中国的视角切入，探讨当时的中国人如何消费从日本进口的衣物饰品。比如，通过文献资料，了解到当时中国从日本进口的“棉纱棉布”类商品广泛传播到社会的各个阶层，被做成了内衣、上衣、便装、袜子、帽子等。从日本进口的这些纺织类商品在丰富中国服饰文化的同时，也成为他们服饰生活中不可或缺的一部分。

第三章主要考察日本的报刊及各类书籍（1910～1920年代）中有关中国服饰文化的描述。1910年代以后，出现了很多日本人撰写的有关中国服饰文化方面的文字资料。众多的资料显示，在中国人的服饰文化中，日本人尤其对中国男性的辫子和女性的裹脚兴趣浓厚。从资料中可以看到他们想真实地向其他日本人传达中国的情况，同时可以感受到他们对于中国女性的同情，了解到他们对中国传统陋习的批判，以及他们对中国人的这些奇风异俗感到震惊。另外，他们对中国人的生活习惯也给予了一定程度的关注。中日两国百姓在夏季能被允许裸露的身体部位的意识、穿着冬衣的习惯等方面有些差异，这使得部分日本人将当时中国人的服饰生活文化看作是落后的、不文明的。与此相反，在另外一部分日本人中间产生了一种新的“中国服饰观”。他们认识到并且大力赞扬“中国服”可以根据季节来调节体温，具有一定的实用价值，而且它体现了东方礼仪，且带有深厚的文化底蕴。更进一步来说，他们在比较和服、西服与中国服的过程中，甚至一度出现了认为中国服是最优秀服装的看法。

第二篇（第四章至第六章）对中日两国之间男性服饰文化交流的具体过程进行了考察分析。

在第四章中，除了日本歌舞伎的男演员和男性知识分子，还对其他各种身份的日本男性与中国服的关系进行了考察。从中窥探到中国服，即长袍马褂其实给当时不少的日本男性带来了一种十分有趣的体验。通过穿戴中国服饰，日本歌舞伎的男演员、沉迷于“中国趣味”[①] 的知识分子，以及其他身份的日本男性，都获得了一种无法从和服与西服中体会到的新鲜感，得到了一种愉悦的体验。但是，穿中国服也让他们遭受了一些来自其他日本人的不公平对待。在甲午战争后的日本，存在歧视战败国国民的社会风气，因此，当日本人穿上中国服时，也理所当然地被当作中国人，而这种社会地位上的逆转使得身穿中国服的日本人被他们的同胞排斥，甚至遭受到暴力对待。通过这种不同寻常的体验，穿过中国服的日本人或多或少理解了中国人的一些心情，对当时的中国人表达了一定程度的同情。

第五章主要通过异文化交流中摩擦的阶段、慢慢接受的阶段、随时代变化而改变的阶段逐步考察中国男留学生赴日之后服饰变化的具体过程。最初，在不得不接受日本人的服饰文化这一

① 指对汉学、汉文化十分感兴趣，这是一种对中国历史文化的爱好。

点上，男留学生表现出不同程度的抗拒，然后尝试着去接受，最后完全融入。与赴欧美留学的学生相比，留日男学生除了西服还多了“学生服”[①] 与和服两个选项。其中，学生服后来成为留日学生的一种身份象征。对于清末留日男学生来说，学生服不过是为了接受学校教育不得不穿上的一种衣服（工具）。而对于中华民国时期的留日男学生来说，学生服不仅变成了一种早已习惯的衣服，而且是一种他们愿意积极地去接受的无比优越的服装。也就是说，对中华民国时期的留日男学生来说，学生服所包含的意义不再是单纯的一件校服，而是一种时髦的服装。

第六章对中国男留学生热爱的学生服传入中国的过程进行探讨。本章利用大量文献资料及照片论证了在近代中国教育界积极学习、模仿日本的教育理念及教育制度的过程中，学生服偶然地被当作教育制度中的一个工具被采纳了。接着，对学生服是如何被中国人所接受的，与中山装之间又有怎样的联系等一系列问题进行探讨与论证。1920 年代以后，中国社会上出现了号召改良男性服饰的运动。那时，学生服以优良的实用价值及物美价廉的优势引起了部分中国人的关注。它被认为是一种优于西服的服装。于是，在普通中国男性之间居然也开始慢慢流行起来。另外，本章注意到了中山装在成为与长袍马褂和西服并列的三大男装之一以前，在一定时期内其实常常与从日本传来的学生服混为一谈。

第三篇（第七章至第九章）聚焦中日两国女性服饰文化，

---

① 学生服是日本男学生上学时穿着的一种制服，详细的介绍请参考本书第五章。

探讨她们是如何体验与享受邻国的服饰文化的。同时，在第三篇中考证并阐明了在中日两国间，邻国的服饰文化能在本国流行的背景及原因。

在第七章，首先划分了赴日留学的女学生与中国国内的女学生这两个群体，然后分别论述了中国女学生的服饰文化所受到的日本影响。通过对这两个群体女学生服饰的分析，展现在崇尚“素朴”的思想潮流中，文明新装诞生的背景及具体过程。清末民初，在这样一个时代转换的大背景下，当时的中国以日本为榜样大力追逐女子教育近代化的目标。在那样的情形下，东渡日本的女留学生不断地接近，最终直接接触到了日本女性的服饰文化，并逐渐地接受了它们。而与此同时，中国国内的女学生则通过新建的女子学校和国家的各种服装制度与规定，慢慢接受了日本女学生崇尚“素朴”的服饰文化，从而间接地受到了日本的影响。这两个群体最初都是被动地接受日本女学生服饰文化的影响。然而，随着中国服饰与之逐渐交融，她们也不由自主地开始热爱起这种改变。而到了后来，这更是变成了一种流行。

第八章聚焦“东洋髻”，考察既存文献中有关东洋髻的内容，最终证实了在中国风靡一时的东洋髻实际上是日本女子学校的学生和女教师常梳的一种发型。人们往往容易误解东洋髻只不过是一种曾经流行的发型，然而事实是，它是与近代中日两国女子教育紧密相连的一个服饰文化代表。另外，本章还阐明了东洋髻流行的时期，它从1910年代前期直到1920年代一直在中国女性中间流行。而且，当年东洋髻的流行范围十分广泛，不仅在上海、北京等大城市盛行，南到广东，连着中部的湖南、东部的江苏，乃至北方的蒙古，甚至东北地区，都能看到梳着东洋髻发型的中国女性的身影。

对于在日本女性和孩子中突然出现的中国服流行现象，第九章对其整个过程及流行的原因和背景都做了详细的考察和分析。研究结果表明，1910～1920年代中期，其实是日本人对中国服的初步认识阶段，那时出现了用积极赞美中国服的优点来刺激推进改良和服的声音，一部分人明确地表达了对中国服的极大兴趣。接着，在中国服的真正流行到来之前，也就是1921～1926年的准备时期，陆续出现一些信号：演艺界的女明星及富裕阶层的小姐、太太身穿中国服的照片被刊登在各大报纸、时尚杂志上。这让大众感到十分新鲜与震惊，大大推动了中国服在日本的流行。而等到1926年夏季，报刊上竟出现了不少向普通家庭介绍如何制作中国服的文章。直到1928年，随着介绍中国服的信息越来越多，对许多普通家庭的女性和孩子来说，中国服已然成为一种十分亲近的服装，她们也可以赶上这种时髦了。

综上所述，本书着重探讨19世纪末期到20世纪前叶中国和日本如何认识对方的服饰文化，并且重点考察中日两国服饰文化交流的实际情况。同时，本书通过对中日两国的文字资料及图像资料进行深入分析和考证，试图以“服饰”为媒介来论述近代中日两国间的文化交流。

第一篇
中日服饰文化的相互认知

第一章　“东游日记”里描绘的日本服饰文化

中日两国交流的历史其实可以追溯到两千年以前。可是，由于江户幕府和清王朝不约而同地采取了闭关锁国政策，近代史上中日两国的交流在很长一段时期内都被限制在了日本的一隅——一个叫作长崎的地方。而且，交流方式也仅限于一部分中日商人之间的贸易往来。然而，《中日修好条规》的签订最终打破了这个局面。从那时起直到甲午战争爆发，具体来说也就是 1871 年到 1894 年的 23 年之间，中日两国互设公使馆并开始互派公使，这成为近代中日两国间文化交流的开端。[①]

签订《中日修好条规》5 年以后，也就是 1877 年，第一任驻日公使何如璋率领清朝使节团抵达东京，这意味着近代中日两国的交流终于正式拉开了序幕。之后，越来越多的中国人东渡日本，他们将游历日本的体验和感想写进了日记，或者以一种游记的形式记录并保留了这一过程。这一类日记或游记尽管年代并不统一，但大都被称作“东游日记”。由于撰写东游日记的作者们大都是明治时期之后初次到达日本的，因此东游日记中常常能看

① 王晓秋：《中日文化交流史话》，商务印书馆，2007，第 6 页。

到他们对日本的异域文化表现出了强烈的好奇心，或者针对各类社会现象积极地抒发了各自的意见和见解。而这些记录中，不乏他们对于日本人的服装、发型以及身体意识等，也就是日本人的服饰文化的叙述和看法。

当然，目前就有不少利用东游日记进行考察的研究，首先来概括性地介绍一下这些研究的现状。其中，较为重要的是贾莉的论文，是以清末东渡日本的中国官员所写的东游日记为题材进行的研究。可惜的是，她对论文中所提及的东游日记中的作品分析得不太充分，而且其结论中能看到带有一定偏见色彩的地方。因此，此论文并没有超出一般性概论的范围。[①] 另外，马兴国虽然试图在其论文中对中日服饰文化的交流进行考察，但主要论述中国对日本服饰文化单方面的影响，且其论文在“究竟是针对哪个时代所进行的论述”这一点上表现得十分模糊，因此其重点讨论的“中国对日本服饰的影响”让人存在很大的疑问。[②] 不过，从其论文中的表述可以推测出他至少没有将近代之后的情况列入讨论范围中。

因此，在本章中笔者根据梳理研究现状所掌握的信息，划定《中日修好条规》的签订到甲午战争爆发前为考察时期，以这期间由中国人撰写的东游日记为考察文本，探讨当时中国人眼中的日本人的服饰文化。并且，本章中所选定的是有东渡日本经验、真实体验过日本文化的一群人。这部分人的认识与以往那些陈旧

① 贾莉：《从“东游日记”看日本服饰习俗及晚清官员之日本服饰观》，《绍兴文理学院学报》（哲学社会科学版）2012 年第 1 期。

② 马兴国：《中日服饰习俗交流初探》，《日本研究》1986 年第 3 期。

且错漏百出的看法有极大的区别，具有一定的客观性，可以认为他们的记录能代表部分中国精英阶层的看法。通过这一章的考察，可以明晰早期中国人对日本人服饰文化所持有的看法，而且进一步讲，在之后论述中国服饰文化受到日本文化的影响后，中国人认知的变化时，这一章也是不可或缺的一部分。

最后，对于本章的研究方法有必要做一个简单的说明。本章首先综合考察了中国官员东渡日本的时间、目的以及当时的社会背景，在此基础上再针对他们撰写的具体的东游日记进行分析说明。以东游日记里中国人的看法和评论为研究材料，最终阐明近代中国人所描绘出来的日本人的服饰文化。

第一节　东渡日本的中国人及其“东游日记”

正如前面所述，《中日修好条规》签订后，清王朝与日本建立起了基本对等的外交关系，并且相互之间开始设置驻外的公使馆。自此以后，不少清朝官员以及民间文人雅士以外交公务、视察或者观光为目的到访日本。他们所遗留下来的日记或游记资料在学界被统称为“东游日记”。

那么，他们所写的东游日记究竟有什么样的内容呢？他们陆续游历过的19世纪后半叶的日本社会又是怎样的情形呢？东渡日本的中国人又具体是一群什么样的精英知识分子呢？接下来就带着这些疑问来进行分析与探讨。

何谓“东游日记”？

首先，有过东游日本经历的中国人所遗留下来的书籍，在日本被称作东游日记，这究竟是怎样一回事呢？

佐藤三郎对“东游日记”一词做过以下的解释。他认为：“东游日记”中的“游”字带有“离开家乡漂泊四方”的含义，因此，“东游日记”也就是“在游历东方的过程中所写下的日记”。而从地理学上看，当时中国东边的邻国仅有朝鲜和日本，除去朝鲜，所剩的就只有日本了，因此“东游日记”即可简单地理解为“游历日本时所写的日记”。① 说到这里不禁产生疑问：“东游日记”一词究竟是从何而来呢？在此，不得不提到做过大量有关“东游日记”研究的大家——实藤惠秀。据说，实藤发现当时中国人所写的日记、游记里往往会习惯性地在标题中加上“东游”一词，因此他将这些中国人的日记、游记都归为一类，并赋予它们“东游日记”这样一个新的名字。② 也就是说，“东游日记”一词其实是源于日本学界的称呼。

其实，中国也早就对此类文学作品进行了划分，将它们统称为“域外游记”，属于“国外游记”这一大类。不过，其中不仅有日记、汉诗，还有其他各类杂文，只要它们是作者在旅行过程中所创作的，就一律被归到游记这一类中。在中国古代文人墨客之间，其实早就出现了一种于旅游之际创作游记的方式，直到当代仍有作家文人保留此种创作习惯。据说，游记类文学作品的历史可以追溯到先秦时期，在历经秦汉—南北朝时期的形成期之后，于隋唐—元朝时期得到了很大的发展，最终在明清前期迎来

---

① 佐藤三郎『中国人の見た明治日本：東遊日記の研究』東方書店、2003、4頁。

② 佐藤三郎『中国人の見た明治日本：東遊日記の研究』、4頁。

了其最繁荣的时期。后来，到了清朝后期—中华民国年间，游记类文学进入巨大的变革时期。[①] 而正是在清朝后期—中华民国期间，国外游记在数量上呈现出井喷式的明显增长。也就是说，大量中国人开始漂洋过海到西方世界或者东渡日本，并在旅行过程中记录下沿途的所见所闻以及自身的感受，这一现象正是出现在清朝后期至中华民国年间。

不过，在此需要特别申明的一点是，这个时期出现的有关日本的国外游记作品与以往的普通游记是有一定区别的。因为这类有关日本的游记曾被当作近代中国研究日本时一个不可忽视的信息情报源。这一点可以从当时的社会背景中了解到。在当时复杂的国际环境和严峻的形势下，中国逐渐对明治维新后发生巨变的日本产生了兴趣，并开始出现研究日本的动向。[②] 在此种社会背景的转变中，被派遣到日本的中国公使以及公使馆的公职人员等开始频繁与日本当地的官员、文人等进行交流。经过一定的参观、调查之后，他们会将其结果汇总成文书上报。因此，这一类中国人所撰写的国外游记中带有一种“为清王朝提供情报信息”的色彩，这一点是不能忽略的。

综上所述，东渡日本的中国人所写的书籍资料在日本被统称为“东游日记”，而同类的文学作品在中国则被称作“域外游记”。鉴于日本学界的称呼更能突出这部分资料的特点，本书采用了日方学界的称呼——“东游日记”来介绍这部分资料。

---

① 贾鸿雁：《中国游记文献研究》，东南大学出版社，2005，第31~36页。

② 时培磊：《明清日本研究史籍探研》，博士学位论文，南开大学，2010，第145页。

东渡日本的那些中国人

在《中日修好条规》签订以前，其实很少有清朝官员对日本感兴趣，更不用说主动地去研究日本这个国家了。而在当时的中国社会里并没有直接从日本获取信息情报的手段，因此坊间流传的一些有关日本的信息大都是支离破碎的，且几乎都是人们臆想出来的。[①] 但是《中日修好条规》签订以后，1877 年第一任驻日公使何如璋率领公使馆所有人员抵达日本，之后大量中国人陆续东渡日本，于是他们终于获得了直接观察和调查明治初期日本的政治制度以及当时社会情况的各种机会。

带着各自不同的身份东渡日本的中国人有很多，而他们的目的也各不相同（见表 1－1）。本章将重点考察《中日修好条规》签订后到甲午战争爆发以前，游历过日本并且其论著中留下了关于日本人服饰文化的记载的中国人及其作品。具体来说，是考察 9 名中国人的经历以及他们所写的东游日记。

表 1－1　1871～1894 年游历过日本的部分中国人

	身份	在日停留时间及目的	停留地点及到达日本的方式	作品
李圭	浙江海关副税务司文牍	1876 年 5 月，大概停留 10 日，参加费城世界博览会途经日本横滨	长崎、神户、大阪、横滨等地，乘坐三菱公司邮船宜发达号	《东行日记》（1876）

① 佐々木揚『清末中国における日本観と西洋観』東京大学出版会、2000、285 頁。

续表

	身份	在日停留时间及目的	停留地点及到达日本的方式	作品
何如璋	第一任驻日公使	1877年11月~1881年12月，停留约4年，外交公务	长崎、神户、大阪、京都、横滨等地，乘坐军舰海安号	《使东杂咏》(1877)《使东述略》(1877)
张斯桂	第一任驻日副公使	1877年11月，停留4年，外交公务	长崎、神户、大阪、京都、横滨等地，乘坐军舰海安号	《使东诗录》(1877)
黄遵宪	第一任驻日参赞官	1877年11月~1882年春，停留约4年，外交公务	长崎、神户、大阪、京都、横滨等地，乘坐军舰海安号	《日本杂事诗》(1879)《日本国志》(1895)
王之春	曾跟随曾国藩、李鸿章等人办理军务，受到湘淮大臣的重用。为刺探日本动向，受南洋大臣、两江总督沈葆桢委派游历日本①	1879年12月~1880年1月，只在日本短暂停留1个月，其主要目的是考察日本的军备以及日本国内的形势	长崎、神户、大阪、横滨、镰仓、鹿儿岛等地，两次分别乘坐三菱公司隅田丸号和东京丸号	《谈瀛录》(1879)
陈家麟	第三任驻日使团随员	1884年11月~1887年11月，共3年	不详	《东槎闻见录》(1887)
傅云龙	兵部郎中、外交官	1887年11月~1888年5月，共计6个月；1889年5~10月，共计5个月	东京等地	《日本风俗》(1891)

① 常晓琼：《晚清使臣王之春的俄国观》，《河南师范大学学报》（哲学社会科学版）2018年第4期，第88~89页。

续表

	身份	在日停留时间及目的	停留地点及到达日本的方式	作品
王咏霓	驻德公使馆人员	1887 年 5 ~ 6 月，共计 1 个月，回国途中顺道在日本访问	横滨、东京、神户、大阪、京都、奈良、长崎等地，乘坐三菱公司邮轮东京丸号	《道西斋日记》(1892)
黄庆澄	安徽省潜山县幕僚。在沈秉成、驻日使臣汪芝房的斡旋下渡日	1893 年 5 ~ 7 月，共计 2 个月，游历考察	神户、横滨、东京、须磨、大阪、京都等地，乘坐三菱公司邮轮神户丸号、横滨丸号	《东游日记》(1894)

注：此表为笔者根据东游日记撰写者文中的叙述、介绍或者相关研究成果制作而成。

下面，根据表 1 - 1 的信息主要从以下三个方面来进行分析。

首先，从他们的社会地位及个人身份来看，这 9 名中国人都是清朝官员。由此可以推测出当时东渡日本的中国人里大部分都是受过较高程度教育的知识分子，而且他们大都手握一定的权力，在社会中身份地位较高。虽然这 9 名中国人都是清朝官员，但其中一半都是外交官。比如前文屡次提及的第一任驻日公使何如璋，还有副公使张斯桂、兵部郎中傅云龙、驻德公使王咏霓等都是高级官员。另外，还有驻日参赞官、道员、地方参谋等中下级官员。

其次，他们在日本停留的时间可以分为两大类。9 名中国人里，在日本暂居 1 年以上的有 4 名，剩下的 5 名皆只在日本短暂停留。而在日本短暂停留的中国人里，时间最长的达到了 11 个月，最短的仅10天左右。

最后，从表1-1中可以清楚地看到，他们停留的地方主要集中在关东圈（东京、横滨）、关西圈（大阪、神户、京都）以及长崎。而其中的理由，笔者认为有以下三点：这些都是能够代表日本的城市，无论是游历还是考察都十分便利；横滨、神户、长崎这三个地方是当时在日华侨聚集最多的城市，这些地方能让东渡日本的清朝官员们更容易与当地的华侨进行交流和联络；这些城市大都是三菱公司邮船往返中日两国海上客运航线上的停留点，在当时的条件下，在邮船靠岸补给之时顺便下船在当地观光考察的人并不少见。

在了解了以上的背景之后，再来看这9名中国人在各自的东游日记中是如何来记述日本人的服饰文化的吧。

第二节　异国文化的冲击

染黑牙、剃眉

正如前面所述，《中日修好条规》签订以后，中国人对日本方面越来越关注，像外交官、知识分子等赴日的人士也逐渐增多。当然，他们中绝大多数人都是第一次东渡日本。因此，异国的风俗文化给他们带来的冲击和震撼是可想而知的。而其中日本女性染黑牙和剃眉的习俗让中国人尤为诧异。

比如，《使东杂咏》中第11首汉诗就是一个记录了日本女性这方面习俗的典型例子。

编贝描螺足白霜，
风流也称小蛮装。
薙眉涅齿缘何事？
道是今朝新嫁娘。[1]

在何如璋一行乘海安号东渡日本途中，为了补给水、石炭等物资，邮轮曾停靠过长崎港口。这首诗被认为是何如璋在观察了长崎当地的女性有染黑牙和剃眉的习俗之后所作。当时日本的女性（在这里特指长崎的女性）仍大都保留一旦结婚就将自己的牙齿染黑并将原本的眉毛剔除干净的习俗。而何如璋的这首诗正表现出了对日本女性这一习俗的惊愕之感。另外，诗下面的注释也特别感慨道："长崎女子，已嫁则薙眉而黑其齿，举国旧俗皆然，殊为可怪。"[2] 初次到达日本的何如璋在听说全日本的女性都在遵循着这样的习俗时，大概觉得难以置信吧。

在何如璋抵达日本 7 年之后，即 1884 年赴日的驻日公使馆馆员陈家麟写道："（日本女性）迨年长适人，黑齿薙眉，虽平时貌之姣丽者，至此已类无盐矣。"[3] 陈家麟对此用十分辛辣的口吻评价道：不管嫁人前原本容貌多么姣好的日本女性，一旦经历染黑牙和剃眉之后，都会变得丑陋不堪！

由此可以看出对当时赴日的绝大多数中国人来说，若是中国

---

① 何如璋等：《甲午以前日本游记五种》，岳麓书社，1985，第 112 页。

② 何如璋等：《甲午以前日本游记五种》，第 112 页。

③ 陈家麟：《东槎闻见录》卷 1，王锡祺编《小方壶斋舆地丛钞》第 10 帙，上海著易堂，1891。

女性有染黑牙和剃眉的习俗，这几乎不可能被认为是美观的。而日本女性的这一习俗对于初来日本的中国人来说自然是很难接受的一大文化冲击。究其原因，应当是清末的中国人与明治时期的日本人之间的审美观有着千差万别吧。具体来说，长而细的柳叶眉是中国女性较为理想的眉形，倘若眉毛过短，就会用一种叫作“青黛”的深蓝色颜料涂抹眉毛来修饰原本的眉形。[①] 而对于牙齿的审美，可以参考中国文人常常用来描述美人的“明眸皓齿”一词。[②] 这个词语成为当时衡量女性是不是美女的一个标准。而日本女性与清朝的中国女性截然相反，结婚后将眉毛剔干净，同时特意将原本雪白的牙齿染成黑色。这也难怪渡日中国人觉得匪夷所思。

内裤

东游日记中有不少资料都记录了中日两国之间“裸露”意识的不同引起的巨大的文化冲击。比如，浙江海关副税务司文牍李圭将自己在日本的见闻记录如下：

> 国中船夫、车夫及工作之徒，多赤下体，仅以白布一条，叠为二寸阔，由脐下兜至尻际，直非笔墨所可形容者。闻士商人中，亦不着裈，惟裹帛幅，女子亦然。[③]

① 戴争编著《中国古代服饰简史》，中国轻工业出版社，1988，第219页。

② “明眸皓齿”一词据说出自曹植所写《洛神赋》。在描述洛神的绝世美貌之时，曹植写道：“丹唇外朗，皓齿内鲜，明眸善睐。”

③ 李圭：《环游地球新录》，岳麓书社，1985，第320页。

1876年是美利坚合众国建立100周年。这时，美国为了与世界各国保持和睦友好的关系，决定在费城举办博览会。正是为了参加这次费城博览会，李圭前往美国。前面的描述正是他在去美国时途经日本，在横滨逗留了10天左右后观察并记录下的现象。李圭虽然只在日本做了短暂的停留，但正是在这短短的10天内，他发现很多日本男性劳动者在腰间系上小片白布（这里大概是指兜裆布）来遮羞，而绝大部分下半身都裸露在外。李圭看到的日本男性裸露的场景远超当时普通中国人的想象，他在文中指出，此“非笔墨所可形容”，实在是让人瞠目结舌！并且，李圭打听到，当时的日本商人以及女性中也有不穿内裤的现象。现在我们所说的和服，在明治时期是日本人的主要服饰，通常情况下无论男女，身着和服时其实并没有穿内裤的习惯。

有关日本人内裤的问题，在其他中国人的著作里也可以找寻到相关的评述。例如，黄遵宪在《日本杂事诗》中写道：

> 女子亦不着袴，裹有围裙，《礼》所谓中单，《汉书》所谓中裙。深藏不见足，舞者回旋，偶一露耳。五部洲惟日本不着袴，闻者惊怪。[①]

黄遵宪为后世留下了《日本国志》，堪称研究当时日本的一部经典巨著。据说，就连光绪帝也十分欣赏黄遵宪，在参照《日本国志》的基础上命人制定了1898年的戊戌新政并加以实施，

① 黄遵宪：《日本杂事诗广注》，岳麓书社，1985，第732页。

意图仿效日本的明治维新之举。[①] 然而，即使在知识渊博、富有才华的黄遵宪看来，日本人不着内裤的习俗也实在是让人震惊不已。他不禁感慨：放眼五大洲内，此种习俗怕是只有在日本人之间才存在吧。

有关此类的叙述，在 1893 年黄庆澄耗时两个月周游日本后写下的《东游日记》一书之中也能找到：“妇女服单衣，长必如其体，腰围蔽广带，虽盛夏不释，惟下体不着裤。”[②] 此时，距离李圭的记述已经十多年之久。黄庆澄在叙述中，仅用“（日本女性）惟下体不着裤”一句草草带过，并没有出现像黄遵宪那样的惊讶之情。笔者推测大概是这期间，关于日本人和服底下不着内裤的传闻在某种程度上已经在中国人之间流传开了。

可是话又说回来，为什么中国人对于日本人不穿着内裤这件事如此在意，并且感到惊讶呢？实际上，在 19 世纪末，中日两国对于“裸露”方面的身体意识有着根本的不同。在中国，社会底层的男性劳动者在劳动过程中感到热时，往往会脱掉衣服赤裸上半身，但绝不会像日本男性劳动者那样，下半身仅用一小块布遮挡，大面积裸露出腿部和屁股部分。日本男性劳动者这种裸露的习惯即使在中国底层男性劳动者看来，也是一种无法想象的行为。

以上的内容主要考察了初到日本的中国人在观察了日本人化妆、服饰风俗文化之后所产生的一些异国文化冲击。出现这种文化冲击的缘由可以简单归结为中日两国之间的审美意识存在巨大的差别。

---

① 王晓秋：《近代中日启示录》，北京出版社，1987，第 189 ~ 190 页。

② 何如璋等：《甲午以前日本游记五种》，第 331 页。

第三节　明治维新后的西服

1872年在中国本土由英国人创办的《申报》，后来在不少中国主笔的努力下得到了飞速发展，成为甲午战争之前中国境内最有影响力的报刊之一。郑翔贵在其研究中指出："从1872年到1893年期间，《申报》中出现的有关日本服饰改革方面的新闻报道大概有26篇，尤其是1872年至1879年间集中刊载了16篇。这是当时中国在报道日本文教类的新闻中排名第二的数据。"[①]从这一现象可以看出，甲午战争以前，特别是在明治维新以后的初期阶段，对于邻国日本的服饰改革与服饰风俗的变化，中国人表现出了较大程度的关注。与《申报》上出现的情况大致相同，从东游日记中也不难窥探到当时东渡日本的中国人对当地的西服产生了较大的兴趣。

1870年，明治新政府决定陆军部队采用法式军服，海军则采用英式军服，以此在传统的军服制度方面进行大刀阔斧的改革。同年，拥有勋位等级的华族贵族以及工部省的官吏采用了西服。接下来，于1871年在警察制服、邮政人员制服、兵部省官员服方面，以及1874年在铁道人员制服方面都进行了大改革，均采用西式制服。[②] 日本明治新政府的这一举措从当时整个东亚来看都是极其罕见的。

那么，东渡日本的中国人究竟又是如何看待日本男性"服饰

---

① 郑翔贵：《晚清传媒视野中的日本》，上海古籍出版社，2003，第43~44页。

② 増田美子編『日本衣服史』、293－295頁。

西化”这一现象的呢？接下来将对此进行考察。在本章的前一节中已经做过一定的介绍，1876 年，李圭经由日本去往美国参加费城世界博览会。途中经过日本时，他将自己在日本短暂停留期间的所见所闻都记录了下来，最后整理成《东行日记》出版，其中就有几处对日本人身穿西服现象的描述。

例如，在长崎逗留时，李圭记载：“各街设巡捕，若上海然，而皆为日人泰西服色。”① 而到了东京以后，“宫阙、衙署、武营、兵制半仿西式，职官、兵士、巡捕及一应办公之人，皆泰西装束。闻其国君后、命妇亦然”。② 虽然早就听闻日本在宫廷、衙署、兵营、军队制度等方面开始仿效西方国家，但是连服饰方面都开始完全西化，皇族贵族也都摒弃本国的传统服饰改用西式服饰，这在当时的清朝官员看来可以说是远超乎想象。

虽说李圭在日本停留的时间不过短短 10 日，但他在观察了真实的日本之后，对于明治维新后日本积极学习西方知识、模仿西方制度这些方面，做出了肯定的评价，认为日本“故能强本弱干，雄视东海”。③ 然而，对日本在服饰方面追求西化这一点，他的评价为“惜乎变朔望、易冠服诸端，未免不思之甚也”，④ 认为实在是模仿过度了。

黄遵宪的《日本国志》中也有对日本明治维新后服饰西化现象的相关记载：

---

① 李圭：《环游地球新录》，第 318 页。

② 李圭：《环游地球新录》，第 323 页。

③ 佐藤三郎『中国人の見た明治日本：東遊日記の研究』、30 頁。

④ 佐藤三郎『中国人の見た明治日本：東遊日記の研究』、30 頁。

> 维新以来，竞事外交，以谓宽袍博带，失则文弱，故一变西服，以便趋作。自高官以至末吏，上直退食，无不绒帽毡衣，脚踹乌皮靴，手执鞭杖，鼻撑眼镜。富商大贾，豪家名士，风气所尚，出必西式。[①]

明治维新以后，日本上到高官下至下级官吏，几乎人人都戴着帽子，穿着西式大衣，脚踏黑皮靴，手持手杖，鼻梁上架着眼镜框。而富裕的商人们及其他社会名流也受政治家的影响十分崇尚西服，每当外出之时必定一身西式的装扮。以上就是黄遵宪眼中明治时期日本男性的服饰情况。

而在同时代的中国，除了像上海、广州等部分外国人大量聚集的开放性沿海港口城市以外，西服在大部分中国人眼中还是较为遥远而陌生的服饰，还未完全渗透进本土的服饰文化中。[②] 然而，此时的邻国日本却毫不犹豫地摒弃了传统服饰，在男性服饰方面进行全盘西化的大胆改革。这种情形大概深深地烙在了当时清朝官员黄遵宪的脑海中，他对这种全面西化的服饰政策表示了一定的担忧。

> 然日本旧用布用丝，变易西服，概以毳毛为衣，而全国向不蓄羊，毛将焉傅？不得不倾资以购远物，东人西服，衣服虽粲，杼轴空矣。[③]

---

① 黄遵宪：《日本国志》下册，岳麓书社，2016，第 1169 页。

② 袁仄、胡月：《百年衣裳：20 世纪中国服装流变》，第 36 页。

③ 黄遵宪：《日本国志》下册，第 1169 页。

他主要是从国家经济的角度来看，并推测明治政府极端的服饰西化政策可能会导致日本传统纺织产业的衰退。

前文已经提到东游日记中不少文献带有报告资料或调查书性质，因此，其中也许包含了黄遵宪想通过日本服饰政策的例子来劝谏警示清朝政府的意思吧。

另外，黄遵宪作为驻日公使馆参赞官，常常在驻日公使身边，与日本官员打交道的机会自然甚多。况且，黄遵宪原本就才华横溢，当时受到不少日本人的欣赏和仰慕，因此与他结交的日本人也不在少数。[①] 而据黄遵宪观察，日本官员在家时大多不穿西服，而是会换上和服。他推测认为：“又日本席地跪坐，西服紧束，膝不可屈，殊多不便，故官长居家，无不易旧衣者。”[②] 其实在当时的日本，特别是在男性之间，“在家着和服，出门穿西服”已然成为一种默契。[③] 而这一点倒与黄遵宪所观察到的情形相一致。

不仅是仿效西洋人穿西服，日本男性甚至开始模仿西洋人蓄胡须。原本在江户时代，日本男性在剃月代头[④]时往往也会将胡须剃干净。然而，明治维新以后，受到西方政治家与军人爱留胡须的影响，在部分日本人之间，蓄留胡须居然也变得流行起来。[⑤]

---

① 王晓秋：《近代中日启示录》，第 80 页。

② 黄遵宪：《日本国志》下册，第 1169 页。

③ 增田美子編『日本衣服史』、296 頁。

④ 是江户时代男性的一种发型，其代表可以参照日本武士。从前额到头顶的部分全部剃光露出头皮，剩下的后半部则留长发然后扎成小辫固定在头顶。

⑤ 刑部芳則『洋服・散髪・脱刀：服制の明治維新』、76 頁。

黄遵宪将当时日本男性争先恐后蓄胡须的情形在《日本杂事诗》中记录了下来。

> 对镜惭看薄薄胡，
> 时妆孤负好头颅。
> 青青不久星星出，
> 间引毛锥学种须。[①]

为了能留个好胡须，他们也是费尽了心思，如此看来，这首诗是在讽刺原本没有蓄胡须习惯的日本男性在模仿西方国家男性蓄胡须时那种十分迫切的心情以及滑稽的模样。

上述内容，主要是对中国人记录的资料中日本男性服饰西化现象所做出的分析。女性的服饰西化又会是怎样的呢？接下来就让我们来看看当时东渡日本的中国人是如何记述的。

1886 年 7 月，明治天皇的皇后美子（旧名一条美子）在出巡华族女子学校时，初次穿上了洋装。第二年 1 月又正式颁布了《有关妇女服制的意见书》，表示出了对西服合理性的关注，并且计划积极地促进女性服饰的改良。

1887 年 5 月，曾长年供职于德国公使馆的王咏霓在归国途中经过日本，于是在日本停留了一个月并进行了一定的考察。在了解到日本皇族贵族女性也开始穿洋装时，他感叹道："去年皇后（名哈罗姑）始为西装，官民妇女亦多效之，然行路踽踽，

① 钟叔河辑注校点《黄遵宪日本杂事诗广注》，湖南人民出版社，1981，第 182 页。

亦殊可哂。”[1] 皇后穿洋装以后，政府官员的夫人们以及其他普通女性也开始模仿皇后穿洋装。然而，刚开始尝试穿洋装的日本女性由于服饰习惯的差异，走路时的样子往往在人群中显得非常奇特，这在长年旅居欧洲的王咏霓看来十分滑稽。

包括王咏霓在内，当时到访日本的中国人大都对明治维新后的日本表现出了较大的兴趣并对其成果做出了某种程度上的肯定。然而，在日本人抛弃传统服饰而开始进行全盘西化，所谓服饰西化政策这一点上，中国人大都持否定的意见。在中国历来统治阶级极其重视服制的背景下，清朝官员自然十分重视博大精深的服饰文化，况且他们所穿着的官员服饰原本就带有作为统治阶级一分子的骄傲与尊贵，因此，当他们看到日本人对本国的服饰进行全面改革之时表现出了无法理解的一面，并且认为这不过是明治政府急于求成思虑不周的一项政策罢了。因此，东游日记的作者大都对日本在经济、基础建设、教育等方面所实行的西化政策表示出了赞赏，[2] 却对积极推进的服饰西化政策不以为然，甚至是持毫不掩饰的批判态度。

第四节 有关和服历史的记载

前几节主要围绕染黑牙、剃眉以及和服里面的内衣等方面对东渡日本的中国人造成的文化冲击进行了梳理和归纳。另外，对

① 《王咏霓道西斋日记》，岳麓书社，2016，第55页。

② 王晓秋、大庭修主编《中日文化交流史大系·历史卷》，浙江人民出版社，1996，第283页。

中国人关于日本服饰西化政策的主观评价进行了分析。除此以外，东游日记中还留有不少对日本和服的历史方面的记载。

下面来举个例子。黄遵宪的《日本国志》中有这样一段记载："日本旧服皆隋唐以上遗制。当时遣唐之使，冠盖相望，上至朝仪，下至民俗，无不模仿唐制。逮将门颛政，稍趋简易，然不过损益旧制，大同小异。宋明以下，新改服色，乃不复相同。"①

黄遵宪用十分肯定的口吻向中国人介绍且明确地指出当时日本人的服饰其本源应该是中国。他之所以能如此断定，是因为黄遵宪围绕这一点疑问考察了大量的资料。而他的这个结论成为当时中国从史学方面考察日本人服饰文化最为重要的依据。

跟黄遵宪一样，傅云龙也在东游日记中留下了中国影响日本服饰文化的一些相关记载。傅云龙原本是兵部郎中，在1887年清政府举办的游历官选拔之中拔得头筹，最后作为公使游历了西方各国。他与前述的李圭一样，在游历西方国家的同时也经过了日本。但与李圭的短暂停留不同，傅云龙则是在视察了美国、加拿大等国之后再次经过日本，前前后后在日本停留了大概11个月。傅云龙在游历日本和南、北美后，留下了不少珍贵的著作。其中有关日本方面的有《游历日本图经》，这是一部收录了30卷内容、规模宏大的巨著。

在日本的11个月里，傅云龙对当时日本人所穿服饰的源流进行了探寻。以下收录于《小方壶斋舆地丛钞》第10帙中题名为《日本风俗》（1891）的资料便是一个最好的例子：

---

① 黄遵宪：《日本国志》下册，第1169页。

> 明治以前，士民有笠无冠。先是懿德创制天地人三冠，时中国周敬王年也。开化八年，当汉景帝七年，制上中下三等冠，后又增三十一名乌头今乌帽子、二名兔腰、三名蟾头，凡九冠也。天武十一年为唐弘道元年，男女始结发，着漆沙冠，改定礼仪。今之纱冠乌帽子始此。推古十一年为隋仁寿三年，拟隋唐式，始定冠色，品置十二阶，赐诸臣冠位，孝德天皇制七色十三阶冠，又制十九阶……①

将清末傅云龙所做的记载与当今日本服饰研究学界的说法做一番对比，可以发现二者基本一致，光从这一点上就可以给予傅云龙所撰写的资料以高度的评价。不得不提到的是，清末，中国人对日本的认知并不多，甚至大都还是些错误信息。在那样的时代背景下，像傅云龙这样如实记载史料更加难能可贵。

正如本章第三节提到的一样，东游日记的作者，也就是那些东渡日本的中国官员看到异国服饰文化后感受到了强烈的文化冲击，或者对于身为东亚国家的人却非要尝试穿西方洋人的西服格外关注，其中的原因不难理解。但是，为何他们又热衷于找寻日本人服饰历史的渊源呢？

理由之一是，他们原本就带有一种特殊的使命感。像黄遵宪与傅云龙，他们二人都试图努力将整个日本的真实情况（其中自然也包含服饰文化）尽量如实地记录下来，以此来填补当时中国

① 傅云龙：《日本风俗》，王锡祺编《小方壶斋舆地丛钞》第10帙。

对日本研究的空白。

正如前面所述，在何如璋初次抵达东京任职之前，中国并不存在能直接观察调查日本的手段。因此，在当时条件下的中国所流传的有关日本的信息绝大部分都是片面的、模糊的。当日本方面大刀阔斧地进行了明治维新改革之后，中国也逐渐认识到研究东亚邻国——日本的重要性。一方面，文人出身的官员们陆续将东渡日本变为现实，这也为日本研究的进一步发展奠定了一定的基础。

而黄遵宪与其他人的立场有些许不同，他原本就对清末国内日本研究的状况非常不满，希望可以通过自己的记录将真实的日本传达给当时的中国人，以此来改变中国人对日本人一直持有的那种模糊或者错误的认知。[①] 而傅云龙则带有一种“试图将游历多国时所记录下来的真实资料提供给当时的中国人参考”的使命感。[②] 如此，由于带有一种试图填补当时中国对日本研究空白的使命感，黄遵宪也好，傅云龙也罢，他们都将日本人的服饰文化作为风俗文化的一部分进行了翔实的考察。在考察日本的真实状态时，这二人都带有史学研究者谨慎而细致的态度。现在，从服饰文化史的角度来看，这二人所撰写的资料几乎具有史料一样的价值。

另一方面，东游日记之中依然存在即使毫无依据，但当看到部分类似中国的日本风俗之后，立即联想到中国古代遗风的倾

---

① 王晓秋：《近代中日启示录》，第167页。

② 王晚秋著、張麟声・木田知生訳「傅雲龍の日本研究の業績と特色—『遊歷日本図経』を中心に」『日本研究』第18号、1998年、104頁。

向。比如，作为驻日公使馆的随行人员从 1884 年到 1887 年的三年间一直居住在日本的陈家麟在其《东槎闻见录》中写道：

髻有三种，其一如必锭式，上宽下狭，中有布衬，名曰岛田；一则囫囵，一髻中形大如海壳，名曰曲丸，皆以地名；又有横卧顶梁，如蜂腰中断，两端成圈者，名曰蝴蝶髻。三种均古雅可爱，日人谓二千余年从未更翻花样，疑即吾国上古式也。[①]

陈家麟推测这三种发型源于古代中国，做出了较为轻率的结论。实际上，笔者在考察了日本人发型的历史之后，了解到日本女性的发型随着朝代的不同发生了巨大的变化。比如说日本平安时代贵族女性的发型大都是黑发散落披肩甚至长度及地，当时并没有束发的习俗。直到江户时代，女性才逐渐将头发梳成发髻盘在头上。而文中陈家麟所提及的这三种发型都是从江户时代继承下来的风格，断然不可能受古代中国的影响。

当然，以上陈家麟的事例仅为其中一例。但由此可见，在当时东渡日本的清末官员之中确实存在热衷于从日本文化中找寻中国文化影子的倾向。不仅是陈家麟，就连黄遵宪和傅云龙也留下了类似的记载。虽说前面已经指出黄遵宪和傅云龙撰写资料时带有一种特殊的使命感，但从记载中不难发现他们也或多或少夹杂

---

① 陈家麟：《东槎闻见录》卷 1，王锡祺编《小方壶斋舆地丛钞》第 10 帙，第 400 页。

着追忆中国古风的情感。[①] 具体来说，黄遵宪与傅云龙以大量笔墨尽可能详尽地记述和服的历史渊源，尤其是和服如何受到中国服饰文化的影响，这是因为他们可以由此追忆古代中国文明的伟大，而这本身就是一件令人十分自豪的事。

在此，可以稍微回顾一下当时中国的处境：自鸦片战争以后，由于不断受到西方列强的侵略，清政府的中央集权逐渐被削弱并最终走向衰退，导致整个中国在西方列强的霸凌下也逐渐丧失了大国所拥有的文化自信。而当时东渡日本的那些官员偶然在东亚异国他乡发现了古代中国文明的残影，这对具备中华文明绝对优越思想、在中国社会中是佼佼者的他们来说是何等自豪的事呀！

第五节　日本人观

最后，通过东游日记中有关日本人服饰文化的描写，笔者将探寻清末中国人的日本人观。

首先，黄遵宪在《日本杂事诗》第103首汉诗《女子》的注文中写道：

> 女子皆肤如凝脂，发如漆，盖山川清淑之气所钟也。……七八岁时，丫髻双垂，尤为可人。长，耳不环，手不

① 黄遵憲『日本雑事詩』、201頁。实藤惠秀和丰田穰在注释中记载：“从文中可以强烈地感受到作者在怀念古代中国遗风的情怀。而且整部《日本杂事诗》中都充满这种情绪。”

钏，髻不花，足不弓鞋。[1]

在此可以看到黄遵宪笔下呼之欲出的日本女子形象。在黄遵宪看来，日本女性大都是皮肤雪白、头发漆黑的美人。不过，与中国女子不同的是，她们并不戴华丽的首饰，甚至连头花都不戴，更不用说像当时中国女性一样缠足了。由此可见，中日两国女性所追求的美是存在一定差异的。与中国女性追求的华丽张扬之美相比，日本女性追求的反倒是一种自然和朴素之美。文中黄遵宪还特别提及：七八岁的日本小女孩梳着双垂的发髻，显得尤其可爱。

1879 年抵达日本的王之春（当时他为了刺探日本动向被派遣到日本）曾在著作《谈瀛录》中就东京的未婚女性与已婚女性进行了一番比较评论。

东京女子

修眉皓齿发如黰（鬒），

犹是深闺未嫁身。

豆蔻含香宜带雨，

海棠为屐岂无尘。

金诃贴乳唐妃子，

罗袜凌波晋洛神。

不愧此邦为日出，

---

① 钟叔河辑注校点《黄遵宪日本杂事诗广注》，第 147 页。

胜他南国有佳人。[①]

在这首诗中，王之春用“修眉”“皓齿”“黑发”等词来形容未婚女性的特征，而且采用了中国诗人常常在形容天真无邪的少女时所用的植物“豆蔻”和“海棠”来描述日本的年轻未婚女性。另外，和服的领口比较容易敞开，微微露出日本女性的胸口，这如同唐代的杨贵妃一样性感动人。而她们穿着生丝材质的白袜、迈着凌波微步的模样，简直就像东晋著名画家顾恺之笔下的洛神呀！王之春用中国古代两大绝色美女来形容日本未婚的年轻女性，对她们赞不绝口。

在最后的第七、八句，王之春又总结道：“日本不愧是日出之国，这个国家的美女比其他南洋国家的要更胜一筹呀。”从王之春的这首诗中不难看出，日本未婚的年轻女性的纯洁和天真无邪给他留下了美好的印象。

然而，对于已婚妇女他们又是作何评价的呢？接下来要分析的便是王之春所写的《东京妇女》一诗。

东京妇女

高髻云鬟大袖垂，

少年裙屐亦丰姿。

项前涂粉连胸涴，

背后拖绅称体宜。

① 《王之春谈瀛录》，岳麓书社，2016，第24页。

可惜双眉芟以尽，

生憎皓齿涅而缁。

无襦无袴休嫌冷，

只为心肠有热时。[①]

诗的前半部分并没有太过具体地说明任何跟东京妇女容颜相关的信息，只是从后面和旁侧描绘了女性的发饰与姿态等，而且描绘的是一副“头上盘着高高的发髻，大袖低垂，胸前脖颈处涂抹着一层白粉，而身后裙裾及地，走起路来十分优雅”的女性形象。然而，从第五句开始笔锋一转，列举出其实她们有“剃眉”“染黑牙”“身下不着裙、不着裤”等令人咋舌的奇俗，呈现出一种对已婚妇女丧失了原本美好的惋惜之情。

由此可见，清末渡日中国官员之中出现了像黄遵宪、王之春那样对日本年轻少女赞不绝口、做出正面评价者。然而，也有人对日本人的服饰文化表现出不屑一顾的看法。比如，驻日副公使张斯桂在其《使东诗录》中《东京女子》一文中记载：“拂胸蝶粉麝无香（女子皆露胸，故自颈至胸皆傅粉，甚白。然粉粗而劣，不及中国之宫粉香）。”[②] 另外，张斯桂在《易服色》一诗中写道：“改装笑拟皮蒙马，易服羞同尾续貂。优孟衣冠添话柄，匡庐面目断根苗。见他摘帽忙行礼，何拟从前惯折腰。”[③] 这里，张斯桂是在讽刺日本人学西方人穿衣之后所呈现出来的窘态。在

① 《王之春谈瀛录》，第 13 页。

② 何如璋等：《甲午以前日本游记五种》，第 114 页。

③ 何如璋等：《甲午以前日本游记五种》，第 115 页。

他看来，日本人舍弃了原本受到汉文化影响祖祖辈辈流传下来的和服，迫不及待地学习洋人穿着并不合身的西服，这本身就是件不妥当的事情。况且，他们还刻意模仿西方人的礼节，用脱帽来表示尊敬，实在是太滑稽可笑了！

除了张斯桂，陈家麟对日本人的服饰同样持有负面的看法。陈家麟在其《东槎闻见录》中记述道："男女皆圆领宽袖。冬不衣裘，下系以裙，而无犊鼻，有事则加单褂于外。"① 他首先介绍了日本男女的衣服都是圆圆的领子②配上宽袖子。等到了冬天，他们并没有穿毛裘来保暖的习惯。下半身穿的是裙子而且里面不穿内裤。若是到了严寒难耐的日子，他们也不过是在原本的衣服外面再套上一件薄薄的外套而已。大概在陈家麟那样生活在中国中上层的官僚们看来，日本百姓朴素单调的服饰略显贫苦和粗劣吧。紧接着，陈家麟又记载："霜雪严寒，不用裘貉，惟薄棉一二重，男子冠式如中土僧，便帽或布或毡，亦有皮者，皮则多系骨种羊。或磨秃，袖头剩底绒者，更以薄毡绒布一方，裹于项中，以御寒，殊不雅观也。"③

综合以上的资料可以看出，拥有渡日经验的清末中国官僚在看待日本人的服饰问题上很明显地分为了两派。之所以会出现如

---

① 陈家麟：《东槎闻见录》卷1，王锡祺编《小方壶斋舆地丛钞》第10帙，第400页。

② 和服穿着完毕的样子应该不是圆领，而是Y字形领口。陈家麟看到的大概是普通老百姓穿着相对松垮时和服的样子：领口敞开得较大，往往会露出脖子和胸前的大片皮肤。

③ 陈家麟：《东槎闻见录》卷1，王锡祺编《小方壶斋舆地丛钞》第10帙，第400页。

此极端化的两派，究其原因在于东游日记的撰写者自身的思想和立场。比如，前面多次提及的黄遵宪，他是一位具有进步思想的思想家和诗人。从他的《日本国志》和《日本杂事诗》的叙述中，可以感受到他明显带着一种客观的、脚踏实地的态度记录当时日本的风土人情。所以，对于所欣赏的地方，他会不惜笔墨坦率地表达自己的赞赏，但对于持保留意见的地方，譬如日本明治政府采用服饰西化的政策一事，他也直言不讳地批判，表示无法认同。但与之相反的一派，比如张斯桂，他们与当时清朝大多数高官一样，原本就自视清高，对于日本文化往往也是抱着清朝上国的态度来俯瞰的，因此，他在日本人的服饰方面做出了一些轻视乃至嘲讽的评价。当然这也体现出了他们这一派所具有的保守性质。

* * *

本章主要围绕《中日修好条规》签订之后到甲午战争爆发之前，有东渡日本经验的中国人所撰写的东游日记，分析整理他们当时如何看待日本人的服饰文化，并得出如下结论。

本章中所列举的 9 位中国人都是在清朝末期初次东渡日本的，因此他们对于日本的异国文化很自然地表现出了强烈的好奇心和兴趣。像日本女性的剃眉、染黑牙等化妆方面的习俗，以及日本人和服底下不穿内裤、社会下层的男性劳作时几乎赤裸着下半身（中日两国对于裸露意识的不同）等方面都让中国人感到十分惊诧。

同时，东渡日本的中国人大都对明治维新后日本服饰西化的现象表现出了一定的关注。服饰往往带有强烈的个人标志。在当时的渡日中国人看来，日本人居然抛弃自己的民族服饰开始模仿西方人穿西服，这就几乎等同于他们要彻底改变自己的民族性来达到西化的目标。因此，对于服饰西化政策，黄遵宪明确表示出了强烈的担忧，而其他渡日中国人也跟黄遵宪的态度基本一致，或讽刺揶揄，或强烈批判。

另外，在渡日中国人所撰写的东游日记中也有部分阐述了日本人服饰的历史渊源。这些史料，为当时中国人提供了一个了解日本社会真实状况的窗口，并且大大推动了日本研究的进程，在这两点上笔者认为可以给予东游日记较高的评价。而且，从现在服饰文化研究的角度来看，他们如实而详尽的文献记录作为史料来讲，也是具有很高价值的。不过，不可否认的是，从这些资料中也能或多或少地感受到作者们所带有的一种缅怀古代中国遗风的情结。

此外，针对日本人的服饰文化，中国人之间出现了两极分化的评论。其中，对于日本未婚的年轻女性的服饰文化，不少中国人都给予了高度的评价。与之相反，日本女性结婚后必须按照旧俗剃眉、染黑牙等，这些习俗导致婚后日本女性容貌发生巨大改变，在中国人看来实在是难以接受，因此也出现了各种批判嘲讽的声音。而这种两极分化的评论之所以出现，与作者本人的思想和立场有很大关系。

以上内容从各个方面对东游日记所呈现出来的日本人服饰观进行了具体考察。综合来讲，本章中所选取的东游日记在某种程度上仍保留着“天朝上国”思想，或者说具有强烈的大中华思想，是具有一定代表性的一般中国人的认知。然而，随着甲午战争的爆发，这样的认知很快发生了逆转。随着清朝的衰败和灭亡，中国文化中所谓正统“服制”的地位也开始发生巨大的动摇。改朝换代后迎来了新世纪的中国人中也开始出现赞赏日本人服饰文化的声音，甚至越来越多的人开始受到日本服饰文化的影响。在之后的第二篇和第三篇中，将会详细探讨近代中国吸收日本服饰文化的这一过程。

第二章　1900～1910年代日本对华贸易资料记录的中国服饰文化

在本书的第一章中已经阐述过，1871年《中日修好条规》签订以后，中日两国互设公使馆，并正式开始派遣公使。与此同时，中日两国间也开始了正常的贸易往来。依据国内的研究成果，从贸易额来看，甲午战争爆发以前，与欧美国家相比，日本并不能算是中国主要的贸易伙伴。然而，甲午战争之后，尤其是1900年以后，日本居然仅次于英国一跃成为中国的第二大贸易伙伴国。[①] 而在日本对中国的贸易中，棉纱棉布类产品，也就是服饰类、装饰品类等占据了贸易总额的较大比例。目前的相关研究大都是从经济学、政治学或者纺织业类的专业角度来论述这段历史的。而从服饰角度，特别是中国人的服饰文化、服饰生活等方面，并未找到考察棉纱棉布类贸易的相关研究。其实日本人对中国近代服饰文化开始表现出兴趣的就是这一类与中国贸易相关的资料，有关这一点在接下来的小节中将会做详细的说明。换言之，日本人对近代中国人的服饰文化开始感兴趣的契机就是对华

① 樊如森、吴焕良：《近代中日贸易述评》，《史学月刊》2012年第6期，第59～60页。

贸易中服饰相关的棉纱棉布类占有很大比重。因此，为了解日本人对当时中国人服饰文化的认知和看法，第一步就必须将日本对华贸易资料中有关中国人服饰文化的叙述整理分析透彻。

本章以1900～1910年代为考察时期，[①] 以中日贸易相关资料为分析文本，重点考察日本对华贸易资料中日本人对中国人服饰文化的叙述与认知。具体来说，首先明确当时的日本人为了扩大对华贸易规模，究竟是如何研究中国的服饰文化的。然后探索在作为进口国的中国，老百姓又是如何去消费从日本进口的服装材料和饰品的。

第一节　以对华贸易为视角的服饰文化研究

1900年代以后，中日两国间的贸易往来越来越频繁。为了进一步扩大对华贸易规模，一时间贸易指南类的商业书如雨后春笋般地出现在日本。这些贸易指南类书有一个共同点，就是都在呼吁从事对华贸易的工商业者尽快开始研究中国的风土人情与社会风俗。

比如，《实业之中国》（1906）指出："我国从事工商行业的人员，要想打开中国市场首先就需要了解当地的人情、风俗、习

① 限定在这个时期的理由有两个。第一，根据目前学界的研究成果，1910年代以后日本对中国的贸易手段从直接出口转变成在中国直接投资设厂等，这样一来对整个对华贸易产生巨大影响。因此，本章中仅仅选择日本以对华出口贸易为主的时期进行研究。第二，本章的焦点即日本人介绍的有关中国人服饰文化的贸易资料，也主要集中在这个时期。

惯、喜好等方面的知识。”[①] 而东京商业会议所会长中野武营在为《中国贸易案内》（1914）所作的序文中介绍道：“近年来对华贸易额每年都在不断增长，对华贸易如今占据了我国对外贸易中最重要的位置，然而不少地方还需要进一步开发与拓展。作者多年旅居中国，对当地的风土人情展开了详细的调查，如今完成归来将本书内容公之于众，以此作为从事对华贸易者的参考资料。”[②] 由此可见，由于对华贸易在日本越来越重要，熟知中国的风土人情、社会现状对于日本从事对华贸易的相关人员来说也逐渐变成了一件很有必要而且重要的事了。

在此，“人情风俗”“风俗习惯”等词已经反复出现过几次了。那么，这些词语具体是指什么样的内容呢？接下来，将对这一点进行说明。

首先，有必要来介绍一下跟本章内容密切相关的两册书。一册为1915年出版的由内山清撰写、上海日日新闻社出版的《从贸易的角度来窥探中国风俗之研究》；另一册为同一作者所写、1917年由东洋时代社编纂局编辑出版的《无尽藏的中国贸易》。后者在凡例中表明，《无尽藏的中国贸易》一书是将前者的数据更新后再次出版的。所以，我们暂且可以将《无尽藏的中国贸易》当作《从贸易的角度来窥探中国风俗之研究》的再版。本章以分析数据更新后的《无尽藏的中国贸易》的内容为主。《无尽藏的中国贸易》全书有2/3的内容是在介绍中国人的服饰文化，在其序文中，有关“贸易”与“风俗”二者关系的观点是：

---

① 梶川半三郎『実業之支那』六合館、1906、279頁。

② 長谷川桜峰『支那貿易案内』亜細亜社、1914、7頁。

“贸易与风俗，乍一看好像并没有什么联系。而实际上，风俗是贸易的根源，一个地方的衣食住会直接影响到贸易商品。所谓风俗，可能很多人觉得不过是个很简单的问题，实则风俗人情恰恰能反映出一定的社会现象。”① 简单来说，通过了解熟悉贸易伙伴国的风俗习惯，与本国贸易相关的商业人员可以根据贸易对象国老百姓的需求来生产适合的商品。这一点非常重要，关系到贸易商人能否将获得的利益最大化。

接下来，我们进一步对“风俗”一词进行具体分析。《无尽藏的中国贸易》一书记载：“风俗与贸易有着密不可分的联系，而从根本上研究贸易，其实就是要对贸易对象国的风俗进行了解，特别是需要深入了解当地老百姓衣食住方面的习俗。”其后继续说明：“服装则是衣食住之中最重要的一方面，这不仅仅是风俗文化中很重要的一点，而且从贸易的角度来说，棉纱棉布也是非常重要的贸易商品。”② 由此可见，作者内山清明确指出：服装是中国人风俗中最重要的部分，而且也是最重要的贸易商品。而他之所以这么说，根据就是：“在日本对中国的贸易上，最有必要研究的是：占据了中国从日本进口商品贸易额四成以上的服饰及其相关原料的用途。这也就是说最需要了解的是中国人的服饰文化。”

另外，《中国印象记》的作者安本重治也写道：“在日本向中国输出的商品中，最有前途的应数棉纱棉布和海产品以及杂货

---

① 「序言」東洋タイムス社編纂局編『無尽蔵の支那貿易：最近調査』東洋タイムス社、1917、2 頁。

② 「第二編　服装」『無尽蔵の支那貿易：最近調査』、1 頁。

类的商品吧。其中棉纱棉布类商品……是中国进口贸易商品中最重要的，占据了进口贸易总额的三分之一。即使是在中日贸易中，这类商品也占据着最重要的位置。”接着又陈述道：“在我国对中国的输出商品中，实际上每年四五成都是棉纱棉布类的商品。而具体来看在我国对外输出的棉纱棉布类商品总额之中对中国输出的比例，可以得知其占据了整整七成。因此可以了解到，中国对我们来说是多么好的棉纱棉布类商品的市场啊。”①

总而言之，在当时的中日贸易中，与中国人服饰密切相关的棉纱棉布类商品在贸易总额中占据了非常大的比重，因此对日本从事对华贸易的人员来说，这是最容易获利的部分，也就十分有必要对此做一些深入的了解。换言之，他们之所以对中国人的服饰文化表现出了极大的兴趣，就是因为服饰相关用品对他们来说是最容易获利的贸易商品。

第二节　贸易资料中描述的中国服饰文化

服饰相关的商品与对华贸易利益息息相关，因此日本人逐渐产生了想要了解中国人服饰文化的需求。为了满足这样的市场需求，出现了各种各样有关中国人服饰文化的资料。接下来，笔者将利用所搜集到的与贸易相关的资料，对日本人介绍的中国人服饰文化展开具体分析。

有关当时中国人服饰的记载零散见于各类资料中。比如，《实

---

① 安本重治『支那印象記』東洋タイムス社、1918、173－174 頁。

业之中国》记载："就他们的常服（日常穿的衣服）而言，当然达官显贵的服饰往往都用丝绸兽皮之类，而其他大多数普通百姓往往穿着浅黄色的棉服。"① 另外，《无尽藏的中国贸易》中针对当时中国满族与汉族，以及男女各自的服饰情况记录道："满族在征服汉族的过程中为了让汉族男子表示归顺，逼迫所有汉族男子像满族男子一样留长辫……不过汉族女子的风俗依旧遵照旧俗，并未被强迫做太多的改变。因此，现在清朝男子实际上穿的都是满族的服饰，而汉族女子则依旧穿戴汉族的服饰。"②

不仅如此，在许多贸易资料中也留下了有关当时中国男女老少服饰文化的详细记载。接下来主要通过《无尽藏的中国贸易》来窥探当时的情况。

首先，来看一下男性服装。在当时中国男性的服装中，有一种叫作"长袍子"的，其裙裾十分长。"长袍子""有三种，分别是夹层、夹棉、内里裹毛。作为春秋冬季的上衣，用途是最广的"。此外，有一种叫作"套裤"的衣服，穿在裤子的外面，"有单层、夹层、夹棉和内里裹毛等"。

接下来，是女性服饰方面的介绍。在当时汉族女性的服装中，"有一种作为贴身衣物的小褂或汗衫"，经常是用"法兰绒、棉花绒"等材料制作而成。她们大多喜欢"桃红色"，像"桃红色、水蓝色的衬衫自然常常被用作贴身衣物，除此以外，印花棉花绒也会被大量使用"。汉族女性也有穿裤子的习惯，不过，跟

---

① 梶川半三郎『実業之支那』、282頁。

② 「第二編　服装」『無尽蔵の支那貿易：最近調査』、4頁。

男性的比起来更短一些，而且所用的颜色也会更加鲜艳。

最后是关于老年人和孩子服饰的介绍。孩子的服饰跟成年人的没有太大差别，其中，“红色、绿色、酱色等暖色调”的华美的服饰比较普遍。老年人与中年人的衣服形式没有太大的区别，不过60岁以上的老年人又可以跟孩子一样使用艳丽的颜色了，主要是“鲜艳的大红、宝蓝、杏黄”等。

此外，贸易资料中也能零零散散地看见一些对中国人比较在乎的色彩及花纹的记载。比如，1909年出版的《中国经济全书》对于服饰中之黄色记载道：“各种颜色之中最受欢迎的是黄色。黄色之中由于浓淡的不同，有明黄、杏黄、鹅黄等区分。另外有种称为姜黄的，是皇室御用的颜色。不过，满洲僧侣以及道士们的服饰是例外。”① 对于红色的描述是：“红色是举办喜事时最常使用的颜色，像婚礼服饰、物品等都是以红色为主。在中国，所谓的红事就是指一切吉祥喜庆的仪式。”与此相反，对于白色、黑色、蓝色则描述道：“白色是所谓白事即凶事时所使用的颜色，应当有所避讳。黑色和深蓝色也与此相同，往往是在办不吉利的事时使用的颜色。”将以上的内容简单归纳一下：黄色为最高贵的颜色，除了僧侣和道士以外，一般是皇室御用；而红色是喜庆的颜色，在中国人的喜事中被频繁使用；最后的白色用于葬礼等白事。这三种颜色对当时的中国人来说是最重要的。由此，在有关颜色的感觉，特别是对白色的感觉上，中日两国间很明显地出

---

① 東亜同文会編纂局『支那経済全書』第十二輯、東亜同文会、1909、738頁。

现了巨大的差异。对明治时期的日本新娘来说，白无垢①是昂贵且喜庆的婚礼服装，而当时的中国人若是看见了这白无垢，大概会认为她是因为至亲中有人去世才穿成全白的模样吧。若是日本商人将白色和红色的使用方法和场合混淆的话，那么日本制造的商品很有可能无法在中国销售。而若是在不了解使用范围的情况下胡乱使用黄色，则很有可能使相关制造和销售人员陷入危险的境地。因此，可以推测，通过了解当时有关中国服饰色彩的习俗，日本贸易商人能获取至关重要的情报。

另外，《无尽藏的中国贸易》对一般人喜欢的色彩和纹样等进行了详细说明。“第一，比起间色，中国人更喜欢原色。第二，比起暗色，他们更喜欢明色。第三，比起暖色，他们更喜欢冷色。……他们喜欢鲜艳的颜色，浓度很高、饱和度高的颜色更受欢迎，另外，从对比上来说，他们更喜欢跟白色相近的颜色。”②不过，中国人为什么会产生这样的色彩观呢？书中片面地总结为美的观念在中国并没有发展成熟。

而对于中国不同地域的美，作者指出，“黄河系也就是中国以北的地方以浓艳为美，扬子江系也就是中国中部地区则是以淡雅为美，而珠江系也就是中国南方地区则是以清纯为美”，“一

---

① 白无垢是一种从江户时代开始，很多日本新娘在新婚当日所穿着的礼服，到了明治时代变得更加普及。从头顶戴的棉帽子到里面穿的振袖、外面披的罩衫，以及身上佩戴的其他小物件等统一使用白色。在日本，白色自古以来就被认为是一种神圣的颜色，而新娘出嫁时身着白色的白无垢，代表新娘的纯洁无瑕与美好。另外有一种说法是，新娘穿着纯白的白无垢嫁到夫家，今后能更好地融入夫家，与夫家家风一致。

② 『支那経済全書』第十二輯、55－57頁。

般来说北方的美比南方显得更加浓艳一些”。之后，就这些地区出现不同审美的原因，作者又认为：“是因为清朝北部地区的景色大都比较单调，且审美观也不太成熟。而南方地区多多少少有一些变化，而且文化也更进步一些。”这当然是一种带有偏见的看法。不过，大致指出中国各地服饰色彩的特征，这一点倒是没错。由此可以推测，他们可能认为只要向从事对华贸易的商人传达这一类知识，大概就能有扩大贸易商品销路的效果吧。

不过，为什么日本人对中国服饰中的颜色和纹样这两种要素产生了如此浓厚的兴趣呢？这是因为“现在‘棉纱棉布’在中国进口衣料中占据了最重要的地位。但是棉纱以及素色棉布类产品在中国逐渐大量生产。因此，在素色棉布类之后变得更加普遍的应当是织染布了。也就是说，在这之后，纺织类产品的竞争力取决于色彩和纹样了。而对于一般工业织品而言，最后的竞争点或者说决胜点就在于各自的颜色和纹样这两方面了”。[①] 由此可知，以往并没有得到重视的颜色和纹样随着时代的变化，逐渐演变成能决定商品在市场上的竞争力的重要因素了。

乍一看，这些介绍中国人服饰文化的资料好像和贸易并没有直接关系，实际上这些内容对从事对华贸易的商人来说是非常好的参考材料，这样的信息也直接关系到他们的商业成功。与此同时，通过了解中国的风俗习惯，日本根据中国人的需求生产出来的服饰原材料等商品在中国受到了极大的欢迎，很多中国人也都愿意消费日本生产的服饰类产品。

---

① 「第二編　服装」『無尽蔵の支那貿易：最近調査』、36－37 頁。

第三节　与中国服饰相关的日本商品

本节主要讨论以下内容：中国从日本进口的商品中究竟哪些与中国服饰文化相关？另外，当时的中国人具体是如何消费日本商品的？

前文提及的《中国经济全书》对1909年日本对华贸易中，输出到中国的重要商品的具体内容进行了详细介绍。举例来说，棉纱在日本输出到中国的商品中占据了主导地位，占到了贸易输出总额的四成以上。[①] 而日本产的棉纱之所以能如此畅销，原因则是其比中国"色呈淡黄弹力弱且不滑顺"的棉纱要优质得多。

位于棉纱之后的是棉布类商品。通过表2－1可以了解到，从贴身衣物到平常穿的衣服，无论男女老少，中国普通百姓都有过使用日本制棉布类产品的经历。由此不难推测出，日本产的棉布类商品自从在中国销售以来，已经逐渐融入中国人的服饰文化中。

表2－1　中国从日本进口的棉布类商品的用途

商品名	用途
棉（法兰绒）	白色衣物：贴身衣物、下身衣物 彩色衣物：妇女儿童的上衣、下衣等
天竺布	常服
生金布（洋布）	男女老少一年四季的常服、劳作服装、下衣

① 『支那経済全書』第七輯、760頁。

续表

商品名	用途
丝光棉织品	妇女儿童的衣服、男子的裤子

资料来源：『支那経済全書』第七輯、769－779頁。

为了扩大棉布类商品的销路，《中国经济全书》提议：不仅仅要生产出中国人“最喜欢的新鲜而又别致的纹样”，还应该“在原本就存在的颜色及纹样上再创造出新奇的纹样及颜色”，最好是“在当地采购他们平时喜好的类型进行模仿”。

到此为止，我们看到的大都是与1909年贸易相关的信息。最终随着时代的变化，清王朝被中华民国取代。当然，中日贸易的情况也随之发生了一些变化。接下来，以中华民国成立后的第3年，也就是1914年出版的《中国贸易案内》为参考资料，依次来介绍一下当时在中国销售的日本制造的针织物、袜子、帽子的具体情况。[①]

首先从针织物说起。辛亥革命以后，中国对日本制造的针织物的需求量越来越大。从日本进口的商品中，白色的针织物是最主要的，除此以外还有鼠灰色、浅棕色以及深棕色等，而在中国女性中最受欢迎的则是粉红色。另外，日本制的针织物还被制作成了中国人常穿的长袖类衣服。

接着是袜子。辛亥革命以来，中国人穿的袜子发生了很大的变化，对袜子的需求量明显增加。比如，就当时中国社会对袜子的消费情况来说，中下层社会之中，曾经“上好的袜子大概一圆

① 長谷川桜峰『支那貿易案内』、150－173頁。

三四十钱，而如今这样的价钱已经是最普通的了。一圆七八十钱到两圆的袜子在社会中下层老百姓中间大为流行。且现在这个需求非常旺盛”；“四圆至六圆顶级的奢侈品则在上流社会和国外归来的时髦人士之中，也就是喜爱奢侈华美的人群中并不少见”。从这样的情报中可以得知，当时日本制造的袜子大量进入中国，成为中国各个阶层老百姓服饰生活中不可或缺的一部分。另外，书中还特意提醒从事贸易之人应当注意：“中国人的脚从小就被鞋子所禁锢，和日本人脚的形状有所不同，因此将原本为日本人生产的袜子原封不动地销售到中国，这样的生意是注定要失败的。”①

最后介绍一下当时在中国销售甚好的日本制造的帽子。辛亥革命之后，由于政府倡导的剪辮政策，人们对帽子的需求量暴增，这为日本的制帽行业带来了巨大的利润。日本向中国输出的，有高帽、礼帽、鸭舌帽（鸟打帽）等冬天戴的帽子，以及草帽、台湾巴拿马帽、防暑帽等夏天的帽子。在中国帽子进口总额中，日本制造的帽子占了三成，远超他国。那么，中国人是如何使用这些从日本进口的帽子的呢？比如，礼帽一般是中流以上家庭的人使用，在市场上有一定的需求。而年轻的女性和孩子喜爱戴鸭舌帽，圆顶和八角形是最流行的。另外，在夏季戴的帽子中有一种叫作林投帽的，这是在东京制造出来的帽子，在当时非常受欢迎，占据了中国从日本进口帽子的第一位。

进入1910年代后期，中国从日本进口的服饰商品发生了一

① 日本人由于从小穿木屐（一种拖鞋样式的鞋子），脚上穿的也是大脚趾和其他脚趾分开的白短袜。所以日本人的袜子与中国人的袜子从构造上来说大不一样。

些变化。首先，还是依据《无尽藏的中国贸易》一书，看看这12年间各种棉布贸易额发生的变化。

从表2－2可以了解到，在12年间，日本制的棉布输出到中国的贸易额发生了很明显的变化。其中，仅次于英国、在中国进口贸易中居第二位的日本制宽幅细棉布，贸易额增加了大约63倍，实在是令人惊叹。然后，粗布和粗地厚斜纹布、细斜纹棉布、天竺布等类别也都各自增加了大约11倍和9倍，远超其他欧美国家，在中国进口贸易中居第一位。

表2－2　1904年、1915年中国进口日本棉布类商品情况

商品名	1904年（数量和金额）	1915年（数量和金额）	贸易额增长幅度（1915年日本排名）
宽幅细棉布	6401反 15020两	285578反 966049两	约63倍 （第二位）
粗布	214302反 602654两	2414363反 7083849两	约11倍 （第一位）
粗地厚斜纹布、细斜纹棉布、天竺布	159999反 574342两	1627556反 5945622两	约9倍 （第一位）

资料来源：「第二編　服装」『無尽蔵の支那貿易：最近調査』、95－107頁。

接下来需要探讨的是，这些从日本进口的棉纱棉布类商品究竟是如何渗透到中国人的服饰文化中，被当时的中国人所消费的。

首先来看中国从日本进口总额呈现出飞速增长的宽幅细棉布。宽幅细棉布主要有白色宽幅细棉布和生宽幅细棉布两种类型。白色宽幅细棉布在夏季用于男女的上衣，在冬季做成白色的外套。而对此最主要的需求集中在“生活水平最高的扬子江沿岸”“中国北方富裕的地方以及广东地区”。白色宽幅细棉布染成蓝色后则可以做成适合一年四季穿的衣物。生宽幅细棉布与白色宽幅细棉布有所不同，“一般是作为下层社会百姓的衣物材料，主要面向农村百姓，染成蓝色、灰色等”，需求主要集中在“生活水平较低的东北及华北较贫穷的地方”。

接下来是粗布。日本出口到中国的粗布经过染色之后，主要是作为中国下层社会百姓的常服布料来使用。不过，在中国中部及南部地区，只有社会底层的穷苦百姓才会穿这种布料做成的衣物。比起宽幅细棉布，这种布料质量要低劣得多，因此大多数需求集中在中国北方贫困地区。

最后，关于粗地厚斜纹布、细斜纹棉布、天竺布这一大类在中国的消费情况，《无尽藏的中国贸易》一书中没有任何详细记载。不过，可以找到其他简单的介绍，像出口到中国的棉（法兰绒）主要就是用于女子的衣物，特别是都市内的需求量最大。

到此为止，主要以日本的贸易资料为参考探讨了中国人对从日本进口的商品的使用情况。不过，笔者也找到了中国对从日本进口的棉布制品消费情况的相关记载，在此简单地介绍一下。这份资料的出版年代虽说与本章所探讨的主要年代稍微有些偏差，不过，因为它从整体上概括性地介绍了从日本进口的棉纱棉布类商品是如何在中国消费的，因此对本章来说很有参考价值。

1931 年，一本名为《国际贸易导报》的杂志刊载了冯和法所写的《日本在华之棉织品市场及其势力之消长》。[①] 根据冯和

① 冯和法：《日本在华之棉织品市场及其势力之消长》，《国际贸易导报》第 2 卷第 12 期，1931 年。

法的调查，当时中国从日本进口的棉布品主要分为三类。第一，作为必需品的商品。这种类型的商品虽然品质低劣，但是价格便宜，所以经常被普通百姓当作日常用品来使用。第二，作为装饰品的商品。这种类型的商品往往颜色艳丽，不仅拥有丝绸一样的光泽感，而且价格实惠，因此中层社会家庭会经常使用此类商品，特别是常常被用来制作女性和孩子的衣服。另外，从事工农行业的人在办喜事时也常常使用此类商品来做衣服。因此，对装饰类商品的需求基本上与必需品不相上下，也是十分旺盛的。第三，作为奢侈品的商品。这类商品品质优良，价格昂贵，因此一般只有富裕家庭才会有这方面的需求。正如冯和法所总结的一样，从日本进口的不同种类的棉织商品被不同阶层的中国人需要，而且不难判断这些棉织品成为中国人服饰生活中不可或缺的一部分。

以上介绍的资料不过是所有贸易相关资料中的一部分。从这些资料可以看出，从日本进口的棉纱棉布类商品，不仅仅是中日贸易中重要的商品，而且成为当时中国人服饰文化中不可或缺的一个要素。

* * *

本章主要探讨了 1900 ~ 1910 年代日本对华贸易资料中的中国人的服饰文化。1900 年代以后，日本逐渐成为中国最大的贸易对象国，对中国的出口贸易额也逐年增加。其中从日本出口到中国的棉纱棉布类商品直接关系到中国人的服饰文化，对日本贸易商人来说十分重要。因此，在日本出现了研究中国人服饰文化的风潮，同时还相继出版了不少介绍中国人服饰文化的资料。这类资料详细地从服装的现状，男女老少的服饰特点、颜色及纹样等方面介绍了中国人的服饰文化，成为当时日本对华贸易商人的重要参考。一方面，随着棉纱棉布类商品的出口贸易额逐年增加，更多的日本制造的衣物、装饰品等也慢慢渗透到中国人的日常生活中。另一方面，从日本进口的棉纱棉布类商品如贴身衣物、外套、常服、袜子、帽子等为中国人在日常生活中所使用。从日本进口的商品不仅让中国人的服饰文化变得更加丰富，而且也成了中国人服饰文化中不可或缺的一部分。

然而，1900 年代之后的中日贸易并不是建立在平等关系上的，而是建立在不平等条约基础上日本单方面受益的贸易关系。甚至，在日本实施侵略性经济政策的情况下，中日贸易已然成为一种畸形的产物。1915 年，日本要求与中国签订对华“二十一条”，这激起了中国人的强烈不满与抗议，出现了抵制日货的各种运动，其结果就是给日本对华贸易造成了沉重打击。

第三章　1910～1920年代日本人的中国服饰观

1910年代以后，日本突然刮起了一阵“中国趣味”的流行风。与此同时，日本人对中国方面的研究也变得越来越热门。那时，不少日本人在中国的文化器物、风俗习惯等方面也表现出了极大的兴趣。其中，也能看到不少日本人对中国服[①]尤为关注。比如在谷崎润一郎和芥川龙之介等作家的作品中时常能看到有关“中国服”的描述。另外，《读卖新闻》与《妇人公论》等当时日本著名的新闻报刊也经常会刊登介绍“中国服”的文章，这为日本女性和儿童的服装改良提供了一些灵感。

不仅如此，同时期到访中国的日本人也明显增加，他们留下了大量关于中国的资料。从他们所留下的资料中不仅可以了解到清朝末年以及中华民国时期的风土人情，而且还可以看到不少有关中国人服饰文化的记载。可惜，从服饰文化的角度来看，这一类资料并没有引起学界的重视。1920年代以后，日本竟然还出现了一种赞美中国服饰的全新看法，也就是说，日本出现了一种

---

① 中国服是大正昭和时期日本人对近代中国服装的一般称呼，无论男女、不分种类，中国人所有服饰被他们统称为中国服。而在本章中，具体是指男性的服饰，也就是清朝的长袍马褂。

新的中国服饰观。但是，笔者在搜集整理资料的过程中发现，到目前为止学界并没有对此类现象的分析和研究。

因此，本章重在分析1910～1920年代日本人撰写的有关中国的资料，[①] 特别是通过各种各样的机会到访过中国、在中国旅行过或有过居住经验的日本人笔下的中国服饰文化。将这些资料中有关中国人服饰、发型、身体意识方面的信息进行整理与分析，进而将日本人眼中的中国服饰的风貌明确化。另外，本章还将对1920年代以后在日本出现的中国服饰新观进行考察，探讨日本人突然开始赞美欣赏“中国服”的具体原因。通过本章的考察，最终可以清晰地了解到当时日本人对中国服饰文化的认知。

第一节　中国研究的发展

前文提及，1910年代以后，在日本突然出现了一种被称作“中国趣味”的流行现象，不少文学作品和游记中都出现了以中国为背景的描述，中国文化论变得更加风靡。新闻杂志也开始陆续刊登有关当时中国女性状况的文章和信息；另外还出现了大量有关中国女性风俗习惯的言论以及相关的插图和照片。[②]

譬如，著名作家谷崎润一郎于1918年、1926年两次在中国旅行，他留下的众多文学作品中居然有19部能让人感受到中国

---

① 本章中不仅会使用被称为“中国通”的日本人所写的资料，也会适当引用其他中国风俗文化研究中涉及服饰的资料。

② 池田忍「『支那服の女』という誘惑—帝国主義とモダニズム」『歴史学研究』第765号、2002年。

的风情。[1] 芥川龙之介、佐藤春夫等也是日本近代著名作家中热衷于撰写中国风情类作品的。芥川年幼时就热爱阅读中国古典文学，1921 年，他受聘为《大阪每日新闻》的海外视察员，被派遣到中国，以此为契机写下了著名的《中国游记》。[2] 而佐藤也对中国古典文化很感兴趣，尤其是他十分向往唐代的诗情，曾模仿创作了一些诗句。[3] 在美术领域，像藤岛武二、岸田刘生、小林万吾等画家也十分关注中国女性及其服饰文化，创作了不少以“穿中国服的女子”为题材的画作。

像这样突然对中国文化产生极大兴趣的社会风气不仅仅出现在文学艺术领域。以往日本人对中国的研究大都集中在政治、思想、宗教等领域，而到了这个时期，很多日本人开始研究中国的风土人情、人们的生活习惯以及普通百姓的文化，还出现了不少与之相关的出版物。譬如，以“调查研究中国学以及中国各类事情”为宗旨的“中国研究会”创立，以及以介绍中国风俗为主的杂志《中国风俗》创刊。

其中，自然不能忽视一群对中国特别了解和熟悉、引领了日本“中国趣味”潮流的“中国通”。像井上红梅、后藤朝太郎等作为当时赫赫有名的“中国通”，其影响力也是不言而喻的。接下来，笔者将根据当时日本人所写的与中国相关的资料，特别是

① 閻瑜「谷崎潤一郎の中国旅行と「支那趣味」の変貌」『大妻国文』第 41 巻、2010 年。

② 呉佳佳「芥川の中国体験：「支那遊記」を中心に」『札幌大学総合論叢』第 36 巻、2013 年。

③ 武継平「「支那趣味」から「大東亜共栄」構想へ—佐藤春夫の中国観」『立命館言語文化研究』第 19 巻第 1 号、2007 年。

介绍了中国风土人情的报刊、文章等进行深入分析与探讨，看看日本人究竟对中国服饰文化的哪些部分感兴趣，而他们又对此作何议论与评价。

第二节　奇怪的风俗

20世纪之初，中国政权交替，随之中国社会也发生了巨变。中国最后的封建王朝清朝最终走向了灭亡，取而代之的是由革命派建立起来的中华民国。在这个政权交替的过程中，随着政治的革新，一个重大的问题浮出了水面，那就是传统的风俗习惯究竟是否符合新时代人们的生活。其中外国人最关心的莫过于中国男人的辫子和女人的小脚，这甚至一时间成为中国人的标志性特征。[①] 当然，日本人也和其他国家一样，对此尤其关注。下面笔者将参考当时日本人所写的风俗资料来具体分析他们究竟是用怎样的目光来看待中国人的这两种习俗的，又是如何具体描述这些习俗的。

中国男性的辫子

首先来看日本人是如何介绍中国男人留辫子的起源和历史过程的，之后再探讨他们是如何看待和评论清末民初的剪辫运动的。

对于中国男人留辫子的起源，不少日本人表示关注。在不少

① 袁仄、胡月：《百年衣裳：20世纪中国服装流变》，第28页。

资料中，值得一提的是由奥田正男撰写的《中国人的兴趣与生活》。奥田在其自序中表达了对中国深深的憧憬，提倡中日两国友好交流，他甚至还参与了日华国民同志会的创立。[①] 奥田指出："中国人留辫子自古以来就有国法规定，关于这一点，日本众所周知。"[②]

1644 年清军入关，那时中国与日本就有了一些往来，因此即使在日本，中国男人留辫子也是广为人知的。甚至江户时代的书中也能找到中国男人留辫子的相关记载。紧接着，奥田继续介绍："剃头、编辫是清朝统治者从他们先祖（女真族）时期保留下来的一种习俗。清军入主中原后开始在汉人之中强行推行这种习俗，所谓'留头不留发，留发不留头'。"强行让汉人像满族人一样剃头编辫，并以此作为判断汉人归顺清朝的一种标志。[③]

可是，汉族男性一直遵循的都是儒家思想中的"身体发肤，受之父母，不敢毁伤，孝之始也"。他们平常都是将自己常年留下来的头发盘在头顶，绝不会轻易剃发。与此相反，满族男性往往将头顶前半部分的毛发剃掉，将剩余的头发编成一条长长的辫子。后来，清统治者强制所有汉族男性像他们一样剃头编辫。当然，最初汉族男性也都十分不满并且奋力抗争，可最终不得已只能遵循，最后汉人之中只有道士才能保留前朝的发型。[④] 于是，慢慢地，辫子几乎就成了清朝统治下中国男性的标志了。

---

① 「序」奥田正男『支那人の趣味と生活』日華国民同志会、1926。

② 奥田正男『支那人の趣味と生活』、2 頁。

③ 奥田正男『支那人の趣味と生活』、2 頁。

④ 吴善中、黄蓉：《浅论辛亥革命前夕狂飙突起的剪辫运动》，《扬州大学学报》（人文社会科学版）2002 年第 2 期。

毕业于东京帝国大学（现东京大学）历史学科的鸟山喜一在其撰写的《黄河之水》中详细地介绍了清统治者是如何强迫汉族男性剃头编辫的这一过程。此书于1925年由弥圆书房出版发行了第一版，之后多次重印再版。显然，这是一部在日本获得了一定影响力的中国史名著。其中有一节题为“强制性的编辫”，接下来，就此章节来详细地探讨一下。

> “编辫”曾经是满人的习俗，后来不管汉人愿意与否全都被强制性地剃头编辫。现在提到中国人，任谁都能立马联想到他们的辫子：将头顶剃干净，留下部分头发编成一条长长的辫子拖在脑后。最初，让汉人不得已抛弃祖先流传下来的不能剃发的习俗，而去模仿满人实在是太困难了，几乎没有人愿意遵从。然而，这对刚建立的清朝来说，被统治的汉人遵从与否，其实关乎新天子的颜面与权威。因此，后来演变成了汉人不剃头编辫一律执行死刑。最终，由于“头发关乎性命”，原本是满人的编辫习俗也就渗透到汉人之中了，而这最终又成为清朝所有男性的象征。①

由此不难看出，这剃头编辫的习俗是成为清朝统治者后的满人强制性地推广到汉族男性的。原本，剃头编辫的习俗为满人的祖先女真族所发明。在那个战争四起的年代，逼迫被自己征服的男性模仿自己民族的发型，这是一种征服性的胜利象征。之后，

① 鳥山喜一『黄河の水』弥円書房、1925、202－203頁。

清朝与明朝之间的硝烟味越来越浓。选择剃头编辫还是保留汉人的发型，成为清统治者判断汉人是归顺自己还是打算继续效忠明朝的一种标准，这已不再是单纯的民族风俗问题，而是自身政治选择的一种表达。[①] 实际上，清统治者为了缓和两个民族之间的矛盾，曾经暂时性地中断过强迫汉人剃头编辫的政策。不过，后来再次实行。由此可以推测出，乌山所记述的内容应该是清王朝确立统治之后（也就是1644年清军入关之后）的事情。

对清统治者来说，如何统治以汉人为主的国家实在是艰难而又重大的课题。其结果就是，强制汉族男性改变原有的习俗，尤其是严格要求汉人男性剃头编辫。因此，汉人男性的头发不仅仅关系着清统治者的权威与体面，更是关乎汉人男性自身的生命安危。如此，随着王朝的更替，在压制与反抗愈发剧烈的情形下，发型居然成为关乎性命的重要因素，这一点在当时的日本人看来实在是太不可思议了。

在清朝，对汉人来说是否剃头编辫是服从还是不服从的标志，但在日本人看来，中国男性剃头编辫只不过是一件“野蛮”或者叫作“非文明”的事情罢了。

留辫与剪辫之争

时代变换，到了中华民国，男性的头发竟发展成一个更重大的议题。西方文明的影响不断扩大，因晚清政府的腐败衰落，社会各阶层也产生了极大的不满，在这种错综复杂的社会环境中，

---

① 侯杰、胡伟：《剃发 · 蓄发 · 剪发——清代辫发的身体政治史研究》，《学术月刊》2005年第10期。

代表着旧俗的“留辫”与象征着文明的“剪辫”之间发生了持续不断的剧烈斗争。之后，随着中华民国的建立，清王朝的灭亡，一段新的历史展开。1912年，中华民国临时政府在南京成立之初，作为临时大总统的孙中山颁布了“剪辫令”。[①] 从这以后，留辫与剪辫之间的斗争愈演愈烈。

那么，日本人究竟是如何记录这段发生在中国男性之间的留辫与剪辫之争的呢？首先参考一下文学博士桑原鹭藏的论述。桑原面向一般读者曾撰写过一部叫作《东洋史说苑》（1927）的书。下面的文字就是此书中的一段。

> 中华民国成立之初，相当排斥剃头编辫的习俗，一时间在官员与学生中间引发了剪辫的风潮。然而在普通百姓之间，大部分人还维持着留辫的习惯，尤其是在中国北方。去年1、2月之交，居住在马来半岛和爪哇的中国人（当然以江南地带的汉人为主）之中发生了很大的骚动，其最大的原因就是留辫与剪辫之争。那之后，这场纷争的影响传到中国，发酵成不少跟辫子相关的问题与争论。……据说在北京的居民中，至今还有大概五分之四的人保留着清的辫子。从目前这个情况来看，这辫子的历史或许还会延续下去吧。……因为头发，从古至今几百万的汉人丢掉了性命。这实在是世上少有的奇怪现象吧！[②]

① 袁仄、胡月：《百年衣裳：20世纪中国服装流变》，第28页。
② 桑原隲蔵『東洋史説苑』弘文堂書房、1927、331－332頁。

根据调查，中华民国建立之初，一部分进步人士争先恐后地剪辫，而普通百姓却很少剪辫。尤其是在中国北方，比如北京的居民，仍有4/5的男性保留了辫子。另外，不仅是在中国，甚至在马来西亚的海外华侨之中也出现了留辫与剪辫之争。从上面这段文字，不难想象当时那些顽固不化、十分保守的中国男性的模样。作者桑原也在最后感叹：为了保全自己的头发，数百万人不惜放弃了自己的生命，这种发生在中国男性之中的社会历史现象实在是太让人震惊了！对于邻国日本来说，这也是件无比震惊而且无法理解的事情吧。

这原本是刊载在《艺文》第4卷第2期（1913年2月）的一篇文章，后来在出版《东洋史说苑》的时候，作者将这篇文章收入。在这之后，这篇文章又被苏乾英[①]翻译成了中文，刊载在中国近代最大的综合性杂志——《东方杂志》上。[②] 从这篇文章几度被转载这一点来看，其在当时的影响力可以说是不容小觑。不仅如此，还可以推测出这篇文章在中国的杂志上刊登以后，也引起了中国人较大的关注。

以上内容，主要探讨了对于中国男性剃头编辫这一习俗以及后来的剪辫，日本人是如何看待与评价的。他们围绕中国男性的发型这一点，客观地描绘出了当时中国社会的对立、保守与文明

① 苏乾英（1910～1996），广东潮安人，毕业于上海暨南大学历史学专业，后任上海暨南大学教授。丘金峰主编《艺海拾萃·黄宾虹研究画集第二集》，中国国际美术出版社，2004。

② 桑原骘藏：《中国辫发史》，苏乾英译，《东方杂志》第31卷第3期，1934年2月。

之间的斗争。1920年代，当日本人开始慢慢习惯与适应西洋化生活时，中国人却依旧被旧俗所束缚，为了追求新的文明而不停斗争，他们大概有时觉得有趣而有时又感到十分惊讶、震撼吧。另外，日本人对中国男性辫子的兴趣后来也成为让中国留日学生十分困惑的事情。

中国女性的缠足

上一节主要讨论的是让日本人感到非常奇异，在当时又引发了各种各样问题的中国男性的辫子。而关于当时的中国女性，日本人感兴趣的则是她们缠足的习俗。所谓缠足是指为了使女性的脚不会随着年龄增长而长大，在女孩幼小的时候就开始用白布将她们的脚紧紧缠裹，最终使之畸形变小的一种旧俗（图3－1）。这种习俗主要在汉族女性中盛行，不过据说清朝时极少一部分满族女性也模仿过这种习俗。很有意思的是，与男性剃头编辫的影响刚好相反，汉族女性的习俗反而传播到了满族。但是，1880年代陆续出现了“不缠足会”,[①] 后来倡导让女性的脚自然生长的“天足运动”，以及提倡释放缠裹着的小脚的“放足运动”等,[②] 这些社会运动无疑动摇了长久以来崇尚小脚、以小脚为美的思想根基，让当时人逐渐意识到缠足实则是一种社会陋习，并最终直接推动中国社会开始禁止缠足。

① 彭华:《中国缠足史考辨》,《江苏科技大学学报》（社会科学版）2013年第3期。

② 高嶋航「天足會と不纏足會」『東洋史研究』第62巻第2号、2003年。

图 3-1　天足（左）和缠足（右）的中国女性

中国社会发生了如此巨大的变化，当时的日本人又是如何看待和描述的呢？下面，笔者将具体分析“天足运动”（也称“放足运动”，在本书中统称为“天足运动”）前后日本人眼中的缠足观。

正如前面所述，缠足就是为了满足当时社会对女性小脚的审美需求，有女儿出生的家庭，往往都是从小给女孩裹脚。当然，这主要是一种在汉人之间流传、为了迎合当时主宰国家与社会的男性对于小脚的畸形审美而产生的习俗。简单来说，缠足起源于五代，在宋朝得到了一定的发展，后来到明清时期达到顶峰，进入中华民国之后逐渐被禁止。[①]

首先，来看一下当时把中国的麻将这种娱乐形式介绍到日本、被称作“麻将之祖”的“中国通”——井上红梅所留下的资料。他撰写的《中国女人研究香艳录》（1921）中有关缠足有如下的记载：

> 自中世以来，中国社会就崇尚小脚的妇女，女性之间以小脚为美，于是产生了缠足这样奇怪的习俗。在女孩四五岁，脚长到三寸左右的时候，就开始用绷带状的白布缠足。白布一般是绸或棉的，宽约两寸、长约五尺。缠足的方法首先是横着绕一圈将脚包裹成细长条状，然后再纵向从脚趾向里裹，将大脚趾以外的四指强行弯曲缠上白布，最后让脚从脚趾处开始呈一个尖尖的菱形，就完成了。[②]

由此可以看出，中国女性在还是儿童的时候就缠足，为了让双脚看上去更符合当时的审美，人为地将其缠裹成类似金莲的形状。然而缠足后的脚不会自然生长，缠足后的女性没办法穿上正常大小的鞋子了。因此，就出现了适合缠足女性穿的弓鞋。如此一来，由于汉族女性的小脚与满族女性的脚的不同，中国女性之间也产生了巨大的差异。例如，奥田就指出：“清朝男子的鞋子并没有什么满汉的区别，而女子之间就有满汉之分。汉族女子的

---

① 彭华：《中国缠足史考辨》，《江苏科技大学学报》（社会科学版）2013年第3期。

② 井上紅梅『支那女研究香艶録』支那風俗研究会、1921、37頁。

脚因为从小就被缠裹得很小，因此穿的鞋子也是特别小的弓鞋，那是一种畸形的样子。”①（图3－2）

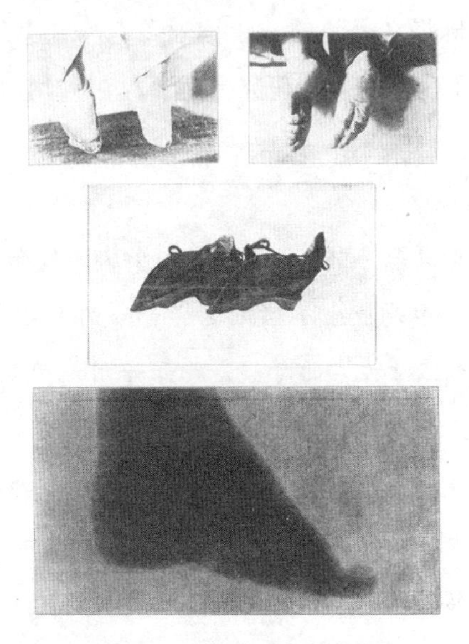

图3－2　缠足女性的照片

资料来源：坪井正五郎・沼田頼輔編『世界風俗写真帖』第1集、東洋社、1901、第28図。

在此奥田发现了一件十分有趣的事情，那就是不管是满族还是汉族，中国男性穿的鞋子和发型并没有太大的差别，而女性之间因为民族的不同，在服饰和脚方面存在很大的差异。在由单一的大和民族构成的日本，民族间的差别是几乎不存在的。因此，中国的民族差异、男女之间的差别等都成了当时日本人所关注的焦点。

不过，为什么日本人会突然开始关注中国女性呢？有关这一

① 奥田正男『支那人の趣味と生活』、2頁。

点，可以从后藤朝太郎的《中国风俗之话》（1927）中找到一些线索。

> 原本衣食住等生活方面也都开始趋向于西化的中国女性，没有什么能引起日本人特别注意的地方。像妇女的上衣、裙子、耳环等都是原封不动地模仿西方，并没有什么特别之处。唯有她们的脚让人一看到就会觉得揪心。当然，对她们本人来说，缠足时的痛苦早就在孩童时代经历过了，如今也不算什么，不过即使是成年后的她们裹着小脚在户外行走也依然是十分困难的。[①]

后藤朝太郎毕业于东京帝国大学，后来成为一名著名的汉语语言学学者、中国学学者。[②] 在他看来，中国女性的服饰生活也跟日本一样开始了西化，最初并没有能引起日本人关注的特别之处。不过那遗留着缠足习俗的小脚在他看来实在是奇特而又怪异。而且他提到裹脚的中国女性走起路来十分困难这一点，能让人感受到作者流露的一丝同情和对这种陋俗的质疑。

在当时的中国社会，男人对女人的三寸金莲都赞叹不已，因此女人也都憧憬自己能拥有一双小脚。这种对缠足无比欣赏和崇尚的奇特审美观在当时的日本人看来又是如何的呢？

井上红梅在《中国女人研究香艳录》中写道：“这种菱形的

---

① 後藤朝太郎『支那風俗の話』大阪屋号書店、1927、412頁。

② 三石善吉「後藤朝太郎と井上紅梅」『朝日ジャーナル』第14巻第32号、1972年。

小脚半个月左右才会清洗一次，由于被白布包裹着，几乎密不透风，因此会产生一种难闻的气味。特别是很多人并没有良好的卫生意识，导致真菌感染或其他的皮肤病变，又痛又痒。同时，缠脚的女性走起路来十分困难，身体几乎弯曲成 90 度，然后随着脚跟来挪动。虽说是旧俗，但是中国人却将这种畸形而又极其不卫生的小脚看作是一种美，从古至今赞不绝口。”①

井上红梅从卫生、生理、审美多角度来观察缠足，还是很难理解缠足为什么会被中国人如此推崇。而这还是对中国十分熟悉与了解，并且结交了不少中国友人的“中国通”的看法，更不用说那些对中国文化相对陌生的普通日本人了，他们大概对中国女性缠足的习俗越发觉得奇怪了吧。

从“缠足”到“天足”

由于缠足受到了当时不少外国人的批判与嘲讽，中国人也开始意识到这种旧俗的落后与缺陷。实际上，在各个朝代，早就有人意识到女性缠足的危害，甚至还出现过一些想要废除缠足的举动，然而现实中完全废除缠足并不是一件容易的事。真正成为废除缠足契机的则是 1898 年的戊戌变法。这是从缠足到天足的一个转折点。天足运动最初从上海兴起，然后逐渐传播到其他地方。“天足会”与“不缠足会”等组织也相继成立，各地鼓励废除缠足的运动愈演愈烈。② 那么，这一系列的运动在邻国日本人

① 井上紅梅『支那女研究香艶録』、44 頁。

② 黄紅萍・中里喜子「纏足の歴史Ⅱ」『東京家政大学博物館紀要』第 3 号、1998 年。

看来又是怎样一番景象呢？

井上红梅的《中国女人研究香艳录》曾提及“光绪初年，来华的外国传教士就曾指出中国女性的缠足是应该被废除的”，并评论道：“后来随着革命时期人们的觉醒，和男子断发一样，女子的缠足也逐渐被意识到应当被废除，这对中国女性来说确实是一件可喜可贺的事。”[①] 从井上红梅的这段文字可以得知，中国女性的放足与男子的剪辫几乎被看作是同等重要的，而且这被井上红梅评价为与人们思想的觉醒、社会的进步紧密相连。

另一方面，中华民国成立后的第10年前后，也就是1921年前后，中国女性之间出现了一个很有趣的现象。井上红梅对此进行了生动形象的描述：“现在中国妇女的脚可以根据其年龄区分开来。第一，缠过足的女性（年龄大概是在30岁以上）；第二，缠过一半脚的女性（年龄大概是在20～30岁）；第三，从未缠过足的女性（年龄大概是在10～20岁）。不过，10～20岁却缠着足的女孩大多生长在农村；而30岁以上没有缠过足的女性也是以农村女性为主。”

简而言之，在1921年这个时间点，依据脚的大小，女性年龄大概可以分为三个层次：30岁以上的女性由于脚早已成型无法再放足，所以大多数人只能依旧保持缠足的状态。20～30岁的女性由于出生在1900年代前后，那时戊戌变法正在进行中，因此受废除缠足运动影响，有立即停止缠足的家庭，相反也有坚决维护传统旧俗依旧保持缠足的家庭。结果，这个年龄段的女性

① 井上紅梅『支那女研究香艶録』、44頁。

之中既有缠着足的小脚女性，也有放过脚的女性。而 10 ~ 20 岁的女孩都是中华民国成立初期出生的，因此不得不遵守中华民国政府新制定的“放足令”，绝大多数人不再裹脚。不过，其中也有一些例外，那便是 10 多岁的样子却依然缠足的女孩，以及 30 岁以上却保持天足的妇女。对此，井上红梅指出：她们大都是生长在农村的女性。这是由于农村的文化和经济相对落后，很少受到外部影响。[①]

虽说从表面上看，由缠足到天足是一种文明与进步，但实际上对已经裹脚的女性来说，这未必是件好事。因为对缠过足的女性来说，放足并不是简单地将裹在脚上的白布拿掉，其过程会给缠足女性带来新的痛苦。后藤朝太郎写道：“在政府发布‘放足令’前后缠足的人，突然开始放足并不是一件轻松的事情。那个时候大概 10 岁到 12 岁的少女突然不得不把已经缠着的小脚放开，这个过程也着实让人痛苦，后来只能边按摩边一点点地去解放。”[②] 实际上当时很多人在放脚时都是强行矫正解放，反而适得其反。

以上内容主要考察了在大正、昭和前期日本人是如何看待和评论中国女性缠足这一旧俗的。日本人的资料里较为详尽地描述了缠足的历史以及天足运动，乃至后来从缠足到天足的改变过程。从他们的字里行间能感受到，作为外国人很难理解当时中国人所保留的缠足习俗，在他们看来，这不过是中国社会扭曲审美

---

① 黄紅萍・中里喜子「纏足の歴史Ⅱ」『東京家政大学博物館紀要』第 3 号、1998 年。

② 後藤朝太郎『支那風俗の話』、412 – 413 頁。

观的一种体现罢了。而他们也都一致认为，缠足的陋习不仅从卫生角度对中国女性有害，而且在生理上也给中国女性带来了极大的痛苦。由此可以看出，他们对深受缠足之苦的中国女性表现出了一定的同情，对缠足这种陋习毫不犹豫地提出了批判。留下这些资料的日本人大都是比较了解中国、熟悉中国文化的一类人，就连他们都无法理解当时中国人的审美观，更不用说想通过他们的著作去了解中国文化的普通读者了，一般日本人大概更难理解这种缠足习俗吧。

第三节　奇妙的服饰生活文化

气候、地域与中国人的服装

俗话说“一方水土养一方人”，不同的地域自然也会产生不同的服饰文化。中国与日本原本就是一衣带水的邻国，自古以来两国之间都维持着文化交流。特别是随着遣隋使、遣唐使陆续被派遣到中国，中日文化交流一时间达到了顶峰。他们从中国带回日本的器物、文化对当时的日本产生了巨大的影响。然而，后来遣唐使被废除，江户时代又开始实行闭关锁国的政策，导致两国之间的交流被迫中止。幸而，从宋明开始一直承载着中日贸易的商船以及日本在长崎一隅设置的“唐人屋敷”等证实了中日文化交流千年都未曾真正停止过。而近代以后，当逐渐向西方国家靠拢并立志成为文明发达国家的日本再次向身旁古老的大国投去目光的时候，他们眼中曾经拥有璀璨文化的大国又发生了怎样的变化呢？

1910年代，身为海军中佐的桂赖三在其撰写的《长江十年：中国物语》中写道："夏天的衣物大都采用浅色，这一点世界上大多数国家都一样。可是，唯独中国人[①]不同，在盛夏的时候，常常能见到他们其中很多人不穿上衣、光着膀子还若无其事的样子。"[②] 从此处可以感受到，桂赖三对炎热夏季中国人裸露着上半身的现象感到十分震惊。原口统太郎在其著作中也介绍道：

> 如果仔细思考一下日本人的习俗，立马就会知道这与中国人的情况是恰恰相反的。日本人的话，下半身不穿裤子，从腰部以下全都裸露着，仅裹着一条兜裆布。但是，上半身要么穿一件宽袖上衣，要么披一件薄衫，总之不会将衣物全部去掉。裸露上半身还是下半身，从这一点来看，中国跟日本的习俗还真是完全相反。[③]

原口统太郎想表达的是，中国与日本虽为邻国却表现出了完全相反的裸露意识。当中国男性感到炎热时往往会脱掉上半身的衣物变成光着膀子的状态，而日本人几乎没有裸露上半身的习惯。

可想而知，原口或者桂赖三他们所观察到的中国人大多是打杂的或者是做苦力的车夫。这些人实际上是生活在社会底层的劳

① 这里指男性。
② 桂頼三『長江十年：支那物語』同文館、1917、357頁。
③ 原口統太郎『支那人に接する心得』実業之日本社、1938、128頁。

动人民，而他们的这些习惯也只能反映出社会现象的一小部分，很难断定他们的习惯代表整个中国的社会风俗。不过由此可以推测出，当时日本人眼中的中国社会风俗跟实际上他们所能接触的人群有很大的关系。

接下来，将目光从中国北方转移到南方。[①] 虽说同样是冬天的衣服，可南北方实际上存在很大的差异。那么日本人所观察到的不同地域的中国人之间究竟存在怎样的差异呢？下面来看看桂赖三在《长江十年：中国物语》中描述的长江以南的情况：

> 到了寒冷的季节，中国南北方的习惯又出现了很大的差异。像东北地区的火炉自然另当别论，而中国中部以南的地区，根本就不存在能够取暖的设备。特别寒冷的时候，他们也不用火炉或者炉灶之类的。他们防寒的唯一方法就是尽可能地多穿几件衣服。因此，在冬天看到的南方人，个个都像不倒翁，穿得浑圆而又厚重。[②]

由于中国疆域辽阔、地大物博，不同的地方就出现了不同的风俗习惯。通常，中国的南方比北方暖和，到了冬天，南方室内往往没有什么取暖设备，防寒的唯一方法就是穿大量的衣服来保暖。可是衣服穿得过多，行动起来十分不便，因此生活在社会底层的劳苦大众想出了另外一个办法：

---

① 在本节中，中国南北方以秦岭—淮河线为界。

② 桂頼三『長江十年：支那物語』、357－358頁。

> 严冬之时，通常中国人会使用动物皮毛来取暖，而生活在社会底层的大众却无法享用如此昂贵的衣物，因此他们只能在冬天外套的夹层里塞大量的棉花。不管是下雨、下雪，还是电闪雷鸣，他们一直穿着这样厚重的棉衣。可是如此一来，他们也十分害怕雨雪。雨天船舰上需要有人堆石炭，或者由于其他杂事需要找人时，总是会变得人手短缺。最后甚至还耽误船舰原本的行程。

这一段讲的是，中国南方社会底层的劳动人民，冬季寒冷的时候习惯在外套的夹层里塞大量的棉花。而由于棉花塞入过量，遇到雨雪等恶劣的天气，棉衣容易被打湿。而冬季潮湿的衣服往往不易干，这让他们感到十分苦恼。因此，生活在南方的劳动人民在冬季尤其害怕雨雪，遇上雨雪天气，他们大都不愿意去干活。这给桂赖三的工作带来了很大的影响。桂赖三曾作为江河级炮舰伏见号的舰长在长江流域工作近 3 年（1908 年 12 月至 1911 年 8 月），从 1899 年到 1914 年大约 16 年的时间里，他所从事的工作都与长江流域有着密不可分的关系。[①] 他曾多次往来于长江流域，因此十分了解和熟悉中国南方的风土人情。正如前文所说，遇到雨雪天气时，穿着塞满棉花显得十分厚重的外套的中国人不乐意去干活，而他们害怕风雨天气这件事到头来给桂赖三的工作也造成了很大的影响。

综上所述，即使是一衣带水的东亚邻国，由于中日两国间的

---

① 桂頼三『長江十年：支那物語』、1 頁。

文化差异，服饰文化方面也出现了较大的区别。不同的国家自然会有不同的服饰文化风俗，而了解这一点变得越来越重要，特别是了解中国人的风俗习惯对日本人来说越来越重要。而且，服饰的习俗甚至关系到国家的名誉，因此就像入乡随俗一样，当时有不少声音提醒即将去中国或与中国人交往很深准备移民的日本人，需要特别注意服饰方面的习俗。

此外在国土辽阔远超出日本人想象的中国，各地差异之大也着实让他们震惊。而这一点也可能是大多数日本人被博大的中华文化所深深吸引的原因之一。同样是冬天，生活在北方中流社会以上的富裕人群大都穿着动物皮毛制成的衣物来保暖，相反，长江以南的普通百姓只能穿大量的衣服或者在外套夹层里塞很多棉花来保暖。像这样明显的南北地域性差异，在日本人看来是十分有趣的现象，而且让他们印象十分深刻。

然而，从当时日本人所记录的资料里，时不时能感受到其中存在的局限。那是因为他们所接触或观察到的中国人只是整个中国社会的一小部分罢了。

清洗的方式

随着洗衣机的普及，洗衣这件事对于我们现代人来说已经是件十分方便，不再像过去那样耗费大量体力的事了。自不必说人类用洗衣机来清洗衣物的历史并不算长，不，应当说这段历史很短。洗衣机在一般家庭普及之前，清洗衣物是人们生活中很重要的一件事，而且它也是过去服饰文化中不可分割的一部分。因此，对日本人来说，关注邻国的衣物清洗方式是再自然不过的事了。那么，当时的中国人到底是怎样清洗衣物的，又是什么地方让日本人感到震惊呢？接下来，根据以下的资料来具体分析。

奥田正男在《中国人的兴趣与生活》一书中介绍了中国人清洗衣物的方式：“（中国人）洗衣一般是清洗内衣和其他贴身衣物，而清洗的方法也十分简单，就是将蒙古产的天然碱和外国进口碱溶入水中，然后将衣物放在洗衣板或石头上，用木棍之类的敲打之后再清洗干净即可。有夹层或夹棉的衣物是不会拆开来清洗干净再重新缝合的。”[①] 这段资料如实地记录了当时中国人的服饰生活，而且对清洗衣物的类型、方法等都做了详细的介绍。说到这里，有一点会让人觉得很有意思，那就是中国人一般只清洗贴身衣物，带夹层或夹棉的衣物一般是不清洗的。

不过，这并不能代表整个中国的衣物清洗方式。比如中上流社会的家庭会怎样清洗衣物呢？不难想象，肯定是主人家将衣物交给用人们来清洗。虽说前文中奥田所观察到的现象带有一定的局限性，但不得不说，中国人的衣物清洗也着实有让日本人大吃一惊的地方。比如，与其说是一种清洗的文化，倒不如说是如何处理脏污衣物。《中国人的兴趣与生活》指出：

> 中层社会的家庭对于昂贵的衣物，自然也会做一些污渍清理，但是像棉织类的衣服一旦穿脏就会将其卖到估衣铺（中古店）。而下层百姓则会去估衣铺买中上流社会贵族富人们所抛弃的衣物，然后一直穿到破烂，不能再穿为止。[②]

---

① 奥田正男『支那人の趣味と生活』、5頁。
② 奥田正男『支那人の趣味と生活』、5頁。

这段文字讲的是，中上层社会所穿的棉织类衣服一般不会去清洗，而是直接卖到估衣铺，最后再被下层的老百姓以低廉的价格买走。这一点在有着自己独特的和服清洗文化[①]的日本人看来实在是太不可思议了。

而且，中上层社会的中国人并不将带有污渍的衣物清洗干净再穿，而是任其流传到下层老百姓之中。这种衣服的再循环，让一件衣服最终成为联系社会各个阶层的媒介，甚至这种文化的盛行还支撑了不少估衣铺的兴盛。“在不少估衣铺前面的街道上，铺子里的伙计拖着抑扬顿挫的声调用自己独特的节奏卖力地吆喝着，要么夸赞宣传店里的商品，要么拦着门口的客人热情地介绍。”后藤看到这番情景觉得甚是有趣。而他对此总结道：一件衣服好几个人穿，有时甚至十几个人穿过，“不管衣服流传到哪里都能让人毫无顾忌地接受，这一点和中国人的民族性实在是太吻合了”。后藤认为从这种处理有污渍衣物的习惯里能看到中国人的民族性。

最后，对以上内容做个简单的总结。科学技术的发展为我们的生活带来了很大的便利，而清洗衣物的方式也得到了极大的发展。在现在的我们看来，清洗衣物可能并不是那么麻烦的事情，但是对当时人来说，这是日常生活中非常重要的一部分。中国服

① 以前日本人在清洗和服时，首先会将和服拆成各个独立的部分，像袖子、领子和身体部分等，拆开的和服又可以拼凑成一块完整的布。然后再将这些布块分别清洗干净，晒干。最后将清洗晾干后的布块拼凑在一起，再次缝制成和服。

饰与日本和服的剪裁方法原本就不一样，清洗方法自然也会有所不同。然而，在日本人看来，中国的衣物清洗方式有些落后，并没有清洗的步骤，而是让带有污渍的衣服从中上层社会流传到下层百姓之间，这实在是难以理解。

看到这里不难发现，当时的日本人大都对中国人的服饰文化表示出了震惊和诧异。这是因为他们亲眼看见当时中国人在服饰生活方面依然保持着旧习俗，并没有像他们一样与时俱进，在他们看来，这些都可以说是未开化或者野蛮的习惯。不过，很有趣的是，日本国内又出现了十分欣赏中国人的服饰文化，甚至大力提倡日本人也可以尝试穿中国服的现象。

第四节　“中国服”优势论

最初认识到中国服优点的日本人是前文介绍过的井上红梅。他在《中国服之话》中对西服、中国服、和服做过一定的比较，认为：“倘若要问这三者中哪种是最进步的衣服，第一是西服，第二是中国服，最后才是和服。”[①] 其理由则是有一个这样的标准：“在不同国家，人的体格自然也有所不同，应当制作出符合他们各自体形的衣服才行。”可惜，日本的和服“不计个子的高低，也不顾身材的胖瘦。除了身型超出常人标准或者是从事相扑职业的人以外，普通人也很容易出现弓背、臀部肥大、鸡胸、大肚腩等身材问题，但大家的身体都是被包裹在同样大小的衣服

① 井上紅梅『支那風俗』下巻、日本堂書店、1921、335 頁。

里”。也就是说，和服本身对人的身材并没有什么要求，而这一点使得井上红梅认为和服与西服、中国服相比要略低一等。西服是三者之中最贴合人体的，而中国服虽然“曲线少直线多”，但也比“全部由直线构成，一点曲线也没有”的和服更加适合人体构造。也就是说，1920年代初期，井上红梅的结论在以往的“和服与西服之争”中首次加入了对中国服的关注，甚至还将中国服排在第二，让其位居于自己的民族服饰和服之上。那时，中国服虽然在井上红梅的结论中并不是最优秀的服装，但在当时能被日本人认为优于和服，这一点是值得我们特别关注的。

不过，在前面已经提到过的《中国人的兴趣与生活》中，作者奥田正男更加明确地指出中国服是最优秀的服装。其理由是：“中国服不像和服那样过于宽大，或者就座之后容易变皱变乱，或者走路时容易露出小腿。更不存在那些譬如不适合旅行或不能防寒等方面的缺陷。另一方面，中国服又不会像西服那样因为太贴身反倒是让人很受束缚。因此，中国服介于和服与西服之间，结合了二者的优势，是一种既实用又方便的服装。”[①] 穿和服时走路步子过大很容易露出小腿，而这一点在当时的社会环境下十分不雅观。另外，和服还有旅行时并不适合穿着、冬天寒冷的时候保暖性不强等各种缺陷。西服虽然没有这样的缺点，但是由于剪裁构造与传统的和服有十分显著的差异，日本人在穿西服时总觉得被束缚着，并不舒适。而奥田认为，中国服正好兼具了西服与和服的优势，且没有二者的缺陷，因此是最实用而又便利

① 奥田正男『支那人の趣味と生活』、6頁。

的服装。

除了有像奥田那样从实用性的角度赞赏中国服的观点，还出现了大力赞扬中国服且向日本同胞强烈推荐中国服的社会现象。1927 年，宝文馆出版了《适合日本人的衣食住》，在“服饰篇”里作者中山忠直开门见山地指出：“最适合日本人的衣服就是中国服。”其理由如下：

> 穿西服完全不能适应日本的夏天，而冬天穿的西服也总让人感觉保暖性不够。那么和服又是怎样的呢？首先，夏天穿和服毫无疑问是非常合适的，可是到了冬天，其抗寒性只能说和西服半斤八两。那么，究竟有没有两全其美更合适的衣服呢？说到这，我毫不犹豫地推荐中国服。在我的认知范围内，中国服真是世界上经过高度发展而形成的服装啊。[①]

这段文字主要是从服装对季节的适应性角度来考虑的。作者认为中国服要远比和服与西服更加适应季节的变化。然而，让人觉得不可思议的一点是，和服自古以来就是日本人的传统服装，从古至今已经穿了这么多年，为何到了这个时代突然被认为不再适合冬天穿着了呢？退一步讲，为何日本人突然认为中国服比和服更适合作过冬的衣服呢？关于这一点，中山继续补充说明：“到了冬季穿上长而宽大的中国服，下身穿的裤子裤脚可以束紧，袖口也可以束紧，实际上会变得非常暖和。而且它不像西服或和

① 中山忠直『日本人に適する衣食住』宝文館、1927、91 頁。

服外套那样紧紧地贴合人体，因此中国服与身体之间会有一个空气层，由此达到完全保温的目的。”[①] 简单来说，从功能上看，中国服完全适合所有季节，既可以很凉爽，也可以很保暖，因此中山认为中国服要比西服与和服更加优秀。换句话说，中山觉得中国服在具备了和服优点的同时，又弥补了和服与西服二者的缺陷，因此发出了“中国服真是世界上经过高度发展而形成的服装啊”的感叹。

其实，像中山这样拥有全新“中国服”观的人在当时的日本并不算罕见。比如，1940年代，多贺义宪在《和服与西服、中国服》一文中指出，和服“并不适合在干燥风盛行的冬季穿着；而西服也不适合夏季特别闷热的日本，在日本的夏季穿西服，那简直可以说是一大酷刑”。[②] 而与和服、西服相反，“中国服在穿着时会留有一定的余量，穿着方法很灵活，毫无争议，它是最便利的一种服装”。其中的一个具体理由是：“中国服的领口呈圆形且较低，不会像西服那样束缚脖子。不过更值得一提的是，中国服整体构造就像一个大布袋，非常宽松，因此天气炎热的时候，全身的透气性非常好。”[③]

尽管时代发生了变化，但不同时代的日本人一致认为，中国服非常适应季节变化，在这一点上，它是最理想的服装。不过，回过头来，笔者很疑惑：为什么中国服能适应季节变化这一点在当时被日本人反复强调呢？一方面，日本人在穿和服时根本就不

① 中山忠直『日本人に適する衣食住』、92－93頁。
② 多賀義憲『技術史話雑稿』北光書房、1943、206頁。
③ 多賀義憲『技術史話雑稿』、206－207頁。

存在像西服那样脖子被束缚的感觉。然而，西服不断地渗透进日本人的服饰生活中，像带领子的衬衫、立领五金扣学生服等都是让男性觉得脖子非常有束缚感的服装。特别是在闷热的夏季穿西服，对穿惯了和服的日本男性来说，简直就是地狱般的酷刑。另一方面，与和服相比，到了冬天，“只要将中国服的袖口、裤腿处束紧，很简单地就能达到温室一样的保温效果”，[①] 因此，他认为中国服比和服更有优势。由此可见，当时的日本男性主要是从服装的功能性以及实用性这两点给予了中国服极高的评价。

中山忠直之所以认为“最适合日本人的衣服就是中国服”，另一个理由是：“中国服是世界上最具有文化意义的服装。”前文已经介绍过中山十分赞赏中国服的功能性，对于这一点我们不难理解。可是在此，他又宣称：“中国服是世界上最具有文化意义的服装。”这究竟又是怎样一回事呢？尤其是不少日本人因为身穿中国服反而遭受了一些不公对待，在这种社会环境下，中山的想法只会让人觉得太过新鲜大胆了吧。当然，中山并不是不了解当时的社会状况，他在文中断言，“有人会想中国是落后的国家，学习或关注中国的风俗实在是有损强国的尊严，这样的人只能说完全不懂文化，是没有资格谈论文化的人”，并解释道：“中国与欧洲的先进国家相比只是古老了一些，而正是因为如此，我们才能从它身上学到不少东西。”[②] 最后他建议：“今后日本人在改良自己的服装时，可以多参考中国服。”[③]

---

① 多賀義憲『技術史話雜稿』、207 頁。

② 中山忠直『日本人に適する衣食住』、93 頁。

③ 中山忠直『日本人に適する衣食住』、93 頁。

与从功能性和实用性方面看待中国服不一样，日本还陆续出现了一些从其他方面赞赏中国服的观点。比如，著名小说家村松梢风不仅亲自体验过中国服，而且还专门为中国服写文章。他在《中国漫谈》（1928）中写道："大家都说穿上中国服觉得无比舒适，那种舒适度暂且不说，光是从威严庄重这一点来说，我认为中国服要远远在和服之上。"[①] 而且，他批判道：仅仅因为中国服宽松舒适而喜爱中国服的人，其实并不懂中国服。他在书中介绍："穿上那用上好的缎子做成的长衣（中国人称其为长衫），上面再套件同样用缎子做成的马褂，迈着悠然自得的步子，自然就是一副威风凛凛的样子。"[②] 在此，村松梢风详细地描绘出了自己眼中身穿威严而又庄重的中国服的形象。

到此为止，中国服的优势大致可以归纳为以下四点：第一，适合任何季节；第二，宽松舒适；第三，威严庄重；第四，具有文化意义。像这样的"中国服"观主要出现在 1920 年代，之后，偶尔也还能看到类似的评论。其中第四点，中国服具有文化意义可以说是非常具有 1920 年代特色的日本人的观点。

* * *

前面几节内容主要是利用日本人撰写的跟中国有关的服饰文化方面的资料来考察日本人的中国服饰观。从考察的结果来看，可以得出以下几个结论。

---

① 村松梢風『支那漫談』騒人社書局、1928、49 頁。

② 村松梢風『支那漫談』、50 頁。

第一，日本人对中国服饰文化最感兴趣的是中国男性的辫子与女性的缠足。日本人留下的资料详细地记录下了中国从留辫到剪辫、从缠足到天足的变化过程。当时，中国的这些旧俗既吸引了邻国日本人的目光，也成为日本人向同胞介绍中国文化时很有吸引力的一个话题。从他们记述的内容来看，在客观陈述历史和社会实际情况的同时，从字里行间能感受到他们对中国旧俗的批判和对中国人的同情，当然也不难想象他们惊愕的样子。剃头编辫与缠足等中国人的习俗是当时日本人共同关注的焦点。他们之所以会关注这两点，笔者推测是由于剃头编辫与缠足作为中国人的典型特征早就被外国人所熟知，而随着中国政治的剧变，这些旧俗到底发生了怎样的变化呢？对逐步实现近代化的日本来说，邻国的这些变化是很有吸引力的地方吧。另外，在第五章与第七章中会再次详细介绍清朝留学生的服饰，那在当时也是让日本人感到新奇而又有趣的地方。

第二，日本人对中国服饰生活也表现出了一定的关注。中国与日本由于文化习惯的不同，在服饰文化方面也呈现出了较大的差异。具体来说，在对夏天裸露身体的意识、寒冷之时身穿冬衣的习惯上，两国之间有较大的不同。由于这些差异的存在，两国国民之间仍时不时地出现一些误会。通过日本人介绍的中国衣物清洗方法，可以了解到当时中国出现了一种奇特的清洗和处理方法，即中上层社会带有污渍的衣服通过估衣铺流传到下层百姓之中，这实在是让日本人震惊不已。这些都是当时在中国短期或长期居住过的日本人，在体验了异国文化所带来的冲击之后记录下来的内容。这些资料后来在日本出版发行，也让更多的日本人对中国的文化习俗有所了解。笔者认为，这些有过旅中经历的日本人通过介绍和传播中国人的文化习俗，对当时日本大众所拥有的对近代中国人的印象产生了不小的影响。当然，他们所观察接触到的中国社会仅仅是冰山一角，毫无疑问，他们的资料里存在一定的局限性。

第三，尽管在当时的社会环境下，大部分日本人已经把中国看作一个贫穷落后的国家，但还是出现了对中国服饰文化赞不绝口的声音，一种新"中国服"观在这些人之中诞生了。具体来说，日本人从随季节进行调节的功能性及优越的实用性，另外还庄重威严、具有文化含义方面高度赞扬了中国服。进而，有人在比较和服与西服、中国服时，明确指出中国服才是最优秀的服装，甚至还有人言明中国服才是最适合日本人的服装等。在接下来的第四章中，笔者会针对新"中国服"观对日本男性产生了怎样的影响这个问题进行更加深入的探讨。

综上所述，1910～1920年代的日本人对同时代中国人服饰文化的看法实际上是错综复杂的。一方面，他们对中国的旧俗表现出一定的关注，从中国人的服饰生活中感受到了不小的文化冲击；另一方面，有人对中国服给予了高度评价，认为中国服是十分进步的服装。

第二篇
中日服饰文化的相互影响：男性篇

第四章　日本男性的中国服

笔者在第三章中已经详细论述过，1910～1920年代日本人对中国人的服饰文化表现出一定程度的关注，并且热衷于将中国人的服饰文化作为社会风俗的一部分介绍给其他日本读者。实际上，有日本人亲自体验过中国服，甚至还有日本人在很长一段时间内都热衷于穿中国服。一般认为，一些女性为了追逐时尚而穿戴外国服饰。不过，若是男性穿着外国服饰呢？应该不完全是因为时尚吧。比如到了现代社会，对男性来说西服既是一种时装，也是一种职业服装，同时还是社会地位的象征。穿什么样的服装，远比我们想象的能表达出更多的东西。

在既往的研究中，虽然能看到一些介绍日本女性与中国服的论述，但是鲜有关注日本男性与中国服的内容。因此，本章将重点对日本男性与中国服的相关资料进行考察和分析。首先，简单介绍日本男性所穿中国服的具体情况，然后再详细地去探讨究竟是哪些日本男性穿着体验过中国服。倘若他们并不是因为时尚，那么究竟是在怎样的动机下或因怎样的契机来穿着中国服的呢？接下来，笔者会在本章中详细探索这一点。如此一来，通过详细考察日本不同的群体、个体与中国服之间的故事，探讨他们所持有的“中国服”观。最后，针对日本人究竟如何看待被卷入“洋服与和服比较论”之中的中国服这一疑问，本章将探讨总结新“中国服”观的形成过程及其背景。

第一节　中国服之话

1900年代以后，即清末民初，中国人的服饰状况究竟如何呢？首先来简单介绍一下。

所谓“中国服”，是从清朝末年到民国，日本对中国人（无论男女老少）服饰的一种总称。清朝，男性的服饰主要分为朝服、官服、常服、便服等四种。[①] 当时，不管是统治阶层还是被统治阶层，中国男性在日常生活中最主要的穿着是长袍和马褂。

随着衰败的清王朝最终走向灭亡，1912年中华民国成立，中国发生了一场巨大的政治变动，而社会也进入了一段混乱的时期，生活中人们的服饰也出现了各种混乱。目前，有关中国服饰史方面的研究认为，进入中华民国以后，除了传统的长袍马褂，还有中山装、西服，这三种是近代中国男性的主要服饰。[②] 其中，除了与政治相关的人士爱穿中山装，与银行金融、外资企业等相关的人士爱穿西服以外，中国绝大部分普通男性依旧习惯穿中式的长袍马褂。[③]

特别是在当时无比崇尚西洋文化的社会风潮中，一部分身

---

① 黄强：《衣仪百年——近百年中国服饰风尚之变迁》，文化艺术出版社，2008，第110页。

② 黄强：《衣仪百年——近百年中国服饰风尚之变迁》，第119～129页。

③ 清朝及民国的男性中，一般像劳动者、道士、和尚等特定人群是不需要穿长袍马褂的。

穿长袍马褂的中国知识分子特意标榜自己与西方文明绝缘，并一再强调中国文化的优越性，十分引人注目，而长袍马褂也成为他们特立独行的标志。在这样的社会背景下，能成为日本人关注焦点的究竟是怎样一种中国服呢？接下来笔者将详细考察一番。

在第三章中已经详细论述过，有一些日本人曾关注并在日本介绍中国人的服饰文化。在中国人丰富多彩的服饰文化之中，一部分日本人对中国服表现出较大的兴趣，还有人专门研究中国服。代表则有：引领了当时“中国趣味”风潮的著名“中国通”井上红梅就曾写过《中国服之话》；另外，一本名为《有关中国服》（朱北樵撰）的著作也曾在日本出版。接下来，就以这两份资料为依据，来看看当时日本人所介绍的中国服究竟为何物。

首先，来看一下井上红梅介绍的中国服。在1921年出版的《中国风俗》（下卷）中收录了一篇题为《中国服之话》的文章。文章的前面插入了好几幅中国服的图片。这些图片一目了然，结合图片下面的详细说明，大致可以了解当时中国男性服饰的基本情况。[①] 比如，图4－1中右侧像连衣裙的衣服就是长袍；左上方的外套则是马褂，穿在长袍外面；左下方的称为裤，像长裤一样，是穿在长袍下的下半身贴身衣物。当然，关于马褂，井上也介绍过其他的类型。不过，一般来讲，当时中国男性的常服大致如图4－1所示，日本人亲自体验的中国服大多是这样的款式。

---

① 井上紅梅『支那風俗』下巻、328－329頁。

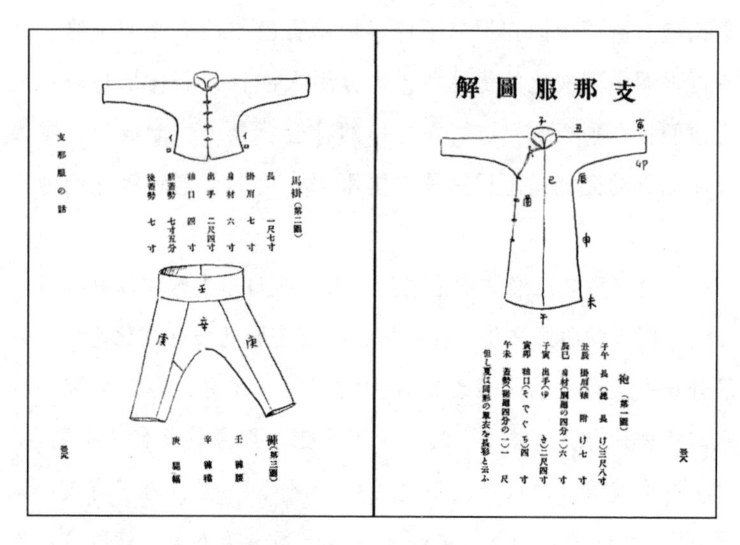

图 4－1　中国服图解

资料来源：井上紅梅『支那風俗』下巻、328－329 頁。

接下来，再来介绍朱北樵笔下的中国服。1928 年《有关中国服》作为东亚研究会举办的第 24 届东亚研究讲座的成果被出版成书。朱北樵先将中国服的种类以及名称翻译成了日文（见表 4－1）。为了方便读者更好地理解，他甚至为每一种衣物都做了具体的说明。比如马褂，朱北樵解释“是一种为了方便骑马时穿着而刻意裁短”的衣服，“在外出时必须在长袍外穿上马褂方显礼仪”。接着他补充说明：“这马褂正好类似于日本的和服外褂。”[①] 而有关长袍，他又解说道：“是一种袍子或是叫长衣，在历史上它与马褂并列为礼服，在我们日本可以理解为素袍、直衣之类的

① 朱北樵『支那服に就て』東亜研究講座第 24 輯、東亜研究会、1928、15 頁。

衣服。”[①] 除了长袍马褂，中国人常常还会穿类似于西装马甲的衣服，它在中国北方被称作坎肩儿，而在南方被称作背心。[②] 这“是一种没有袖子的衣服，长度上比马褂要稍短一些，左右和上面左侧有时会带有像西装马甲那样的口袋”。[③]

表 4-1　《有关中国服》中朱北樵译成日语的中国服装和面料

中国服饰及面料的名称	日文翻译	中国服饰及面料的名称	日文翻译	中国服饰及面料的名称	日文翻译
褂、马褂、短褂等	上着なり	袍子、长袍、旗袍	長着物なり	袄	短い下着
衫、汗衫	肌着なり	裤	裤なり	裙	道士の腰衣又は女の裤様のものなり
袜	靴下なり	带	オビ	帽	ボウシ
鞋	クツ	衣裳	着物の総称	单衣	ヒトへの着物
袂衣	アワセの着物	棉衣	綿入れの着物	皮衣	毛皮の着物
呢	ラシャ	绒	ネル	哔叽	セル
缎子	シュス	皱绸子	チリメンーハプタイ		

资料来源：朱北樵『支那服に就て』、14-15 頁。

以上内容就是井上红梅和朱北樵面向日本人所介绍的中国服。由此可见，日本人所关注的中国服实际上是中国男性传统的服装，也就是长袍马褂。后来大多数日本人所穿着体验的也是这

① 朱北樵『支那服に就て』、17-18 頁。
② 朱北樵『支那服に就て』、20 頁。
③ 朱北樵『支那服に就て』、20 頁。

种中国传统的长袍马褂。因此，笔者在此提前申明：在本章中使用的“中国服”，具体就是指长袍马褂。

第二节　歌舞伎演员的中国服

日本报纸杂志上最初有关中国服的记载，是一篇关于某位歌舞伎演员身穿中国服引发了大家的关注和热烈讨论的文章。1910年8月8日，《朝日新闻》刊登了一则艺能界的小道消息，称：“寿美藏近来只要进后台必然会身穿一袭中国服，并且将帽子压得低低的，这任谁看了也不会想到他居然是一名歌舞伎演员。”歌舞伎演员寿美藏在进后台时身穿中国服，反而让人料想不到他的身份。1913年6月21日，《读卖新闻》与《朝日新闻》同时报道了一则有关市村羽左卫门（第十五代）身穿中国服的消息。其具体内容是：负有“美男子”盛名、当红歌舞伎演员市村羽左卫门在台湾巡演结束后回到日本时居然从头到脚一副中国人的打扮。对于市村羽左卫门身穿中国服，这两家报纸分别报道：“宛若中国的贵公子一般”（《读卖新闻》），评论他是一副风流倜傥的样子；“周围的人都称赞说他太适合中国服了”（《朝日新闻》），记录了当时周围人的赞叹与欣赏。当然，拥有超群美貌的歌舞伎演员穿着外国人的服装这件事原本就容易成为报刊上吸引人眼球的话题。不过，可以肯定的是，中国服在当时的日本人看来的确是一种新鲜而又奇特的服装。因此，可以推测，对当时的普通日本人来说，中国服仍是一种遥不可及的存在。

1920年以后，报刊上关于歌舞伎演员身穿中国服的新闻报道越来越多。具体来说，1924 年 10 月 19 日，《读卖新闻》和《朝日新闻》又同时刊登了一篇关于身穿中国服的歌舞伎演员的报道。这篇报道的主人公是歌舞伎演员市川左团次（第二代），内容是：左团次在完成中国东北、朝鲜的巡演之后访问了北京，最后居然穿着中国服回到了日本。《读卖新闻》的报道《昨晚欢迎会上一身中国服的左团次》的标题刻意选用了“中国服”一词来吸引读者；而《朝日新闻》甚至还刊载了一张市川左团次身穿中国服的照片（图 4－2）。当然，这些都是报刊吸引读者的方法。据这两家报纸所说：左团次身上穿的中国服其实是梅兰芳所赠。这究竟是怎样一回事呢？为实现日本歌舞伎的近代化做出了卓越贡献的著名歌舞伎演员市川左团次，与中国京剧的代表性人物梅兰芳之间究竟又发生了怎样的故事呢？梅兰芳又为何向左团次赠送中国服呢？

图 4－2　中国服打扮的市川左团次

资料来源：「支那服の市川左團次」『朝日新聞』1924 年 10 月 19 日、夕刊第 2 面。

对于这整个经过，虽然以上两篇报道并未做详细解说，但从中也能窥探一二，更详细的说明可以参见《左团次艺谈》一书。接下来整理一下梅兰芳与左团次二人的关系。1924 年，左团次一行在大连、奉天（现沈阳）、长春、哈尔滨等地进行了巡回公演。据说，当时左团次最大的愿望就是可以与梅兰芳一起表演一台戏。然而遗憾的是，当时中国正值第二次直奉战争，因此左团次的愿望未能实现。不过之后，中日演艺界的两位标志性人物还是获得了机会相见。[①] 这件中国服正好弥补了两人未能同台演出的遗憾，同时也是中日交流、中日友好的象征。

另外，1926 年，《电影与演艺》中“告别了不舍的舞台之后，演员的夏季家庭生活”栏目刊登了一张超人气歌舞伎演员市川松莺（第二代）一家的照片（图 4－3、图 4－4）。[②] 这张照片的标题是“终于穿上了梦寐以求的中国服开开心心的松莺父女俩”。照片中，市川松莺穿着中国男性的常服，即长袍外套了一件马褂；身旁依偎着一个八九岁模样的女孩，正是他的小女儿，穿着一身中国少女都爱的上衣下裳；而不远处正坐着穿和服的妻子。从照片看，全家人一副其乐融融的样子。不过，小女儿虽然穿上了一直嚷着想穿的中国服，可表情却有点凝固、不自然。由此可以看出，中国服已经逐渐渗透到了歌舞伎演员的日常生活中，甚至对其家人也产生了一些影响。

---

① 市川左团次『左団次芸談』南光社、1936、159－160 頁。

② 「懐しや舞台をはなれて俳優夏の家庭めぐり」『映画と演芸』第 3 巻第 9 号、1926 年、50 頁。

图 4－3　身穿中国服的松茑父女

资料来源：「着たい着たいの支那服が出来て嬉しい松蔦父娘」『映画と演芸』第 3 巻第 9 号、1926 年、50 頁。

图 4－4　图 4－3 右边部分放大

在此笔者发现了一件很有趣的事：由于年代的不同，报刊上有关当红歌舞伎演员的报道也出现了一些微妙的差异。1910 年代，市村羽左卫门的中国服不过被认为是新奇的外国人的服装罢了，而到了 1924 年，左团次的中国服却成了中日友好和交流的一种象征。当然，左团次的中国服也许只是一个特例，然而不难看出到 1924 年，日本人对中国服的新奇感逐渐消失不见了。换言之，对普通的日本人来说，中国服早已不是十多年前那种新奇的外国服饰了。而到了 1926 年，从市川松茑父女俩的事例来看，中国服甚至早已渗透到了歌舞伎演员的家庭生活之中。

不过话说回来，中国服为何在歌舞伎演员之中流行呢？从下面这则新闻报道中或许可以找到一丝线索。

1924 年 9 月 28 日，《读卖新闻》中有一篇醒目的文章，名为《近来越来越引人注目的中国服的流行》。来看一下其中的一小段内容：

> 云吞呀，烧卖呀这些中华料理变得流行已经有些日子了。近来倒不是因为受到中国又爆发战争的刺激和影响，像中国的纹样图案、电影戏剧等也变得流行起来了，甚至还波及了我们的服饰生活。不仅仅是男性的服饰，就连女性的服饰中也能看到零零星星的中国文化的影响。不仅是日本，就连欧洲，和日本趣味相互融通交流的也是这中国趣味。

从这一段文字中大概可以推测出中国服流行的原因。这些原因之中，受日本社会环境的影响尤为重要。当时流行的“中国趣味”种类不少，不难推测中国服作为其中一种被当时的日本人欣然接受。不过，在此不可忽略中国戏剧的影响。也就是说，很有可能中国戏剧与中国服的流行其实是密切相关的。那么，在当时的日本盛行中国戏剧之风究竟是怎样一种情形呢？

根据伴俊典的研究成果，1895 年 ~ 1910 年代，中国戏剧在日本的情况大致如下：大概是在甲午战争后，日本开始介绍中国的戏剧，面向一般读者的有关中国戏剧的翻译也开始出现在各大新闻报刊上，讲义录和戏剧史等作为专业资料相继出版，另外日本还广泛开展了各个主题的深入研究。[①] 即使 1910 年代以后，也仍出现了不少有关中国戏剧的文章。具体来说，有《中国戏剧的研究》（《中国与日本》第 3 期，1913）、《本乡座的中国戏剧〈复活〉》《本乡座的中国戏剧〈豹子头〉》（《歌舞伎》第 175 期，1915）、《有关中国戏剧》（《中国戏曲集》，1917）。

1919 年可以说是真正掀起中国戏剧热之年。笔者推测大概因为那一年中国著名京剧大师梅兰芳第一次率领其艺术团抵达日本，在东京帝国剧场进行了一系列的公演。据说帝国剧场那时卖出的票价惊人，但依然场场爆满。[②] 当时的观众席里不仅能看到谷崎润一郎和秋田雨雀等知名作家，还有花柳章太郎、市川左团次等演艺界人士。[③]

那时，不仅报刊上突然出现大量跟梅兰芳相关的报道文章，

---

① 伴俊典「日本における中国戲曲受容の基礎的研究—江戸期から明治期を中心に」博士論文、早稲田大学、2015、174 - 176 頁。

② 邹元江：《梅兰芳表演美学解释的日本视野（上篇）——以梅兰芳 1919 年、1924 年访日演出为个案》，《戏剧艺术》2014 年第 3 期。当时，同月公演的日本戏剧的特等席中，歌舞伎座为 4 圆 80 钱，市村座为 3 圆 50 钱，明治座为 2 圆。而梅兰芳剧团的特等席为 10 圆。由此可见，当时梅兰芳剧团的表演在日本的票价之高！

③ 伊藤绰彦：《关于 1919 年和 1924 年梅兰芳的日本公演》，冉小娇译，《戏剧（中央戏剧学院学报）》2013 年第 3 期，第 65 页。

而且，内藤湖南、狩野直喜、浜田青陵等十三名知名学者也分别撰写了自己的观后感，这些文章后来被编辑成《品梅记》出版。[①] 从这些现象中可得知梅兰芳艺术团当时在日本究竟受到了何种程度的欢迎。

1924 年，梅兰芳艺术团再次东渡日本进行公演。1925 年以后，中国的绿牡丹和小杨月楼等著名的戏剧演员陆续访日进行公演。如此一来，通过中日演艺界频繁地交流，更多的日本人获得了观看中国戏剧的机会，自然而然对中国文化更加亲近熟悉。除了大家关注的中国戏剧以外，在日本报刊刊登的照片里也能找到身穿中国服的中国戏剧演员的身影。而这些表演和照片应该给当时的日本读者留下了比较深刻的印象。也就是说，中国戏剧热成为加速当时中国服流行的一个重要因素。

根据以上论述，大概在明治到大正时期，日本就出现了有关中国戏剧的研究和介绍，特别是在 1895～1919 年达到了一个小高潮，而 1919 年梅兰芳艺术团的访日公演与交流让中国戏剧热达到了顶峰。此后，也就是 1920 年代到 1930 年代，日本的中国戏剧热在相当长的时间内经久不息。在中日戏剧界的交流过程中，歌舞伎演员们率先穿起了中国服，这成为当时各大报刊的热门话题。从 1910 年的市川寿美藏到 1926 年的市川松茑父女俩，中国服从一种新奇的外国人服装、报纸上吸引人眼球的话题逐渐演变成歌舞伎演员家庭生活里很普通的存在。歌舞伎演员们正是因为跟中国戏剧热直接相关，因此他们比其他日本人更早地与中国服

① 伊藤绰彦：《关于 1919 年和 1924 年梅兰芳的日本公演》，冉小娇译，《戏剧（中央戏剧学院学报）》2013 年第 3 期，第 58 页。

建立了亲密的关系。英俊潇洒的年轻歌舞伎演员穿戴起异国的服饰，自然十分吸引普通人的眼球，不难想象，这让他们感到震惊的同时，也对他们的中国服印象产生了一些影响。

第三节　日本知识分子的中国服故事

倘若说歌舞伎演员穿中国服受到了中国戏剧热影响的话，那么1910～1920年代日本知识分子穿中国服其实是受到了“中国趣味”的影响。1922年，由谷崎润一郎执笔的《所谓中国趣味》一文刊登在了《中央公论》上。1918年秋天，谷崎首次访问中国，这篇随笔即为他归国后所写。据说，从这以后，“中国趣味”变成了具有普遍意义的词语并开始被大众广泛使用。根据研究者川本三郎的结论，所谓“中国趣味”就是“近代日本对本国文化的一种些微的厌恶”，同时“想要重新解读‘汉文’‘中国学’，是一种日本古典的回归以及复兴”。[①] 的确，正如川本所指出的一样，当时在日本知识分子之中急速发展出了一种回归中国文化（日本古典）的动向。而这正发生在日趋西化的日本社会。在这样的时代潮流中，中国服作为“中国趣味”的代表，成为日本男性所青睐的服饰。

正是在这个时期，日本的知识分子和知名作家不约而同地发表了以中国为题材的文章，创作了不少带有中国元素的作品，将浓厚的“中国趣味”广泛地传播到日本社会。其中的代表有谷

① 川本三郎「「支那趣味」の成立」『季刊アステイオン』第8巻、1988年、135－138頁。

崎润一郎、芥川龙之介、佐藤春夫、竹内好等知名人士。而几乎同时期，还出现了将中国的风俗文化介绍到日本、引领了日本国内“中国趣味”的著名“中国通”，像井上红梅、后藤朝太郎等。这些日本男性知识分子不仅仅是“中国趣味”的爱好者，同时也创造出了各种各样与中国服相关的故事。不过，话说回来，这些知识分子究竟是在何种动机的驱使下穿上了中国服的呢？对他们来说，中国服究竟意味着什么呢？接下来，笔者将带着这些疑问来一一考察日本知识分子穿中国服的意义。

在讨论日本知识分子与中国服之间的故事之前，有必要分析一下他们所处的国际社会环境。日俄战争发生以后，日本从俄罗斯手中接管了“南满洲”铁道株式会社，也就是“满铁”。如此一来，原本就被日本所掌控的朝鲜铁道与“满铁”直接相连，从日本跨越朝鲜半岛直达中国东北的大陆交通基本发展完备。[①]随着日本旅游局的成立，日本的旅游业也得到了一定的发展与完善。于是，以“视察”“研修”“修学旅行”等为目的的各种日本团体或个人都能更加容易地获得到朝鲜、中国东北等旅行的机会。[②]

其中，自然少不了一些原本就对中国带有憧憬，而且拥有“中国趣味”的日本文人。中国旅游或留学体验，对他们之后的作品以及整个职业生涯都产生了一定的影响。在本节中，笔者特

---

① 劉建輝『魔都上海：日本知識人の「近代」体験』筑摩書房、2010、191－193頁。

② 米家泰作「近代日本における植民地旅行記の基礎的研究：鮮満旅行記にみるツーリズム空間」『京都大學文學部研究紀要』第53巻、2014年、319頁。

别关注了作家芥川龙之介、“中国通”后藤朝太郎以及中国文学研究大家吉川幸次郎三人。之所以选择这三人，是因为他们之间既有共同点又带有各自的特殊性，具有代表性。

三人的共同点有两处。第一，都是 1920～1930 年代抱有“中国趣味”，而且以旅游或者留学的方式访问过中国的知名人物。第二，他们与中国服都有着较深的渊源，而且他们作为知名人物曾亲自体验过中国服，并留下了不少相关的文字与图片资料。而三人的不同之处有二。其一，三人各自的身份及社会地位有所不同，但都是能代表各自领域的风云人物，因此可以说明当时各种各样的文人的真实状况。具体来说，芥川龙之介是大正文坛的重要人物，后藤朝太郎是民俗研究领域的代表，吉川是中国文学研究领域的代表性人物。其二，通过比较他们三人在中国的体验过程，可以窥探他们各自不同的“中国服”观。芥川仅到访中国 1 次，而后藤于 1918～1926 年在中国旅行 20 多次，吉川则在中国留学 3 年。通过分析比较“短时间的旅行”“频繁多次的旅行”“长时间居住留学”这三种类型的中国体验对日本文人的影响，窥探他们“中国服”观的形成过程以及明确他们各自的“中国服”观。

芥川龙之介——旅行时的中国服体验

甲午战争之后，随着日本旅游业的蓬勃发展，越来越多的日本人来到中国。这些离开日本到往国外的人大都会穿上西服，但也有一小部分人会穿上中国服。芥川龙之介就是选择穿上中国服的日本人之一。1921 年 3 月，20 岁的芥川龙之介（图 4－5）作为大阪每日新闻社的海外视察员被派遣到中国。

图 4－5　身穿中国服的芥川龙之介

说明：这是芥川龙之介作为大阪每日新闻社的海外视察员被派遣到中国之时与友人拍摄的照片，左为芥川龙之介，右为竹内逸三。两人在浅色的长袍外套了一件深色大褂，头上还戴着一顶瓜皮小帽。此照片现藏于日本近代文学馆。

在大约 4 个月的旅程中，除了参观名胜、观赏中国戏剧等中国文化体验，芥川的行程中还包含了拜访中国政治家、文化名人等安排。在中国停留期间，他曾拜访过政治家郑孝胥、章炳麟，以及文化名人辜鸿铭、胡适等人，进行民间中日文化交流。《北京日记抄》中记载了芥川拜访中国人的部分经历。比如，他拜访辜鸿铭的经历被收录在《辜鸿铭老师》一文里，其中有一个小插曲："当看着我（芥川）身穿一袭中国长袍外披一件马褂的打扮时，辜老师感慨：'你没穿西服这一点让我很感动，唯一可惜的是你头上没有辫子。'"由此可以看出，芥川到达中国以后，在辜鸿铭面前穿着的并非西服而是中国服。不过，芥川为何刻意以一身中国服的打扮出现在辜鸿铭面前呢？实际上，辜鸿铭是一位精通西洋学的学者，但后来在中国崇尚西方文明之风呈愈演愈烈之势的时候，他逆流而上，竟转换了自己的立场，开始轻视西方文化，甚至边拥护皇帝制度边倡导保护中华文化。因此，他被称作“中国文化界的怪杰”。当拜访如此以中国文化为傲的名士之时，穿着西服就显得不太妥当了，芥川大概正是考虑到这一点才特意换上中国服的吧。

另一方面，可以从中国文人所撰写的日记中找到对身穿中国服的芥川龙之介的描写。其中，他们对芥川穿中国服这一点印象尤为深刻。

比如胡适就在其日记（1921 年 6 月 25 日）中描述了对芥川龙之介的第一印象：

> 今天上午，芥川龙之介先生来谈。他自言今年 31 岁，为日本今日最少年的文人之一。他的相貌颇似中国人，今天穿着中国衣服，更像中国人了。这个人似没有日本的坏习气，谈吐（用英文）也很有见解。①

在此可以看出，胡适对芥川的评价是其容貌酷似中国人，而他穿上中国服的样子简直跟中国人一模一样，胡适自然而然对芥川增加了一些亲近感。

---

① 《胡适日记全集》第 4 册，台北：联经出版事业公司，2004。另外，胡适日记中用的“中国衣服”一词是当时的常见称呼。

不过话又说回来，为何偏偏在此时，中国知识分子和文化名人如此青睐中国服呢？还有，穿中国服给芥川带来了怎样的影响呢？针对这两个疑问，笔者将对中国的社会状况进行一些补充说明。

在本章第一节中已经介绍过，1920 ~ 1930 年代在中国的文化界，一种叫作长袍马褂的中国服不仅成为一部分高度重视传统文化的知识分子的身份象征，更是成为一种区分他们与那些大肆鼓吹西方文明的知识分子的工具。在当时的社会背景下，西服在中国的影响力不断扩大，但他们却执着地穿中国服，以此来表达自己对中华文化的热爱。前文提到的辜鸿铭与胡适都有过留洋的经历，而且都是十分精通西方文化的人物。同时，他们也是一群无比热爱中华文化的知识分子。并且，他们二人在日常生活中常穿的也并非西服，而是一身长袍马褂。为了拉近与如此复杂的中国文化圈知识分子之间的距离，芥川特意选择穿中国服去拜访他们，从这一点可以看出芥川的深思熟虑。

那么，中国服又为芥川带来了什么呢？辜鸿铭虽然半开玩笑地说可惜芥川没有留清朝男人标志性的辫子，但他仍十分赞赏芥川能放弃西服身穿中国服来拜访。另外，胡适也表示对容貌原本就跟中国人相似，且穿上中国服后的丰姿也跟中国人一样的芥川印象十分深刻。

不过结合当时的国际形势来看，芥川选择穿中国服其实并非一件简单的事。时间倒回到 1910 年代。先是 1915 年日本政府提出了对华“二十一条”的无理要求，后来 1919 年在巴黎和会上又企图继承德国在山东的特权而引发了一系列矛盾。中日关系的恶化导致芥川访问中国时，到处弥漫着反日仇日的情绪。实际上，芥川在自己的作品中也曾记录过，自己所到之处经常能看见反日的文字。由此，能推测出在当时的国际背景下，中国对日本人来说绝不是多么和平友好的环境。[①] 因此，芥川自己也记载："我的中国服，也让身在北京的诸位日本人感到了麻烦。"（《中国游记》）。由此可见，在当时，日本人特别是有名的日本人身穿中国服其实是一个比较敏感的问题，甚至有时还是一种危险行为。在如此情况下，中国服所包含的政治意义被刻意地强调，当时反对穿对立国家服饰的声音也占据了上风。然而，芥川排除了万难，并没有受到政治氛围的影响，大胆地穿上了中国服，也因此获得了胡适的信任，胡适说"（芥川）似没有日本的坏习气"。通过两个人的谈话，胡适评价芥川相当有见识。

从以上内容可以看出，通过一件中国服，芥川与中国知识分子之间的关系变得紧密了起来。他努力接近中国文化圈，使得中日两国的文人之间进行了一场很顺利的交流。也可以说，登门拜访中国知识分子时，中国服为芥川赢得了好印象，这对他之后工作的开展起到了一定的作用。

有关芥川的"中国服"观，可以从他写的《中国游记》中窥探一二。在《南京（中）》一文中，芥川对给他当向导的五味君的中国服进行了一番描述："桌子前，一身中国服模样的五味君伫立着。他穿着一身看上去就很暖和的黑色马褂儿，里面还罩

---

① 吉岡由紀彦「芥川龍之介の眼に映じた中国—『支那游記』・零れ落ちた体験」芦谷信和ほか編『作家のアジア体験：近代日本文学の陰画』世界思想社、1992、93 頁。

着一件蓝色的大褂儿，评价他为一副威严而庄重的样子也不为过。我在跟他打招呼之前，还稍微对他那身中国服表达了一些敬意。”[①] 由此可以看出，蓝色长袍外搭了一件黑色马褂的五味君给芥川留下了威严而庄重的第一印象。而且，他内心多多少少对中国服生出了敬意。由于对中国服有好印象，后来芥川常常穿中国服，“让身在北京的诸位日本人感到头疼的确是因为五味君的不良影响”。可是，为什么中国服对芥川来说是一种威严而庄重的感觉呢？大概还是由于他身上原本就带有一种对汉文学充满憧憬的文人特质吧。换句话说，笔者推测是芥川对汉文学以及汉学知识分子的向往，直接影响了他的“中国服”观。因此，芥川也像中国知识分子一样，自然而然地穿上了中国服。

后来，芥川在1921年6月12日寄送给养父芥川道章的信件中解释为什么自己常常穿中国服：“最近我总是穿着夏季的中国服走在大街小巷。仅花了二十八圆就将整套夏季服饰置办了下来，这中国服真是便宜又方便啊。而且在白天炎热夜晚凉爽的北京，穿中国服要比西服舒服太多了。”[②] 6月中旬的北京已经变得很热了，若是穿着厚重的西服则会非常不舒服。因此，穿上透气性良好的麻质中国服来代替西服，会让人觉得很凉爽，更何况它还远比西服便宜。芥川体验到了中国服的实用价值与价格优势。

那么，在实际生活中，芥川又是如何愉快地体验中国服的呢？这一点可以从他写给友人的明信片中读取出来。1921年6月

① 芥川竜之介「南京（中）」『支那游記』改造社、1925、203頁。

② 『芥川竜之介全集』第19巻、岩波書店、1997、180－181頁。

24 日，芥川在从北京寄给中原虎雄[①]的一张明信片上写道："我现在身在北京。北京真不愧是王城之地，我每天穿着中国服穿梭在各种戏剧之间。"[②] 之后，他又在 6 月 27 日写给小穴隆一[③]的明信片中迫不及待地将自己旅居北京时，身穿中国服像普通中国人一样，畅游于京剧与书画等艺术活动之间的那种愉快心情传达给友人："君能否想象，阳光和煦，风和日丽之中穿着中国服来去自如的我那潇洒的身影？"[④]

另外，芥川在抵达中国后不久，便在给养父芥川道章的信里提及，"中国服饰之类的，现在我手头拮据暂时无法购置了"，给家人置办的礼物大都是便宜的小玩意儿，仅仅在南京给长子比吕志买了件"中国孩子在节庆日穿的虎头模样的衣服"。[⑤]

通过上面的内容，可以了解到在芥川龙之介的中国之行中，中国服可以说是不可或缺的。不管是在他拜访中国的文人雅士之时经过考量所穿的中国服，还是他印象中威严而又庄重的中国服，或是与中国的风土人情相得益彰、实用又便利的中国服，都与芥川的中国之旅密切相关。同时这也反映出芥川多样化的"中国服"观。另外，十分有趣而又耐人寻味的是，在芥川送给至爱

---

① 中原虎雄，纺织学者，出生于山形县，东京工业大学、京都工业纤维大学教授。「人名解説索引」『芥川竜之介全集』第 19 巻、20 頁。

② 『芥川竜之介全集』第 19 巻、183 頁。

③ 小穴隆一，西洋画画家、俳句诗人，出生于长崎，1919 年因在俳句杂志上担任插画师与芥川结下了不解之缘，两人成了终生挚友。「人名解説索引」『芥川竜之介全集』第 19 巻、5 頁。

④ 『芥川竜之介全集』第 19 巻、183 頁。

⑤ 『芥川竜之介全集』第 19 巻、173 頁。另外，芥川龙之介还在文中补充道："（酷似老虎的衣服）不是特别大，因此我不确定比吕志是否穿得上？不过才花了 1 圆 30 钱而已。"

的家人们的礼物中，甚至也有孩童穿的中国服。

后藤朝太郎——“中国通”的中国服

说到中国服的爱好者，绝不能漏掉的是被称作“中国通鼻祖”的后藤朝太郎。这后藤朝太郎究竟是何人？首先就来介绍一下他。后藤出生在爱媛县，毕业于东京帝国大学大学院，作为汉语领域的“少壮言语学者”登场。从1918年到1926年，后藤来往于中日两国之间20多次。因此，他“对中国生活习俗文化等方面的兴趣越来越浓烈”，成功地转型为一名热衷于研究中国风土人情的学者。①

以中国风俗研究者的身份再次出发的后藤朝太郎在他60余年的生涯中，留下了100多册著述。其中，与风俗文化相关的论述达到了91册。在这些论述中，与中国服相关的资料有大约10册。② 也就是说，在后藤的著作中，大概9册里就有1册是有关中国服的。那么，在这数量庞大的著作之中，后藤究竟是如何向日本同胞介绍中国服的呢？由此又能窥探出后藤怎样的“中国服”观呢？接下来，就来详细考察一下他的论述。

笔者首先关注的是1927年4月发表的一篇题为《中国服的礼赞》的文章。这篇文章最初刊登在《实业之日本》上，第二

---

① 三石善吉「後藤朝太郎と井上紅海」『朝日ジャーナル』第14巻第32号、1972年、41頁。

② 这些数据是笔者根据日本国立国会图书馆数据库所提供的信息分析整理而成。其中，笔者将后藤朝太郎的论著粗略地划分为了“言语”和“风俗文化”两大类，中国服相关的数据，是笔者在“风俗文化”类别里逐个分析阅读文本之后总结而成。

年 2 月又收录在后藤的著作《中国绮谈 鸦片室》之中。后藤在“世界上进步的中国服”“穿着舒适的中国服”“兼具礼仪与活动性的中国服”这三个方面大力赞扬了中国服。后藤陈述道：“一穿上中国服，就能体验到那种宽松舒适的感觉，穿上中国服以后，大国情调自然而然地流露出来，做起事来也变得慢条斯理。”①将自己对中国服的热爱毫无保留地表达出来。由此可以看出，后藤对中国服的热爱与其他人是完全不同性质的。也就是说，对于后藤，穿上中国服获得了一种悠然自得的大国国民心态，因此，中国服不单是与本国服装完全不同的来自异国的很特别的服饰，而且成为可以跨越国境的道具一样的存在。

一方面，在《中国旅行通》（1930）的序文中，后藤提出了“中国旅行通的格言——十二条”，包括“一、穿着中国服去中国，二、在中国旅馆下榻，三、说中国话，四、吃中国饭……”。在此，从后藤将“穿着中国服”这一条排在了第一位，大概可以看出对他来说中国服是何等重要了吧。除此以外，对“从上海到内地想在中国各地巡游之人”或“想亲身体验中国趣味，带着最合适的心情尝试漫游中国之人”，后藤强烈推荐穿中国服，理由如下：

> 穿上中国服，很容易就能与周围的中国朋友打成一片，同时也能体验到一种中国情怀。当然，对方也会为此感动，周围的气氛与万物诸事都会变得柔和而又美好起来。……而在体验感上，穿上中国服完全没有被束缚的感觉，脖子、肩

① 後藤朝太郎「支那服の禮讃」『事業之日本』第 6 巻第 4 号、1927 年、31 頁。

部、肚子以及手腕等地方都是恰到好处，能感受到一种自由和宽松的舒适感。另外，中国服看上去就给人一种中国式悠闲与豁达的感觉。还有，从价格来说，中国服不像西服那样需要特别的清洗，增加额外开销，而且制作成本也远比一套西服来的便宜。从这些优点来看，我想说的是：穿中国服的人自己得到了满足，何必非要忍受一些痛苦去穿那昂贵又让人难受的西服呢？[①]

以上这段话是后藤的观点，他向即将去中国旅游的日本同胞大力推荐中国服，认为中国服是可以让中国人对日本人增加亲近感的道具。并且，他还从实用性、价格等方面与西服做了对比，以此来突出中国服的优越性。从以上这些观点可以看出，后藤是由衷地欣赏中国服，甚至对即将去中国旅行的日本同胞极力推荐中国服。

另一方面，还可以从日常生活中找寻后藤的中国服故事。1929 年，《文艺春秋》第 7 卷第 3 期登载了平岛二郎《穿上中国服的心情》一文，其中提及："将中国服当作寻常生活中普通衣服来穿之人中就有一位叫作后藤朝太郎的。此人不管是在自己家中还是旅行，或是开讲座的时候，几乎全都穿着中国服。他天生长得就跟中国人很像，因此穿上中国服也是一副风流倜傥的模样。他看上去总是比我们更像中国人。"[②] 平岛形象地描绘了将

① 後藤朝太郎『支那旅行通』四六書院、1930、76－77 頁。

② 平島二郎「支那服を着た心持」『文芸春秋』第 7 巻第 3 号、1929 年、10 頁。

中国服当作日常服装、对中国服表示出极大热情的后藤朝太郎的形象（图4－6）。不管是在像家那样私人的空间，还是在旅行或是讲座的公共领域，后藤都是我行我素地穿着中国服。因此，也就有了一件令人哭笑不得的趣事。后藤的大千金在女学校开学前夕，突然一本正经地对他说："父亲，今天您可以跟我们一起去学校，但是请别再穿中国服了，好吗？"于是后藤不得不脱下他那身钟爱的中国服。①

图4－6　穿着中国服的后藤朝太郎

资料来源：後藤朝太郎『支那長生秘術』富士書房、1929。

不过话说回来，为何后藤如此热爱穿中国服呢？他对中国服如此执着的背后究竟有怎样的原因呢？从他的著作《中国民俗的

① 平島二郎「支那服を着た心持」『文芸春秋』第7巻第3号、1929年、10頁。

展望》（1936）中大概可以找到一些线索吧。他在书中解释道："我对中国，特别是中国风俗文化方面特别感兴趣，因此，从专业角度出发，我是很乐意经常穿中国服的。这就像军人穿军装、学生穿学生服、护士穿白色的护士服一样。……邻国还有我四万万的朋友，而我自己又常常来往于中日两国之间，若总是换装，换来换去实在是非常不便。但若只要穿一种服装就能穿梭于日本与中国两地，这就方便太多了。"①

从这段文字中，至少可以解读出两层含义。一层是，中国服对于作为研究中国风俗文化的专家学者的后藤来说，其实相当于一种制服。另一层则是，从实际出发，来往于中日两国之间常常更换衣服多有不便，而只要穿着一身中国服就能解决这个麻烦。尤其是后一层含义，在当时的社会环境下，不少日本人是出于这个原因经常穿中国服的。比如，前文中提到的《穿上中国服的心情》一文的作者平岛二郎，他在文中也叙述过自己在去中国时大都穿中国服。不过，笔者推测，对后藤来说，中国服并不只是他作为"中国通"所穿的制服。理由就是，在《中国服的礼赞》一文中，他特别强调穿上中国服的舒适感受、体验大国风范时的愉悦心情等，在后藤规模庞大的中国相关著述中，大概有1/9在不惜笔墨、不遗余力地介绍和推荐中国服。

吉川幸次郎——中国文学研究大家的中国服

也许有人会想，像后藤那样对中国服带有浓厚兴趣，并且在

① 後藤朝太郎『支那民俗の展望』富山房、1936、24頁。

日常生活中也常常穿中国服来往于中日两国之间的日本人大概是非常罕见的吧。而实际上，跟后藤一样爱好并长期穿中国服的日本人中还有一位著名学者。此人是中国文学研究的泰斗，特别是杜甫研究方面的权威，他就是吉川幸次郎。吉川幸次郎对中国文学进行了从古典到现代非常广泛而深入的研究，其独创性在世界上得到了很高的评价。不过，这位留下了伟大业绩的著名学者与中国服之间又发生了怎样的故事呢？接下来，带着这个问题，笔者将考察一下吉川幸次郎的经历。

吉川幸次郎，1904 年作为次子出生于神户一个贸易商人家庭。当时的神户四处都是讲广东话与福建话的人，而这幼年时期所接触到的中文环境对吉川的一生都产生了巨大的影响。[①] 从第三高等学校毕业之后，吉川顺利进入京都帝国大学文学部文学科就读，师从著名的中国学学者狩野直喜，开始进行中国文学研究。毕业后，他又跟随恩师狩野教授于 1928 ~ 1931 年在北平留学。[②] 留学期间，吉川不论说话还是写字都使用汉语，据说，为了使“自己的生活感情完全融入与中国人的交往之中”，他下定决心“忘记自己日本人的身份”。留学生活结束以后，吉川回到了日本，并在狩野直喜出任所长的东方文化学院京都研究所工作，成为一名研究员，同时也作为一名讲师开始在京都帝国大学任教。那时，他与留学中的前辈仓石武四郎一起提出了三条信

① 孟偉「吉川幸次郎の中国文学論—中国文学の言語環境」『文化環境研究』第 4 号、2010 年、31 頁。

② 興膳宏「善之吉川幸次郎先生年譜」桑原武夫・富士正晴・興膳宏編『吉川幸次郎』筑摩書房、1982、277 – 278 頁。

条，其中第一条就是“不穿西服，只穿中国服”。吉川大概是想从外观上努力成为一个中国人，然后再像中国人那样去尽情地研究中国文学吧。不过，也许正是因为平常就习惯穿长袍马褂，他经常被其他日本人误认为就是中国人。[①] 如此一来，吉川幸次郎与中国服结下了不解的缘分，他那穿着一身长袍马褂的形象深深地刻在了周围友人们的心中。在吉川去世后，人们写下的悼念文里很多都提及了他与中国服的故事。

下面举几个例子来说明这一点。同样在东方文化学院京都研究所工作过的村上嘉实在其回忆文中就曾叙述过：“吉川幸次郎与仓石武四郎两人自北平留学归来以后，总是穿着中国服（清朝以后的衣服）在百万遍附近出现，一副昂首阔步的样子。当研究所内开讲座的时候，他们又握住毛笔认真地做笔记，大概笔下写的也是汉字吧。”[②] 不仅如此，吉川由于总是爱穿中国服且操着一口流利的汉语，常常被其他日本人误会是真正的中国人。有一天，吉川在食堂与友人用日语聊天，食堂的大叔将他当作中国留学生夸奖他：“你小子日语说得不错啊！”[③] 不过，总被误认为是中国人的吉川内心又作何感想呢？从他撰写的回忆录的一个有名片段中，可以了解到他当时的心情。当他还是学生的时候，有一次去参加讲座，桑原騭藏教授（与内藤湖南、狩野直喜一起创建了京都中国学的大人物）把他当作中国的留学生，用手给他比画

---

① 興膳宏「善之吉川幸次郎先生年譜」桑原武夫・富上正晴・興膳宏編『吉川幸次郎』、278 頁。

② 村上嘉実「東方文化研究所のころ」『人文』第 46 号、1999 年、18 頁。

③ 梅原猛「巨大な花」桑原武夫・富士正晴・興膳宏編『吉川幸次郎』、26 頁。

了一下粉笔的样子，让他将粉笔拿过来。[①] 被误认为是中国人的吉川，内心竟是有点惊喜。在吉川友人们的印象中，类似的片段多次出现。吉川的至交好友桑原武夫（其父亲就是桑原騭藏）在《吉川幸次郎与欲望肯定》一文中详细地写道："（吉川幸次郎）从中国留学归来以后，与仓石武四郎两人穿着中国服走在路上的样子深深地烙在了我的脑海中。有一次，河盛好藏（吉川的另外一位好友）在吉田附近的理发店里理发，结果理发师大叔突然对他说：'客人，您瞧，那边有两个人（这里是指吉川幸次郎与仓石武四郎）穿着和服走着，对吧？您猜那两人是日本人吧？其实呀，是俩中国人。今天还来我们店里跟我们讨价还价了呢。'河盛君将这段话告诉了吉川之后，可把吉川乐坏了。"[②] 吉川常常将中国服当作日常生活中再普通不过的服装来穿，同时还常常与仓石武四郎用流利的汉语聊天，因此总会被身边的日本人用异样的眼光来看待。在那个年代，大多数中国留学生来到日本以后，都会尽快脱下中国服换上西服，以免承受异样的眼光，而吉川反其道而行之，毫不在乎周围人的目光，甚至很开心被当作中国人。可是，为何吉川愿意逆社会潮流执着于穿中国服呢？而中国服对吉川来说又有怎样的意义呢？接下来，笔者将针对这两点进行考察。

前面已经叙述过，吉川在中国留学后回到日本，和前辈仓石武四郎约定"不穿西服，只穿中国服""写论文不用日语，一定

① 吉川幸次郎「四十五年ぶりの中国」『吉川幸次郎講演集』筑摩書房、1996、476 頁。

② 桑原武夫「吉川幸次郎と欲望肯定」『図書』第 381 巻、1981 年、3 頁。

坚持用汉语”。[①] 据吉川自己所说，为了研究中国文学，他需要像中国人一样思考，一样感知，一样去理解中国。可是，如何才能像中国人那样思考呢？吉川想到的是，首先在日常生活中尽可能地让自己更接近中国人。那么，最简单的方法就是“变成”中国人，尽量多说汉语。因此，中国服对他来说是最有效的工具，能让他从外表上变成中国人。从前文介绍过的一些小故事来看，至少可以说，吉川成功地让周围普通的日本人以为自己是中国人。不仅如此，他通过放弃穿西服与减少穿和服，展示出了自己与西洋文化绝缘的姿态，用这种极端的态度与西方学者划清了界限。

然而，吉川不顾周围异样的眼光执着于穿中国服，热衷于做中国文学研究的 1920～1930 年代，对中国文学研究来说，绝对算不上是一个好时代。可以说，在当时的日本，西洋学迎来了全盛时期，众多优秀人才都转身开始做西洋学方面的研究。因此，吉川选择中国文学可以说是逆社会潮流。对此，吉川在后来被授予了“文化功劳者”[②] 称号而接受日本广播协会（NHK，日本唯一的一家公立媒体）采访时，解释了自己之所以对中国文学感兴趣，是因为“大正年间是最轻视中国的年代，可以说是跌到了谷底。那时，有关中国方面的研究谁也不愿意去做，我多少还是有些义愤填膺的，不过光靠义愤填膺的情感大概也无济于事吧。可

① 貝塚茂樹「畏友 吉川幸次郎君をしのぶ」桑原武夫・富士正晴・興膳宏編『吉川幸次郎』、54 頁。

② 专门为“对文化的发展与进步做出了卓越贡献的优秀人才”授予的一项日本国家级的最高荣誉。每年由日本文部科学大臣来决定 15 位获奖者，国家将每年提供给他们以终身的高额奖金。

是，中国文学作为人类的文学难道不是具有很高的价值吗？于是我在内心深处下意识地对自己说，要不我来尝试做一下？”无论是做中国文学研究，还是执着地穿中国服，都能明显地反映出吉川的反骨精神。笔者认为，吉川的中国服其实就是他彰显个性、表达他对中国研究的热忱与执着的符号。因此，桑原武夫高度评价了吉川幸次郎：“在日本人想要斩断与中国文化千丝万缕的联系之时，在那种浓烈的氛围中，我想将吉川比作大厦即将坍塌之时，最后撑住它的一根不朽之木。”

以上，通过考察芥川龙之介、后藤朝太郎、吉川幸次郎与中国服之间的故事，尝试从他们实际穿着中国服的体验中窥探他们各自的“中国服”观。

首先，根据三个人的故事，简单总结一下 1920 ~ 1930 年代日本知识分子的“中国服”观。小说家芥川龙之介于 1921 年在中国旅行，不顾当时中日的国际关系，大胆地穿上了中国服，与中国的文人雅士相谈甚欢，还带着愉快的心情体验了中国传统文化。对芥川来说，中国服既是一种为了更加顺利地拜访中国文化名人、带有目的性的会客服饰，也是威严而又庄重的汉文化的象征，同时还是十分适合中国社会风土的实用又便利的服装。而作为“中国通”的后藤，从 1918 年到 1926 年，来往于中日两国之间 20 余次，他不管是在日本还是去中国旅行，总是把中国服当作日常生活中的普通服装来穿。对后藤来说，中国服不仅穿起来十分舒适，让他感到心情愉悦，还使他往返于中日两国时无须换装，为他提供了极大的方便。另外，对作为“中国通”的他来说，中国服还有相当于制服的功能。最后，对中国文学研究的大家吉川幸次郎来说，中国服就跟他所选择的中国文学研究一样，在当时，日本西方文学研究成为主流之际，不惜逆流而上也要执着守护的东西。他穿中国服既代表了他的反骨精神，又显示出了他对中国文化的一片执着之心。

上面三位日本知识分子所生活的时代、活跃的领域并不相同，因此他们的“中国服”观也不一样。不过，他们三人也可以找到一些共通之处。从服饰的功能性来看，他们几乎都认可了中国服的实用价值与便利性。在日本男性的和服衰退的年代，对他们三人来说，中国服比西服更容易让人接受。当然，不能忘记他们三人都是抱有“中国趣味”的文化名人这个事实。一身中国服既标榜了他们作为拥有汉文化教养的知识分子的身份，又突破了时间与空间的限制，将他们与中国汉文化圈联系在一起。另外，他们三人属于同一个“中国趣味”文化圈，他们的中国服体验，显示出了当时一部分日本文化人对中国文化的执着，或者可以说是一种真挚的热爱。

第四节　其他日本人的中国服体验

在本章第二节中笔者已经做过详细介绍，受到中国戏剧的影响，歌舞伎演员之中有人开始穿中国服，一些抱有“中国趣味”的知识分子也饶有兴趣地穿起了中国服。当然，除此以外，还有各种各样身份的日本人都体验过中国服。接下来，在本节中，笔者将谈一谈其他日本人的中国服体验。

首先，来看一下诗人、散文家大町桂月。大町所著的《中国、朝鲜游记》(1919)之中有一篇题为《中国服故事》的文章。根据该书后面附录的作者日记，他于1918年9月从东京出发，经由朝鲜最后抵达中国东北，然后再次经朝鲜回到东京。[①] 总共耗时117天，也就是大约4个月的样子，主要在朝鲜和中国东北停留了一段时间。原计划是停留2个月，但受一些因素的影响，整个计划推迟了2个月。途中经过朝鲜时，为了熬过寒冬，大町一行人不得不置办了当地朝鲜人的衣服。可是没想到，穿上朝鲜服以后获得了一种特别的乐趣。于是，进入中国以后，一方面为了作纪念，另一方面也考虑到进入中国时的便利性，大町立马就置办了一套中国服并早早地穿上了。[②] 结果，周围人都认为他非常适合穿外国的衣服："大町穿上朝鲜服，同行的人都觉得他跟朝鲜人一样；等他换上了中国服，大家又夸赞他简直跟中国人一模一样。不仅日本人这样认为，就连朝鲜当地人看到他的朝鲜服打扮也认为他是朝鲜人；穿上中国服以后，当地的中国人也认为他是中国人。"得到周围人的这些评价后，大町不禁感慨："自己大概是长了一张很容易搭配各种衣服的脸吧。"[③] 如此一来，大町时常穿着朝鲜服或中国服，结果有关他的新闻登上了朝鲜和中国的报纸。然而，除了这些有趣的事，据说大町因为朝鲜服和中国服还遭遇了一些不愉快。大町曾记录道："在我换上朝鲜服和中国服后，我的日本同胞轻视朝鲜人、轻视中国人，不单单是轻视，甚至对他们十分粗暴。"大町穿着朝鲜服或中国服时，往往

---

① 大町桂月『満鮮遊記』大阪屋号書店、1919、255、277 頁。

② 大町桂月『満鮮遊記』、255 頁。

③ 大町桂月『満鮮遊記』、255 頁。

被当作朝鲜人或中国人，在乘坐列车的时候遭受了不少不公的对待："本来想乘坐一等车厢，结果列车上的男服务员强行将我拉走不让我走进去；有时我明明已经走进了一等车厢，男服务员却一边嚷嚷着'这里可是头等车厢'，一边推搡着要将我赶出去。"① 不过，大町感慨道："这些倒是我早已预料到的事情，所以既不惊讶，也不生气。只不过想到那些真正的朝鲜人、中国人，觉得他们真是可怜。"考虑到当时的国际关系和社会背景，就不难理解为何会发生这样的事情了。在大町踏上中朝之旅的那个年代，先是1910年朝鲜半岛被日本吞并，实际上已经处于日本的支配之下了。在日本获得了甲午战争和日俄战争的胜利之后，中国东北地区实际上也被日本控制了。在这样的国家和地区旅行时，穿着被统治者的服饰，也就意味着变成了被统治者，因此会遭受一些不公平的待遇。不过，大町因为中国服和朝鲜服的真实体验，稍微能理解中国人与朝鲜人的心情，对他们也表示出了同情。

如果说大町的中国服体验既有欢乐的一面又有不愉快的一面，那么另一位日本人的经历则充满了享受的色彩。浜田青陵曾写过一篇题为《中国服》（1926）的游记文，文中记载，在中国停留的那段时间，当看到出入同一家旅馆的日本人以及他的朋友们穿中国服之后，他不禁发出感慨："这与中国的风土太相宜了吧。"② 他周围的日本人也都不约而同地赞叹："中国服没有像西服的衬衫啦，领子啦，袖口啦那样有束缚感，十分宽松。不过它又不像和服那样过于宽大显得不够庄重，因此中国服可以说是介

① 大町桂月『満鮮遊記』、256－257頁。

② 浜田青陵「支那服」『百済観音』イデア书院、1926、671頁。

于和服与洋服（中国人口中的西服）之间最理想、最合适的服装。”于是，浜田“迫不及待地想要赶快穿上中国服体验一下”，[①]从内衣到外衣，不仅是长袍马褂，就连当时中国人之中最流行的腰带和平常使用的帽子等也都一一置办齐了。对于刚置办好的中国服，浜田忍不住说：“迄今为止，和服也好，西服也罢，都有重新定做过的经历，可从未像现在这样如此心情愉悦。”[②] 当然，就跟他自己补充说明的一样，多半是他的好奇心得到满足后的开心。不过，正是真正感受过宽松的中国服所带来的舒适，后来在北京停留的半个月里，除了不得已要穿西服的场合以外，不管是外出还是在旅馆内，浜田几乎都是一身中国服的打扮。之后，无论是乘坐“满铁”线的列车在朝鲜旅行之时，还是回到日本以后，他仍旧习惯穿一身中国服。即使在旅行结束后，据说浜田也常常在自己房间里戴一顶中国的瓜皮帽，有时还特意换上中国服和朋友一起去中国料理店吃上一顿。在中国旅行时偶然体验了中国服的人估计不少，但是像他那样，即使在旅行结束后对中国服依旧念念不忘的人应该也不多。这么说的理由就是，浜田在《中国服》中质问道：“究竟为何要抵触比西服便利得多、穿着舒适而且价格实在的中国服呢？……对欧美文化像奴隶一样去崇拜模仿的我国百姓为何不尝试穿中国服呢？”同时他主张：“如果我们真的要将世界各国文化的精髓都聚集在一起并积极采纳的话，那么日本女子就应该穿朝鲜服，男子就穿中国服吧。”[③] 虽说浜

---

① 浜田青陵「支那服」『百済観音』、671 頁。
② 浜田青陵「支那服」『百済観音』、673 頁。
③ 浜田青陵「支那服」『百済観音』、673－674 頁。

田对中国服有如此高的评价，但实际上他同大町一样，有过因身穿中国服而遭受冷遇的经历。有一次，他在日本旅馆等候室的一角等待旅馆的工作人员安排房间，感受到了西装革履的日本人所投来的轻视嘲讽的目光；在安东县（现辽宁省丹东市）的入关口，他因为身穿中国服陷入了十分棘手的状态中；更有一回，当他到达朝鲜以后，旅馆的工作人员明明告知已经没有和室房间了，可是得知浜田是日本人以后，又立马换了一副嘴脸，赶紧给他安排了和室房间。也就是说，由于身穿中国服，浜田在很多方面受到差别对待。浜田与前文中大町的情况大致相同，由于穿着中国服被周围的人当作中国人，结果不得不忍受来自同胞的轻视。

也许有很多日本人像大町与浜田一样，因为穿中国服而遭到不公的对待，可即便如此，仍有不少人喜爱穿中国服。

比如，《后藤朝太郎的中国服》的作者平岛二郎在去中国的时候，据说也是穿着中国服。平岛在其《穿上中国服的心情》一文中陈述道："只要情况允许，我都尽可能地穿上中国服。这是因为，换上中国服，就能有与穿和服或西服完全不同的经历，这是非常珍贵的体验。"[①] 他将穿中国服时获得的日常无法体验到的喜悦表达了出来。除此以外，"我一换上中国服，就会不自觉地变得悠然自得了起来。这好像就是中国人的那种慢条斯理、逍遥自在"。[②] 在这一点上，平岛倒是与后藤的观点保持了一致。另外，除了后藤朝太郎和平岛二郎，还有一人热爱中国服，平岛在文中介绍道：

---

① 平島二郎「支那服を着た心持」『文芸春秋』第7巻第3号、1929年、9頁。

② 平島二郎「支那服を着た心持」『文芸春秋』第7巻第3号、1929年、9頁。

> 鲁大公司的宝相寺贞彦氏也是中国服的爱好者。前年在天津的旅馆相遇时，有人问："你都何时穿中国服呢？"他答道："在中国时自然不用说，在国内我也习惯穿中国服，只不过在国内有时家人会讨厌我穿中国服，那时没办法我只能脱下来了。"①

从上面二人的对话来看，这位宝相寺贞彦（历任横滨正金银行调查部部长、北平分行行长等职务）爱好穿中国服，在中日之间往来时也常常穿着中国服，并且在日本国内也会穿中国服。后藤、平岛以及宝相寺三人为何如此钟爱中国服呢？在此如果考虑一个共同理由的话，笔者推测，在当时的日本社会，男人穿和服往往被认为太落伍，因此他们不得不选择穿西服，可如此一来，只能终日忍受窄身的西服所带来的束缚感。他们在体验了中国服的宽松舒适之后，感觉从西服的束缚中解放了出来，因此爱上了穿中国服。

另外，还有一位叫作冈野增次郎（民国初年军阀吴佩孚的顾问）的日本人也十分钟爱中国服。友人曾问他穿中国服的理由，他用一篇散文《穿中国服之辩》（1941）作了回答。1899 年，冈野顺利地通过了东亚同文会的留学生考试，为了更加精通中国学，他决心入乡随俗，留起了发辫，穿起了中国服。在南京开始留学生活以后，冈野和同年级的日本同学都"越发觉得需要穿上

---

① 平島二郎「支那服を着た心持」『文芸春秋』第 7 巻第 3 号、1929 年、9 頁。

中国服。当东京本部寄来了奖学金，每个人拿到16银圆以后，他们立马就跑到了城内雨花台下的估衣铺（服饰二手店）”。[①] 同学曾根原、宇野、山田等拿到奖学金以后都买了中国普通学生穿的中国服，只有冈野一人“在奖学金的基础上另外添了一些钱，为自己置办了一身丝绸质地的高级中国服”。[②] 原来，冈野置办的是“广袖长衫式样的”旧时长袍马褂，“即使出入重视礼仪的中国士大夫家中也是相当适宜的”。[③] 实际上，冈野在淮安旅行，途中不仅获得了同船中国文人所赠的汉诗，还受到当地乡绅望族的热情款待。冈野回想起当时的情形感慨道：“第一次在中国旅行，就能受到如此礼遇，想来都是托这身中国服之福吧。”[④]

最后，来看一下斋藤清卫（古典文学研究者）的中国服体验。他将自己最初穿中国服的契机记录在了《北平之窗：民族的对立与融合》（1941）一书中：“在抵达北平的第三天，我就找人定做了一身中国服，因为穿西服不适合我的个性，我原想就穿着和服去得了。不过跟我想象的一样，在中国的街道上踩着嘎嗒嘎嗒作响的木屐，穿着方领的和服，总觉得与风土不太相宜。”[⑤] 斋藤清卫应该是在1940年受聘为伪北京师范学院的教师，因此在北平住了下来。斋藤由于穿着中国服，和上述大町一样，在乘坐巴士时发生了很不愉快的事，“想快点上车好占个座的日本同

① 岡野増次郎「支那服を衣るの辯」『大日』第240巻、1941年、57頁。
② 岡野増次郎「支那服を衣るの辯」『大日』第240巻、1941年、57－58頁。
③ 岡野増次郎「支那服を衣るの辯」『大日』第240巻、1941年、58頁。
④ 岡野増次郎「支那服を衣るの辯」『大日』第240巻、1941年、58頁。
⑤ 斋藤清衛『北京の窓：民族の対立と融和』黄河書院、1941、9頁。

胞拼命地用手肘将我往外挤”。[1] 这件事让斋藤感受到了强烈的冲击，他继续写道：“那人将我当成了中国人，想着自己作为战胜国的国民高高在上，就肆无忌惮地对周围的中国人做出了如此粗暴的举动。”一针见血地指出了这一类日本人行为粗暴背后的原因，“看到其他国家的国民对自己的同胞如此粗暴，周围的中国人也不过是冷眼旁观”，斋藤感受到了中国人的可怜之处。[2] 穿着中国服，让自己的身份地位发生了惊天的逆转，导致自己被同胞所轻视，甚至不得不承受同胞的暴行。也许，对斋藤来说，比起气愤更多的是惊讶吧。

* * *

通过具体考察日本男性与中国服之间各种各样的故事，笔者得出了以下的结论。第一，中国服，也就是长袍马褂，给拥有不同身份、从事不同职业的日本男性带来了愉快的体验。无论是歌舞伎演员，还是抱有“中国趣味”的知识分子，或是其他日本人，通过穿着中国服，获得了一种在穿和服与西服时从未体验过的新鲜感，感到愉悦。最初，由于中国戏剧方面的影响，歌舞伎演员率先穿起了中国服。而一部分抱有“中国趣味”的知识分子通过一身中国服标榜自己是富有深厚汉文化修养的知识分子，同时也展现出努力接近中国文化圈的姿态。最后，还有部分出于旅行或工作留学等目的到中国的日本人，由于偶然的机会开始穿

① 斋藤清衛『北京の窓：民族の対立と融和』、12－13 頁。

② 斋藤清衛『北京の窓：民族の対立と融和』、13 頁。

上中国服，体验到其中的舒适与愉悦之后，不由自主地爱上了中国服。

第二，穿着中国服，让日本人不得已承受了一些不公平的对待。关于这一点，可以参见本章第四节中介绍的由于旅行与工作在中国旅居过一段时间的日本人的事例。与一直沐浴在世人目光中的歌舞伎演员追求潮流与新奇不一样，也与有“中国趣味”的知识分子标榜自己独特的身份不一样，普通日本人的中国服体验既有愉快的一面，也出现了不愉快的一面。在当时的日本人之中依旧残留着轻视甲午战争中失利的清朝的风气，因此日本人穿上中国服，就意味着优劣地位发生了大逆转，穿上了中国服的日本人被自己的同胞当作中国人而受到轻视，甚至还被施以暴行。通过这样的体验，穿过中国服的日本人或多或少地理解了一些中国人的心情，不少日本人还对此表达了同情。

当然，很难断定在此期间中国服在日本男性之中流行过。但至少可以肯定的是，日本对中国服原本持有的偏见正在一点一点地被修正。这对本书后面探讨的日本女性之中所流行的中国服也产生了一定的影响，具体内容笔者将再做详细介绍。

第五章　中国留日男学生服饰的变迁

以甲午战争为节点，两国关系开始发生逆转，原本长年以中国为师的日本反过来占据了更多的优势。由于立场的转变，中国逐渐认识到国力与日俱增的日本实在是不可小觑，于是转头开始向日本学习。最直接的结果就是去日本参观或以留学为目的渡日的中国人急剧增加。

现在，无论是在中国还是在日本，留学生都成了备受关注的研究对象，且可以看到既存研究中有很多以他们为考察对象。其中最典型的就是由中国学研究大家实藤惠秀所撰写的《中国人日本留学史》（1960），其利用了大量日本方面的研究资料，非常详细且系统地总结分析了中国人在日本的留学历史。另外，刘香织的《断发：近代东亚的文化冲突》（1990）聚焦于中国人的剪辫断发，探讨了近代东亚文化冲突。除此以外，还有运用中国资料对留学生群体进行的研究，代表性著作有：黄庆福《清末留日学生》（2010）主要考察了清朝末期的留日学生群体；朱美禄的《域外之镜中的留学生形象——以现代留日作家的创作为考察中心》（2011）以留日作家的作品为中心考察了留日学生的形象；汪丞《近代中国人日本留学活动史（1896～1945年）》（2013）一书总结归纳了1896～1945年留日学生的教育活动。这些研究虽说主要围绕留日学生的历史以及教育活动，但也能零零散散地看到与本书所论述的留学生服饰与发型相关的探讨。

而说到与本章最直接相关的研究成果，自然应该提到酒井顺一郎的《清朝日本留学生的言语文化接触》（2010），其中提到了留学生在日本的生活，还有对服饰方面的记载。该书的第五章中讲到清朝留学生的服装与发辫是他们留学生活中的一大障碍。不过，酒井所提到的这一点只不过是留日学生生活中的一部分而已。那么，在异国他乡生活的中国留学生，他们的服饰究竟发生了怎样的变化？不能忽视的是，在这个过程中他们应该有很多复杂的情感。

本章主要是对甲午战争后到抗日战争全面爆发前留学日本的中国男学生的服饰文化进行考察。具体来说，围绕以下几个问题进行详细的论述：留日学生（在本章中，留日学生统一是指男学生）在留学期间到底面临怎样的服饰问题？他们以一种什么样的矛盾心理去接受日本人的服饰文化的？随着时代的变迁，他们对服饰的看法又发生了怎样的变化？本章的考察，改善了迄今为止留日学生服饰认知变迁方面比较模糊的现状，呈现了近代史上留日学生服饰文化的丰富性。那么，首先我们来考察一下甲午战争结束后留日学生的整体情况吧。

第一节　清末留学生服饰文化中的中日摩擦

甲午战争结束后的第二年，在中日双方关心、热衷于教育的政治家和教育家的努力下，清政府开始不断地向日本输送留学生。这是因为，甲午战争的失败让中国人感受到了前所未有的强烈刺激，不得不接受这个巨大的教训。此后，不少人终于意识到，晚清政府实在是需要一场大刀阔斧的变革，而明治维新后在很多方面大获成功的日本正好为中国探索近代化道路提供了一个很好的模板。然而，清末留学生们陆陆续续到达日本后，却因为中日地位的逆转遭到了各种各样的不公对待。当时，虽说对中国留学生教育充满热情的日本人并不算少，可是，日本社会对留日学生来说却并非一个友好的环境。甚至可以说，在日本的生活远超出留学生的预期，因为这里到处都是严峻的考验。

中国人的服饰问题

最初东渡日本的留学生们，不用说，自然是体验到了中日两国之间小到语言、饮食、习惯，大到各种风土人情，方方面面的差异。其中尤其让他们觉得无比烦恼的是外观，也就是服饰所引发的各种问题。

1896 年农历三月末，清朝派出的第一批留日学生 13 人抵达日本。这 13 人全都是经过层层选拔挑出来的出类拔萃的官费留学生，在当时的中国称得上是顶级精英团了。可是，当他们到达日本以后，社会还沉浸在甲午战争获胜的喜悦之中，面对战败国的国民，很多日本人不由得轻视和嘲笑。也许是由于这样的原因，仅仅入学两三个星期以后，就发生了 4 人中途放弃留学选择归国的事件。[①] 实藤惠秀指出：他们归国的理由之中，由于中国

① 実藤恵秀『中国人日本留学史』増補版、くろしお出版、1981、38 頁。

人的外貌受到了不少冷遇应该是最主要的。实藤给出的依据就是，当时出现了很多与留日学生辫子相关的纠纷。[①]

比如，《日华学堂日志》有如下记载：1898 年 10 月 7 日，“晚餐后陪着学生们一同去上野公园游玩，在本乡街道上散步，并给学生们讲解途中的各种见闻，有时路上会碰到孩子们追赶着跟在学生们身后叫嚷着猪尾巴猪尾巴，但他们也只能缄默无言”。根据实藤的研究，日华学堂是由高楠顺次郎（时任东京帝国大学讲师）于 1898 年 6 月创建。据说，创立之初的宗旨就是“专门对中国学生进行教育，尽快让学生们掌握语言，能理解我们的风俗习惯，并顺利地修完各科课程，最终达到去其他专门学校进修的水平”。可惜，当时的日本并不是一个可以充分接受留学生的环境。好在，随着留学生陆续抵达，最终大家习惯了习武之人进成城学校，学文之人进新创立的日华学堂了。[②]《日华学堂日志》是从日华学堂创立到废校所记录下来的官方日记，而前面所提到的那段留日学生的遭遇就摘自该日记。在这段记录中，清末留日学生的长辫被日本的孩童们嘲笑为猪尾巴。不过，反过来可以得知，当时的留日学生们到达日本以后，依旧保持着留长辫的习俗。

另外，《日华学堂日志》中还记载了同一天下午，受学校所托，某个西服店的裁缝来到了学堂，为留学生们测量身体等，准备为他们定制西服。从这段记录可以推测出，从清末留学生到达

---

① 実藤恵秀『中国人日本留学史』増補版、38 頁。

② 柴田幹夫「『日華学堂日記』一八九八—一九〇〇年」『新潟大学国際センター紀要』第 9 号、2013 年、26 頁。

日本开始到他们正式穿上量身定做的西服为止，这期间他们依旧穿着长袍马褂。很巧的是，笔者找到了一张能窥探当时留学生服饰情况的照片，是东渡日本的第一批留学生与日本教师的合影。照片中，三名日本教师坐在第一排，后面站着的便是清末留日学生，从右至左分别是唐宝锷、冯訚模、朱忠光。与前面一排的日本教师穿着和服、学生服形成鲜明对比，后面的留学生都穿着清朝的传统长袍。而且，很明显他们依旧留着长辫。由此可见，当时的留日学生基本上是在完全保留了清朝传统服饰的状态下来到日本的。然而，也正因为如此，外观上的问题引发了他们与日本人之间文化方面的摩擦。

当时，中国与日本的服饰文化之间存在巨大差异，因此初到日本的留学生们的装扮在日本人看来实在是奇特又另类，让这个群体的存在显得十分突出。

当然，除了上面介绍过的学校官方日记资料以外，不少留学生日记也记录了服饰方面的不同所带来的一些困扰。比如，有人记下了因为留着辫子而受到日本人嘲笑的经历。1903 年到达日本后进入第一高等学校学习的景梅九（后来成为同盟会的一员、新闻记者），后来在《留日回顾》一文中回忆了那段经历。[①] 那是他与其他留学生初次抵达日本长崎，下邮轮后在长崎参观游玩之时所发生的事。“那时我们正好在街道上走着，突然感到周围有人对我们指指点点且大笑不已，后来还聚集了一群孩童紧跟着我们，叫喊着‘猪尾巴猪尾巴’。”当时，景梅九完全不懂日语，

① 景定成著、大高巌・波多野太郎訳『留日回顧：中国アナキストの半生』平凡社、1966、34－35 頁。

只能请教翻译，问孩子们嚷嚷着在叫什么，这才知道是日本孩童看着留学生们的长辫子叫“猪尾巴”。当然，那时发生的事情不过是一个小插曲。等他正式进入第一高等学校之后，身边的日本人不约而同地跟他特别提到一件事。虽然当时沟通还不太顺畅，大家只能通过写字笔谈，但是他们在传达一个意思：“你那辫子看上去实在是不像样，剪了吧。我们有很多人都称之为猪尾巴呢！”后来，说的人多了，景梅九自己也觉得有些羞愧，最后下定决心剪掉了辫子。

还有一个事例，来自1905年初次抵达日本的黄尊三（湖南人）所写的日记。他到日本以后进入了弘文学院学习，在记录了一个月的日记中写道：“我们初来日本，穿得不太得体，因此总是被外国人嘲笑。这虽说是外观上的问题，可也关乎国家的体面。”① 在这里，我们可以看到黄尊三在讲自己的穿着时用的是“不太得体”一词，可是仔细想想，他们作为国家派遣的官费留学生，不可能贫困，理应是准备好了得体又大方的衣服来到日本的，绝不会穿让日本人嘲笑的寒酸衣物。然而，穿着长袍马褂的留学生由于自身服饰的奇特不得不忍受日本人的嘲笑，甚至还遭到了一些轻视。日本人的这些举动在留学生看来，不仅仅是在贬低自己，同时也是在贬低自己的国家。从黄尊三的日记中我们可以了解到这一点。

如此一来，服饰所带来的困扰对他们的留学生活造成了很大的影响。因此，就连接收他们的日本学校，也希望尽快让这些留

---

① 黄尊三著、実藤恵秀・佐藤三郎訳『清国人日本留学日記：一九〇五—一九一二年』東方書店、1986、35頁。

学生换掉服装。例如，前面提到的日华学堂，在发生留学生辫子事件的那天（1898 年 10 月 7 日），就请西服店的裁缝到学校给留学生们测量身体，25 日赶紧让西服店老板将刚剪裁好的西服拿过来让学生们试穿，四天后的晚上将新做好的西服发给了每位留学生。也就是说，辫子事件发生以后大概一个月，日华学堂的留学生们才将长袍换成西服。从那以后，据说每当迎来新的留学生时，日华学堂都会尽快让西服店的裁缝过来给学生们量尺寸、做西服，然后让学生们换上西服。这已经成为一种固定模式。在此附带提一句，日华学堂当时主要委托武田西服店给留学生们做西服，榊商店给学生们做帽子，宇田川店做鞋子。

日本的学校希望留学生们尽快换装，对此留学生作何感想呢？内心是否有一些抗拒和矛盾呢？若是有，他们到底是在哪些方面感觉到了不自在呢？接下来，笔者将就这些问题进行探讨。

留学生的抵抗

前一节已经提到，在清末留日学生到达日本的最初阶段，其实发生了很多跟他们服饰相关的纠纷。在这种情况下，他们不得不遵守校规，除了穿西服或像其他日本学生一样穿学生制服以外，没有其他选择。

然而，在服饰文化不仅有政治方面的含义，还体现了个人身份及认知的年代，留日学生们并非轻易地就接受了日本学校的制度和习惯。尤其是被看作中国人象征的辫子就引发了很多问题，围绕这个问题在留学生之间也产生了巨大的分歧。原因就是，辫子在中国不只是一种发型，就像本书第三章中所提到的一样，里面包含了非常浓厚的政治色彩。也就是说，保留辫子不只是保留一种风俗和习惯，辫子的去留还关系着个人的命运及前途。下面，来介绍一个广为人知的事例。

鲁迅《藤野先生》一文中有一段很有名的记述："上野的樱花烂熳的时节，望去确也象绯红的轻云，但花下也缺不了成群结队的'清国留学生'的速成班，头顶上盘着大辫子，顶得学生制帽的顶上高高耸起，形成一座富士山。也有解散辫子，盘得平的，除下帽来，油光可鉴，宛如小姑娘的发髻一般，还要将脖子扭几扭。实在标致极了。"《藤野先生》是鲁迅归国以后在杂志《莽原》（1926 年 12 月 10 日）上发表的一篇文章，主要是纪念他在仙台的医学专门学校学习期间的恩师藤野先生。而上面那段文字应该是鲁迅在叙述自己于 1902 年抵达日本以后，在东京弘文学院留学期间的所见所闻。当时鲁迅在上野公园里见到的其他中国留学生应该是在日本短期留学，盼着通过速成班，归国后能飞黄腾达的一群人。由于他们只是临时赴日，速成留学，然后立即回国，并没有轻易地下决心剪掉自己的辫子。况且，剪掉辫子，归国后也会成为一个很棘手的问题。

即便是鲁迅，归国后也不得不面对社会环境的各种压力。他在《病后杂谈之余》一文中写道："一到上海，首先得装假辫子。这时上海有一个专装假辫子的专家，定价每条大洋四元，不折不扣，他的大名，大约那时的留学生都知道。做也真做得巧妙，只要别人不留心，是很可以不出岔子的，但如果人知道你原是留学生，留心研究起来，那就漏洞百出。夏天不能戴帽，也不大行；人堆里要防挤掉或挤歪，也不行。”[①] 也就是说，回到国内，留学生没有辫子是一件根本行不通的事情。而鲁迅在日本剪掉了辫子，回国装上假辫子一个月后，突发奇想，“如果在路上掉了下来或者被人拉下来，不是比原没有辫子更不好看么？索性不装了，贤人说过的：一个人做人要真实”。[②] 可是，最后的结果竟是“大哥（笔者注：指鲁迅）在家里和他们谈谈是很愉快的，可是一上街，他就受罪了。人们对他最客气的是呆看，张着嘴，露出了牙齿，很出神的样子；不客气的就是冷笑和恶骂，小则说他是偷了人家的女人，被本夫剪去了辫子，大则指他为里通外国”。[③] 由此可见，留学生剪掉辫子归国后是要付出很大代价的，况且剪辫本身就需要很大的勇气。

因此，不敢轻易剪辫、保留“富士山”发型的清末留日学生并不少见。同样的描述我们也可以从梦芸生所写的清末纪实小说《伤心人语》一书中找到。该书第 7 章“东京支那留学生之现象记”中记载：“又益之以盘髻于顶，帽耸如山（有至东京，不以剪辫为然者，则梳而盘之于顶，发太多者，帽顶恒露一尖形，甚不雅观也），此一种奇妙情形，日人谓之为廿世纪支那学生之特色，亦足羞也。”[④] 初到日本的清末留学生被日本人“猪尾巴”长“猪尾巴”短地叫着，虽然十分不满和无奈，可是为

---

① 鲁迅：《病后杂谈之余》，《且介亭杂文》，《鲁迅全集》第 6 卷，人民文学出版社，1981，第 187 ~ 188 页。

② 鲁迅：《病后杂谈之余》，《且介亭杂文》，《鲁迅全集》第 6 卷，第 188 页。

③ 周建人口述，周晔编写《鲁迅故家的败落》，湖南人民出版社，1984，第 269 页。

④ 梦芸生：《伤心人语》，振聩书社，1906，第 52 页。

了回国后能够出人头地，他们并没有在留学期间下决心剪掉辫子。结果，将长辫盘在头顶再用学生帽盖住，变成了一种中间高四周低仿佛富士山一样的奇怪发型，这对他们来说也算是一种折中的办法了。[①] 不过，在当时的日本人看来，这十分奇怪，其他中国留学生看到也会觉得无地自容、十分羞愧。因此，对像鲁迅这样比较早地接受并融入日本文化，留学期间迅速剪掉长辫的留学生来说，保留了富士山发型的同胞便是最好的讽刺对象了吧。

不仅仅是辫子，还出现了很多与留学生的服装相关的问题。前面提到的梦芸生的《伤心人语》一书中除了叙述留学生们的辫子，还介绍了留学生们各种各样怪异的服饰问题。比如“中学生之装束，有不可思议之妙：有通身西衣，脚仍穿一镶云缎鞋；有外着和服（日本大褂之衣名为和服），贴身乃衬一辜本缎袍。每至时交冬令，学生中有内着皮紧身棉背心数件，外仍以学生衣罩之者。臃肿奇形，胜于牛鬼”。[②] 这就是留学生发明的一种中日混搭的服装，乍一看，好像穿的是西服或和服，仔细看的话，脚上或者不太引人注目的地方仍然保留着清朝传统服饰文化。由此可以推断，当时的留学生并非毫无保留地全盘接受了日本人的服饰风俗。笔者认为，至少部分留学生或多或少地表现出了抗拒。当然，从这种抗拒里面可以解读出两层含义。第一层，就像

---

① 劉香織『断髪：近代東アジアの文化衝突』朝日新聞社、1990、130－131頁。

② 梦芸生：《伤心人语》，第51～52页。

饮食文化和其他的风俗习惯一样，他们并没有完全适应日本人的服饰文化，但是迫于学校的规定以及社会环境的压力，只能在表面上迎合日本的风气。第二层含义则是，他们无论是在思想上还是心理上，从骨子里还是认为中国的服饰更加优越，因此在不起眼的地方还是会保留中国的服饰习惯。当然，不管是哪一种含义，他们这样的装扮，在日本人眼中也好，在其他中国留学生眼中也罢，都是一种异类。

在讽刺了这种现象之后，梦芸生提出了自己的见解："凡人之装束，欲西则全西，欲东则全东，总以上下一色为相宜；非以重观瞻，亦以存国体。"认为服饰方面应该有所统一，而不是胡乱搭配，否则不仅会影响个人的名誉，还会损害国家的体面。这一点倒是与前面黄尊三所提出的看法几乎一致。

如此一来，在留日达到高潮的1905～1906年，部分留学生逐渐开始意识到，服饰问题不再是个人问题，而是演变成了一种关乎国家以及所有中国人名誉与体面的重大问题。

第二节　逐渐接受日本服饰文化：剪辫、学生服、和服

在上一节中已经介绍过，针对辫子和服装方面的问题，有一小部分留学生确实考虑过折中的办法。而实际上，更多的人已经开始真正接受日本人的服饰文化了。

1902年7月1日，《朝日新闻》刊登了一篇报道，记录了东京神田锦辉馆面向中国留学生举办的一场沙龙，文中详细地描述

了当时出现在会场的留学生的形象[1]。根据报道，有300多名留学生参加了这次沙龙，他们之中“有人穿着学校的制服，头发剪成自己钟爱的模样，其中有人还剃掉了鬓角，穿着脖子都无法扭动的高领衣服假装当代的绅士。但更多的人将头发盘在头顶，然后戴着一顶学生帽，看上去跟我们日本学生一样。只有近些日子刚到东京的留学生依然穿着长袖宽衣[2]”。从这段描述来看，当时的清末留学生之中出现了各种各样的装扮。有人穿着日本的学生服，有人却依旧穿着清朝的长袍马褂；有人已经剪掉了辫子，有人却悄悄地将辫子盘在头顶用帽子遮挡。这些装扮不同的留学生大致可以分成几类。比如，大大方方穿着日本学生服的留学生可以看作接受派；不愿意剪辫企图用帽子遮掩的可以看作中间派；剩下的一小部分人，在这次沙龙举办前刚刚抵达日本，虽说穿着自己国家的传统服装出席了活动，但是由于他们接触日本文化的时间太短，还不能明确会选择哪一派，暂且看作无所属派。

像这样，在对日本人服饰文化的看法上，当时的留日学生之间出现了巨大的分歧，其中有高度评价日本服饰西化政策的观点，并希望清政府也能像明治政府一样对服饰进行大力改革。1903年1月，由湖北籍留学生在东京创办的杂志《湖北学生界》刊载了一篇题为《剪辫易服说》的文章，其中指出：“今之辫服牵掣行动，妨碍操作，游历他邦，则都市腾笑。”[3] 意在说明，当时中国人的辫子与长袍不仅不实用，在游历其他国家的时候还

---

① 「清国留学生の演説」『朝日新聞』1902年7月1日、朝刊第3面。
② 这里指长袍马褂。
③ 《剪辫易服说》,《湖北学生界》第3期，1903年1月，第92页。

会遭到耻笑，有很多不利之处。接着，又阐述道："明治初年，东瀛士族心醉欧风。若饮狂泉，服馔起居，极意仿效，其得力实在于此。……若令剪辫易服，革故鼎新，薄海臣庶，听睹一倾，咸晓然于朝廷锐意变法，坚确不移。凡百新政，自无不实力奉行。"[1] 这里，作者大胆地将中国维新变法与日本明治维新相比较，认为维新变法以失败告终的原因可以归结为，在发型和服饰方面太过守旧固执，没有像日本那样迅速做出改变。也就是说，作者认为，倘若当初清政府效仿日本，令上下国民剪掉辫子，换掉服饰，那么，无论官吏还是百姓都会了解到朝廷改革的决心，也就会有更多的人愿意加入支持改革的一方。另外，作者还明确指出，清朝服饰礼仪中有很多繁文缛节，批判这是贫穷的一大原因："致贫之端不一，而衣饰之繁缛，亦其一大原因。一冠也，有凉帽、有暖帽、有朝帽。一衣也，有便服、有公服、有吉服、有素服，自寒徂燠，不一其类。领异标新多，数百箧。少亦不下十数箧。章服之繁，为五大洲所未有。其致贫也以此。"[2] 作者还补充说，置办各种服饰很耗费财力，为此而走上贪污受贿之路的官吏并不少见。依作者所见，号召剪辫易服，也能治一治官僚们的奢侈之风。除此以外，对于中国的将士们，无论是从个人卫生的角度，还是从通过穿西服来增进与外国人友好和睦的关系等方面考虑，作者都主张应该尽快实行剪辫易服政策。总而言之，这篇文章将服饰问题与个人名誉、政治、官僚、军事、卫生乃至外交问题联系起来，作者甚至还认为服饰方面的守旧是维新失败

① 《剪辫易服说》，《湖北学生界》第 3 期，1903 年 1 月，第 92 页。
② 《剪辫易服说》，《湖北学生界》第 3 期，1903 年 1 月，第 92 ~ 93 页。

的一大原因。当然，客观来讲，这些观点只是该文作者的一己之见，有些草率甚至言过其实。尽管如此，从这篇文章中还是可以了解到很重要的一点：当时的留日学生里已经有人清楚地认识到清末服饰方面遗留下来的问题了，权衡利弊之后，指出了改革服饰的重要性。虽说拥有这样意见和想法的人只有一小部分，并不算多，但是，时代的确已经在变化了。

从留辫到剪辫

这个时期，虽说有的留学生选择了采取折中办法，保留像富士山一样的发型，但实际上，越来越多的留学生选择剪辫。鲁迅便是其中之一，他曾撰文批判辫子，并解释道："我的辫子留在日本，一半送给客店里的一位女使做了假发，一半给了理发匠。"[①] 除了鲁迅，另外几位留学生也将自己剪辫的体验记录在了日记中。接下来，我们可以来看看他们的日记。

上一节中已经介绍过一位叫作景梅九的留学生。他于1903年抵达日本，在进入位于东京本乡的第一高等学校之前，就下定决心剪辫。他将当时剪辫的具体情形记录在了《留日回顾》一书之中，内容如下：

> 坐下，拿右手底食指和中指，作了个剪子形象，向辫根一夹。那理发师仿佛懂了这手话，笑嘻嘻地，拿起剪刀来，一下子便断了那三千烦恼丝，接着，把剩下的顶上覆发也修

① 鲁迅：《病后杂谈之余》，《且介亭杂文》，《鲁迅全集》第6卷，第187页。

> 光了。一霎时，对面镜子里现出一个光头和尚来，自己也不觉笑了。又醍醐灌顶地一洗，更觉得爽快。[①]

前文中已经介绍过景梅九来到日本以后，因为留辫经常被日本人嘲笑。因此，他下定决心要剪掉辫子。然而，当时他周围剪辫子的留学生还十分少见。当他回到学校以后，看到他的模样，"也有冷笑的，也有说好的，也有说'身体发肤，受之父母，不可毁伤'的，也有说剪了发，就是革命党说"。[②] 如此，他的留学生同窗出现了各种各样的反应，其中甚至还有一种看法认为，剪掉辫子意味着抛弃了中国的传统，与清政府为敌，自然也就是拥有革命思想的进步人士。不过，没过多久，其他的留学生也陆陆续续剪掉了辫子。结果，将辫子盘在头顶做成一个发髻的留学生倒成了少数派。[③]

比景梅九晚两年，也就是1905年到达日本的黄尊三，在进弘文学院也就是入学的那天就爽快地将自己的长辫剪掉了。他在留学日记中写道，他和同窗们在同一天剪掉了辫子，剪掉辫子以后顿时觉得非常轻快。[④] 鲁迅在抵达日本的第二年剪掉了辫子，景梅九是在被日本同学多番嘲笑之后终于下决心剪掉了辫子，黄尊三则是刚入学就剪了辫。这期间只不过两三年而已，但是可以发现越来越多的留日学生接受剪辫并剪了辫。

---

① 景定成『留日回顧：中国アナキストの半生』、34 頁。
② 景定成『留日回顧：中国アナキストの半生』、34 頁。
③ 景定成『留日回顧：中国アナキストの半生』、34 頁。
④ 黄尊三『清国人日本留学日記：一九〇五—一九一二年』、30 頁。

不仅如此，还有人在去日本之前就剪掉了辫子。鲁迅之弟周作人便是其中一人，据说他从上海出发去日本，于是在上海的一家理发店让剃头匠剪掉了自己的辫子，轧了个平头，然后才乘船去的日本。[①]

从上面这些例子来看，留日学生的剪辫行为和剪辫情形其实是各种各样的。有人较早地融入了日本社会之中，自发地剪辫；有人受周围人的影响，迫于环境的压力不得不剪辫；还有人虽然没有直接接触日本文化，但或许受到了其他剪辫之人的影响，也剪掉了辫子。在这个阶段，他们的剪辫行为是否带有革命的意志还无法判断，但是关于感受，就像黄尊三所说，很多人在剪辫后其实获得了一种前所未有的解放感。这个时期，清政府在内不得人心，在国际上也处境艰难，与此相反，明治维新后日本不仅国力大增，甲午战争中取得的胜利更是大大提高了它的国际地位。笔者认为两国形势及国际地位的逆转，也成为加速留学生们服饰方面发生变化的一大原因。

昂贵的学生服

留辫原本带有很浓烈的政治色彩，可是留日学生们在日本人的嘲笑声中逐渐感到有诸多不便，于是越来越多的人下决心剪掉自己的辫子，做出一些改变。那么，除了发型以外，服装方面也有同样的倾向吗？接下来，我们就来具体考察一下。

让我们先来简单回顾一下第一节的内容。早期来到日本留学

---

① 周建人口述，周晔编写《鲁迅故家的败落》，第269页。

的清末留学生们，由于辫子和服饰问题遇到了很多麻烦事。为了解决这些麻烦，日华学堂尽早地让留学生们换下长袍穿上西服。不过，为何偏偏让留学生们换上西服呢？除了西服以外，留学生们还穿过怎样的服装呢？为了解开这些谜团，有必要对当时日本学校里学生们所穿服装进行简单的说明。

1879 年，日本学习院率先正式采用男学生的制服。据说当时的制服，也就是“学生服”是由普鲁士士兵的军服设计改良而来的。学生服是一种立领、有五粒单扭式纽扣、带有线袋或附有袋盖口袋的服装，通常是上衣与长裤的组合，上下搭配穿着。[①] 1886 年，东京大学采用了带有立领、五粒金扣的制服和制帽，从那以后，这种款式就成为学生服的基本形式并迅速传播到了日本各地。[②] 因此，留日学生们来到日本，进入日本各个学校学习，也就会和其他日本学生一样按照校规穿起了学生服（图 5－1）。不过，最早的那些留日学生难道在出发前就已经了解日本学生的制服文化了吗？这一点让人觉得很可疑。实际上，就像前文已经介绍过的一样，1900 年代以前，他们大多数人穿的应该都还是长袍，而且脑后依旧拖着一条长辫子吧。

如此一来，带着明显的中国人特征到日本留学，必然会引起各种各样的问题。所以，换装是很重要的一个步骤。于是日华学堂赶紧让留学生们换装，不过当时留学生们换上的并不是学生服而是西服。笔者认为这大概是由于日华学堂说到底只是个预备学校，本身并不具备像中等或高等教育机构那样的制服文化。

① 增田美子編『日本衣服史』、340 頁。
② 增田美子編『日本衣服史』、340 頁。

图 5-1　穿着学生服与和服的留日学生

资料来源：胡铭、秦青主编《民国社会风情图录　服饰卷》，江苏古籍出版社，2000，第 15 页。

另一方面，高等教育机构的留学生又是怎样的呢？笔者具体考察了早稻田大学的情况，当时早稻田大学接收了大量中国留学生并保留了不少留学生的相关资料，笔者找到了该大学图书馆所藏《留学早稻田大学己酉毕业生纪念相册》，对其中的照片进行了仔细的确认。[①] 这本纪念相册收录了 1909 年从早稻田大学毕业的总共 100 名中国留学生的照片。笔者对这些留学生的服饰进行了详细的考察，发现这 100 名留学生中单穿学生服的有 35 人，学生服外面披着西式外套的有 21 人，这样加起来总共有 56 人是穿着学生服的。[②] 也就是说，56% 的留学生当时是穿着学生服的。总体来说，当时到欧美留学的中国留学生大都接受了西服文化或不得已穿上了西服，但是对留日学生来说，接受更多的并非西服，

① 『留学早稲田大学己酉畢業生紀念写真帖』1909、早稲田大学図書館所蔵。

② 另外，穿着西服类洋装的有 37 人，穿和服的仅有 5 人，还有 2 人的服饰由于照片不清晰无法判断其种类。

而是学生服。

此外，清末，中国出版了很多介绍日本各个学校信息的指南，当然其中也包含了对学生制服的介绍。这些书主要面向初次到日本的中国留学生，因此大都是以汉语出版。这对当时的留日学生来讲，是十分实用的资料、不可多得的宝贝。

首先，来看一下由清末留学生章宗祥编写的《日本游学指南》(1901)。章宗祥于1899年1月20日进入日华学堂学习，后来从东京帝国法科大学毕业，被任命为中华民国驻日公使。《日本游学指南》其实就是他在东京帝国法科大学期间所写的一本书，主要参考了当时已经出版的《东京游学指南》。[①]《日本游学指南》第三章“游学之经费”第五节中有一段关于“衣服费”的记载：

> 日本各学校各有一定服饰，谓之制服。故凡入其学校者，必服其制服，以归一例。今就寻常学生衣服，约定价目如左。
>
> 冬服一套　约八元至十元
>
> 外套一件　约八元至十元
>
> 夏服一套　约三元至六元
>
> 帽靴及衬衣等　约五元左右
>
> 衣服费约计如右，然此不必每年新做。故初到之时，费用稍大。此后不过随时添补而已。[②]

---

① 章宗祥：《日本游学指南》，岭海报馆，1901，序言。

② 章宗祥：《日本游学指南》，序言，第25~26页。

从这段文字可以看出，章宗祥将自己的留学经验通过这部指南传授给后来的留学生们，让他们提前获得一些必要的留学信息。根据他的叙述，当时清末留学生到了日本以后，必须遵守学校的规定换上学生制服。当然，这种制服就是前面所说的进入中学和大学之后穿的学生服。另外，如果我们留意一下每种学生服的费用，就会发现它们真的是价格不菲，一年下来学生制服方面至少也要 24 元！而这几乎相当于当时留学生一年的学费。甚至，还有比一年的学费高出数倍的情况。不过，也许是因为学生服方面的费用太过昂贵，章宗祥特意强调，一般只需要在入学第一年置办时支出，后面再添补就可以了，并不需要每年都花费那么多。

当然，同时还可以看到不少日本人编写的指南。比如，1905 年出版了由日本人编写的最早一部留学指南《日本留学指掌》。[①] 这本书分为上、下两编，上编主要介绍学校的选择、入学考试、学费、寄宿费等一些日常且必需的信息；而下编主要是针对留学生的性别，介绍了一些官立、公立以及私立学校方面的详细信息。其中，上编第七节特别介绍了跟留学生服饰相关的“制服与制帽”，内容如下：

> 学校而规模大者，必有一定之制服。制服以自费弁之。冬衣八九圆，夏衣四五圆。制帽一圆，外套十圆。靴与袜子

① 崇文書局編『日本留学指掌』崇文書局、1905。编者在序言中强调：想去日本游学之人，想参考日本学制之人，或者想在中国创建学校之人，抑或想要对比日本与欧美学制之人，都可以本书为参考。另外，附录中还特意添加了游览以及观光地的一些信息。

五圆。其他衬衣之类二圆余。通计三十余圆而足矣。[①]

与《日本游学指南》相比，这段文字给人一种更加简洁的印象。之所以发生了这样的变化，笔者推测大概是由于这本书比章宗祥的指南晚了四年出版。也就是说，四年后再去日本留学的清末学生，从某种程度上来讲，已经了解了一些有关日本制服方面的知识。

另一方面，我们对比一下服装费用，外套大概 10 圆，和其他的衣类加起来总共需要大概 30 圆。不过，从后面紧接着的内容“第八节 有关留学生费用的月额与年额”来看，学费与住宿费、书籍费与文具费以及其他的杂费全部加起来，每个月的花费应该是 15 圆到 25 圆 50 钱，那么一年下来所需要的费用大概是 180 圆到 306 圆。因此，可以计算出当时留学生在学生制服方面的花费应该是一年总花费的 1/10 ~ 1/6。从学生制服方面的费用占全年总花费的比重来看，好像 1905 年的学生服比四年前要便宜了一些。但实际上，学生服的费用仍然是一笔很大的开销，我们可以从其他资料中窥探到这一点。比如，刊登在《学生时代》的一篇文章介绍，1907 年，官费留学生每个月从公使馆领取到的生活费也不过 35 圆而已。[②] 这也就说明，留学生在入学之际购买学生服的费用几乎相当于一个月的生活费。

我们也可以从当时的留学生日记中找到相关的叙述。黄尊三

---

① 『日本留学指掌』、10 – 11 頁。

② 罗生门：《清国留学生和日本学生》，《学生时代》第 2 卷第 2 期，1907 年，第 13 页。

在 1908 年 9 月 27 日的日记中记录，有天他在报纸上看到，某医生一家三口一个月的生活支出大概是 24 圆，于是反省了一下自己的开销。他每个月能拿到 33 圆的留学奖金，主要用在“房租（含食费）十圆、加餐二圆、来客时的加餐二圆……理发二钱、洗衣费四钱、衣服鞋袜等二圆”等方面。[①] 对比之后，他发现自己是一个人生活，开销却远比医生一家三口大得多，过得实在是有些奢侈。

看到这里，我们可以得知，当时虽说每年官费留学生能领取的生活费或多或少有些差异，但是大概都是 30 圆。而这也不过是清末留日学生定制学生服的最低费用罢了。

《日本留学指掌》出版后的第二年，也就是 1906 年，又出版了一本叫作《东瀛游学指南》的书，其中有关于留学生服饰的记载：“国各异俗服装亦异，日本学校取法泰西，各有制服。诸君来时，中国衣服勿携带为便宜。此有洋服已足多，携亦无用所之也。”[②] 可以看出，到了这个时期，长袍马褂对留日学生来说已然是无用之物，换句话说，长袍马褂已经从留学生的生活中完全被排除了。

在通常情况下，留学生去学校时会穿着学生服。因为这是学校的规定，他们不得不跟日本学生一样好好遵守。可是，除此以

---

① 黄尊三『清国人日本留学日記：一九〇五——九一二年』、159－160 頁。最后的合计金额黄尊三计算错了，实际上应该是 33 圆 5 钱。

② 木川加一・田中亀治編訳『東瀛遊学指南』日華堂、1906、3 頁。这本书有可能是参考了《日本留学指掌》之后编写的，内容几乎一样。不过，在《东瀛游学指南》中，是按照官立学校、陆海军学校、私立学校、中国留学生学校、各府县学校、中学校以及女学校的类别来具体介绍的。

外的时间，他们究竟穿着怎样的服装度过呢？接下来，我们可以来看一下。

对和服的评价

前面已经介绍过，清末留学生来日本的那个年代，正值日本各学校的制服文化蓬勃发展之际。因此，不管留学生们愿意与否，他们都身不由己地被卷入了日本的制服文化之中。不过，除了在学校的时间，在某种程度上，他们当然也有选择自己服饰的自由。在上节中已经考察过，留学生在进入预备校以后几乎穿的都是西服，由此也可以推测出在当时相对来讲西服已经较为普及的日本，留学生们极有可能会选择穿西服。不过，从一些相关资料来看，在他们之中，和服好像比西服更受欢迎。

举个例子来说，《日华学堂日志》里记录了 1899 年 7 月 23 日这一天，“陈玉堂穿着浴衣，系着兵儿带[①]，穿着白袜套，一身日本人的打扮”。这是对不少从成城学校过来的留学生中一人服饰的描述。而这名叫作陈玉堂的留学生之所以受到关注，是由于他穿了一身日本服装。也就是说，穿着和服的陈玉堂给当天记录日志的日本人留下了深刻的印象。大概是因为，当时的留日学生一般来讲，要么穿西服，要么穿学生服，居然有人愿意穿日本传统和服，这让日本人也有些惊诧吧。不过，对于比陈玉堂晚七年到达日本的周作人来说，和服倒是更加日常的存在了。前文已经叙述过，周作人在到达日本以前就把自己的辫子给剪掉了。来

---

① 和服带的一种流行系法。

到日本以后，在1906～1911年六年的留学生活里，他上学的日子就穿一身学生服，至于其他时间，往往是身穿和服，脚底踩一双木屐。刚开始遇到下雨天会换上皮靴，适应了一段时间后他便穿起了高齿木屐。[①] 不仅如此，周作人留下的著作里也有不少和服方面的记载。比如，他在《怀东京》一文中记述了当时留学生对和服的一些看法：

> "我那时又是民族革命的一信徒，凡民族主义必含有复古思想在里边，我们反对清朝，觉得清以前或元以前的差不多都好，何况更早的东西。"为了这个理由我们觉得和服也很可以穿，若袍子马褂在民国以前都作胡服看待，在东京穿这种衣服即是奴隶的表示，弘文书院照片里（里边也有黄轸胡衍鸿）前排靠边，有杨晳子的袍子马褂在焉，这在当时大家是很为骇然的。[②]

周作人在此明确地表达了当时支持民族革命的部分留学生的想法。他指出，作为清朝男子象征的袍子马褂无法适应新时代的需求，回顾一下历史，这满人的衣服对汉人来说原本不过就是蛮夷的服装罢了。如此看来，对带有与时俱进的思想、可以创造未来的留学生来说，比起袍子马褂，受到唐朝文化深远影响的和服

---

① 周作人：《留学的回忆》，钟叔河编《周作人文类编：日本管窥》，湖南文艺出版社，1998，第98页。

② 周作人：《怀东京》，钟叔河编《周作人文类编：日本管窥》，第70页。这篇文章1936年初次刊登在《宇宙风》第25期上，署名知堂。

更加合适。另外，文中还强调了一点，拍摄纪念照的时候，一个叫作杨晢子的人依旧穿着袍子马褂，让其他进步派的留学生感到无比震惊。

另外，在《日本之再认识》一文中周作人写道："我们在日本的感觉，一半是异域，一半却是古昔，而这古昔乃是健全地活在异域的，所以不是梦幻似的空假，而亦与朝鲜安南的优孟衣冠不相同也。为了这个理由我们觉得和服也很可以穿，若袍子马褂在民国前都作胡服看待，章太炎先生初到日本时的照相，登在《民报》上的，也是穿着和服，即此一小事亦可以见那时一般的空气矣。"[①] 从此处可以了解到，对当时像周作人那样对日本文化抱有极大的兴趣，并且积极地接受和融入日本文化的留学生来讲，穿和服好像可以与古代（主要指唐代）中国人联系起来，也就是说，穿和服成为一种表达他们复古情绪的手段。特别是最后，周作人还举出了当时很有声望的革命家章炳麟先生的事例，来强调在日本的中国人之中穿和服也成了一种风气。和服在这个时期，被看成了一种带有中国古风的服装，穿和服这一举动无形中也提高了留学生们的民族意识。

我们至今还能看到一部分后来与辛亥革命相关的革命人士以及留学生的照片（图5－2）。图5－2下面写道："按照从右至左的顺序，依次是何天炯、章炳麟（太炎），除去中间一人后，接

① 周作人：《日本之再认识》，钟叔河编《周作人文类编：日本管窥》，第87页。这篇文章于1942年1月初次刊登在《中和月刊》第3卷第1期上，署名知堂。

着是林文，躺着的人是黄兴，穿着学生服的美少年则是汪精卫。”[①]这张照片原本是被照片中唯一的女性前田卓子女士的亲戚所收藏，后来作为《中国人的日本观》一书的卷首插图被公布了出来。该书由日本人编纂，主要收录了当时中国人所写的一些文章。上面的那段文字说明应该是该书的编辑鱼返善雄添加的。照片中，只有汪精卫一人穿着学生服，其他的中国人穿的是和服。根据书中的记载，该照片是在某个下雪的日子拍摄于东京牛迂的民报社。大概是拍摄于同盟会成立后的第二年，也就是 1906 年的冬天。[②] 照片中的男性应该都是同盟会的成员。不过，大家都穿着和服，为何偏偏只有汪精卫穿着学生服呢？笔者推测那是因为当时汪精卫刚从日本法政大学毕业，可能还是更习惯穿学生服吧。

图 5－2　穿着和服、学生服的中国人集会

资料来源：魚返善雄編註『中国人的日本観』、口絵。

---

① 魚返善雄編註『中国人的日本観』目黒書店、1943、口絵。

② 笔者在考察了该照片中的代表人物分别在日本停留的时间以及参考了插图的配文之后，认为该照片的摄影时间为 1906 年冬季。

到此为止，笔者主要考察了清末留日学生是如何从抵触日本人的服饰文化，过渡到接受融入的。不过，随着时代的变化，留日学生的服饰意识究竟又发生了怎样的转变？最后，我们来探讨一下中华民国时期留日学生的服饰吧。

第三节　中华民国时期留日学生的服饰变化

1911 年 10 月 10 日，武昌起义爆发。1912 年 1 月 1 日，中华民国临时政府在南京成立。在日本，“清国留学生”从此也改成了“中华民国留学生”。国内政局的变动自然也在留日学生中产生了巨大影响。为了能亲自参与国内的革命活动，相当多的留日学生选择了中途归国。[①]

在探讨留日学生服饰变化之前，有必要先了解一下中华民国成立以后，中国的服饰状况。随着新旧政权的交替，长久以来清朝统治者根据阶级、身份、民族、性别等的不同而严格规定的一套十分烦琐的服饰制度面临瓦解，人们的服饰一时间陷入了混乱之中。特别是在像上海那样的大城市，甚至出现了很多穿着“不满不汉，不洋不中，不伦不类”衣服的人。[②] 也就是说，人们的服饰生活中出现了无法明确辨认身份、国籍等信息的混乱。在这样的状况下，新成立的中华民国政府在 1912 年十月初三颁布了

① 据说，日本的实业家纷纷创立了留学生同情会，甚至还借旅费给留学生归国。当时，大量留日学生突然归国，成城学校等因为失去了学生不得不关闭。実藤恵秀『中国人日本留学史』増補版、533 頁。

② 郑永福、吕美颐：《近代中国妇女生活》，河南人民出版社，1993，第 99 页。

新的服制。[①] 在新服制中，男性的大礼服为英国式样的燕尾服，而一般的礼服及常服除了传统的长袍马褂以外，还增加了西式的礼服。[②] 如此一来，在很多正式场合，西服获得了与长袍马褂几乎同等的地位。然而，在依旧动荡的社会环境中，能真正遵照新服制来穿衣的人可谓屈指可数。不过，海外的留学生们却受到了新服制的巨大影响。之所以这么说，是因为一直在海外留学，在异国他乡被夹在外国文明与本国传统的冲突矛盾之中苦不堪言的留学生们，这次终于可以从服饰斗争中解脱出来了。从此以后，无论是在国内还是去海外留学，他们在一定程度上拥有了自主选择服饰的自由。那么，在这样的时代背景下，清末留学生与中华民国留学生的服饰之间到底有怎样的不同呢？

首先是发型方面。在中华民国建立之初，为了完全断绝与清朝的联系，南京临时政府很快就颁布了“剪辫令”。[③] 于是，越来越多的男性开始剪辫。当然，同样，从同时期的许多照片中不难发现，留日学生几乎都剪掉了辫子。

接着，在清末留学生较喜爱穿着和服这一点上，进入中华民国之后又发生了怎样的变化呢？确实，很明显的一点是，已经很少有留日学生穿和服了。[④] 当然，并不是说完全没有留日学生穿

① 袁仄、胡月：《百年衣裳：20世纪中国服装流变》，第73页。
② 袁仄、胡月：《百年衣裳：20世纪中国服装流变》，第74页。
③ 袁仄、胡月：《百年衣裳：20世纪中国服装流变》，第65页。
④ 这与日本国内男性服饰文化的变迁有很大的关系。1910～1930年代，日本男性服饰西化的进程越来越快，和服逐渐从日本男性的服饰生活之中退出来。

和服。1921 年到日本留学的丰子恺在《东京某晚的事》一文中回忆道："又一个夏夜，初黄昏时分，我们同住在一个'下宿'里的四五个中国人相约到神保町去散步。东京的夏夜很凉快。大家带着愉快的心情出门，穿和服的几个人更是风袂飘飘，徜徉徘徊，态度十分安闲。"[①]

接下来是西服方面。1910～1930 年代，从刊登在《朝日新闻》上的一些留日男学生的照片来看，他们几乎都剪掉了辫子，穿着一身笔挺的西服或者立领学生服并戴着学生帽。[②] 而若是参照 1930 年代以后由日华学会出版的《日华学报》中的卷首插图，可以发现当时留日学生穿着西服的比例已经明显上升了（图 5－3、图 5－4）。越来越多的留日学生穿西服，大概是受到了国内服饰西化以及新服制的影响。

不过，穿西服的比例显著上升并非只限于留日学生之中，欧美留学生表现得更加明显。与此相比，留日学生更明显的一种变化则是更多的人选择穿日本学生服。

---

① 丰子恺：《东京某晚的事》，《中国留学生文学大系：近现代散文纪实文学卷》，上海文艺出版社，2000，第 285 页。丰子恺于 1921 年留学日本，进入东京川端洋画研究会学习绘画。

② 笔者主要参考了《朝日新闻》上刊登的留学生照片。比如「中華民国最初の留学生」『朝日新聞』東京版、1912 年 12 月 7 日、朝刊第 5 面；「支那公使館に押し寄せた留学生」『朝日新聞』東京版、1917 年 10 月 12 日、朝刊第 5 面；「盛んな留学生招待会」「言業も食物も一切日本式士官学校を卒業の栄ある中華民国の留学生」『朝日新聞』東京版、1929 年 7 月 18 日、夕刊第 2 面。

图 5－3　旅行中的中国留学生

资料来源：「東亜高等予備学校遠足団」『日華学報』第 38 号、1932 年、口絵写真。

图 5－4　图 5－3 右边部分放大

为了从更广阔的视角来考察留日学生的服饰状况，在此有必要再利用一下其他媒体上的资料。那么，我们先来看一下《日华学报》第3期的卷首插图（图5－6）。该照片的标题是“中华女子寄宿舍举办中日学生联欢会”。照片中男性大都站着或者坐在左侧及后方，而女性大多集中坐在右侧及中间的位置。从标题可以推测出来，照片中出现的应该都是中华民国时期的留日学生以及日华学会相关人士。男性中有1人穿着军服，3人穿着和服，剩下的穿着西服与学生服的都是10人，正好相当。根据他们的年龄与身份来推测，穿着西服的男性中有一半应该是与日华学会相关的日本人。那么，可以得知，在学校以外的场合，大多数留日学生仍然会选择穿学生服。换句话来说，即使到了1920年代后期，学生服依旧是留日学生最常穿的服装。

图5－5　中华女子寄宿舍举办中日学生联欢会

资料来源：『日華学報』第3号、1928年、口絵写真。

最后，可以根据中国的新闻报道来考察一下1930年代留日学生的服饰状况。1936年1月11日发表在《申报》上的一篇文章，详细地介绍了女留学生整体的状况，其中在对比时也提到了留日男学生的服饰：“我国留学生（男性）到了国外，总是终年穿着学生装和西装。即使有人带了几件中国衣服，忽然穿着出来，常受朋辈讥笑。”[①] 在这段文字叙述中，学生服是放在西服前面的，大概是因为在留日男学生之中穿学生服的人更多一些吧。而且，即使到了1930年代以后，在留日男学生的服装之中，学生服与西服仍然占据主要地位。另外，我们可以发现，与清末留日学生相比较，在这个时间点上，中华民国留日男学生几乎已经完全抛弃了传统的长袍马褂。就像前文叙述过的一样，越来越多的留日学生开始穿西服，这与他们的留学地日本男性服饰西化得到了很大的发展，以及中华民国新服制是有一定关联的。那么，留日学生热衷于穿学生服，除了前面提到的他们不得不遵守学校的制服规定这个原因以外，是否还有其他的理由呢？

其实，笔者发现了很有趣的一点，对学生服的看法，中华民国留日学生与清末留日学生之间出现了很大的差异。对清末留日学生来说，学生服不过是他们来到异国为了接受先进教育不得不穿着的一种服装罢了，到头来都是异国服饰。然而，对中华民国时期的留日学生来说，学生服却是一种熟悉的、想要积极接受的、具有优越感的服装。在清末留日学生之中，总会有人在某个不太引人注目的地方穿上或用上清朝的服装或饰品，而到了中华民国时期，这种行为几乎不存在了。相反，在中华民国留日学生之中，甚至还出现了不管日本学生制服文化的好坏，盲目地追求模仿日本学生的人。比如，对于制服，日本中学生之中有一种奇特的风气，胡行之在《印象中的日本》一文中指出：“说到日本

① 一发：《关于中国的女子留学日本》，《申报》1936年1月11日，第17版。

人，还有一种特别脾气，就是喜旧喜陋。制服是被社会所重视的，旧的制服，更是老资格的表现。所以日本的学生，听说有做了新制服而故意把它弄脏的。而为经济计，一年到头，只看他们穿着黑的或藏青的制服。"① 这是怎么回事呢？实际上，当时，日本旧制高中的学生之间突然盛行被称作"敝衣破帽""粗野"的风气。② 也就是说，在日本高中生之间流行穿着破旧不堪的制服以及戴残破的帽子。然而，这种粗俗的风气也影响了为了求学漂洋过海来到日本的中华民国留学生。有人曾描绘过当时的情形："日本学风甚佳，学校管理很严，无论大中小学生，都穿哔叽制服。也不求讲究，帽子或衣服都穿破了仍然不在乎，那样更可以表现年级和资格；这种风气却也传染了一些留学生，刚来日本都是穿着漂亮的洋服，未几便也换上制服了，有的学校如第一高等学校的中国留学生，还特意穿油亮亮的或是破烂不堪的衣服呢！以表示其资格也。"③ 由此可见，对于中华民国留日学生来讲，学生服不再是单纯的制服了，可以说已经成为一种时尚流行了。

除此以外，学生服逐渐有了其他特别的含义。在《中国留学生》一文中，作者福田清人将当时穿着日本学生服、操着一口流利日语的中国文学家的形象刻画了出来："说到中国的文学家们，我们一般想那肯定是穿着中国服或者西服吧！然而他们却穿着学生服，和我们日本人几乎毫无差别。而且他们说日语也十分流

① 胡行之「印象中的日本」魚返善雄編註『中国人的日本観』、14 頁。

② 難波知子『近代日本学校制服図録』創元社、2016、31 頁。

③ 曮莽：《日本留学生》，《人间特写》，上海良友图书公司，1935，第 210 ~ 211 页。

利，甚至可以到用日语跟我们开玩笑的地步。”① 当然，不是所有的中国文学家都穿着这样的服装，这里应该是特指一部分有留日经验的人吧。不过，从作者的描述可以推测，当时具有留日经验的人几乎都爱穿学生服。尤其是文中提到的文学家们，也许是因为在日本留学期间习惯了，也许是为了标榜自己曾是留日学生的身份，他们选择归国后继续穿学生服。虽然无法得知事情的真相，不过从此处我们可以了解到，在中国部分男性的服饰生活中，除了传统的长袍马褂和西服以外，学生服也开始成为他们日常穿的一种服装。

通过上面的考察我们已经得知，日本男学生的制服，也就是学生服，已然成为中华民国时期留日学生的主要服装。甚至到后来，学生服不仅仅在留日学生之间，在中国也产生了深远的影响。详细的内容笔者将在接下来的第六章中进行阐述。

* * *

本章重点考察了甲午战争以后东渡日本留学的男学生的服饰状况。具体来说，他们在服饰方面的思想变化过程可以简单分为三个阶段，依次是：在文化差异中表现出抗拒抵制阶段，逐渐接受和融入日本服饰文化阶段，随着时代的变迁思想行为发生变化阶段。最终得出以下结论。

对于中日两国服饰方面的差异，留日学生最初表现出了一些

① 福田清人「支那留学生」『春節』小学館、1942、221 頁。

抵抗，然后开始慢慢接受，最后才融入日本的服饰文化之中。与去欧美国家留学的学生大都只穿着西服相比，东渡日本留学的学生还多了学生服与和服的选择。其中，学生服后来成为留日学生的一种身份象征。

清末留学生来到日本以后，在最初接触日本文化时，尤其是在服饰文化方面出现了很多摩擦，这是情理之中的事情。其中，在清朝的辫子和长袍马褂带有非常浓烈的政治含义的年代，留学生毫无疑问很难轻易地接受日本人的服饰文化。然而，到了中华民国时期，随着辫子和长袍马褂里政治含义的消失，以及留日学生的服饰信息被陆续传播到中国，除了西服以外，学生服也逐渐成为留日学生的常服。

将清末与中华民国两个时期的留日学生服饰相比较，可以发现其中的一些变化。除了西服以外，中华民国时期留日学生常穿的是日本的学生制服，也就是学生服。而有关学生服的看法，两个时期的留日学生之间也出现了显著的差异。对于清末留日学生来说，学生服不过是为了接受日本先进教育不得不遵守学校规定而穿的一种制服，对于中华民国的留日学生来说，学生服则是他们十分熟悉的衣服，甚至愿意积极接受的一种优越服饰。也就是说，对中华民国的留日学生来说，学生服不仅仅是学校的制服，甚至还升华成为一种时装。

最后，受中华民国时期留日学生所喜爱的学生服是如何出现在中国，又是如何发展成一种连普通男性也开始穿着的服装的呢？学生服与中国男性的国服中山装之间又有怎样的联系呢？关于这些问题，笔者将在接下来的第六章中具体展开讨论。

第六章　从日本的“学生服”到中国的“中山装”

在本书第五章中笔者已经介绍过，原本习惯穿长袍马褂的中国男性借着在日本留学的机会，陆陆续续穿上了日本男学生的制服，也就是学生服。因此，清朝末年在日本留学穿着学生服、剪掉辫子的中国男性乍一看和普通日本人没有区别。可是，当他们回到中国时，就不得不赶紧买一条假辫子戴上，然后在假辫子上扣上一顶瓜皮帽，并且还得再次换上长袍马褂。[①] 其中的原因很简单，在当时的中国依旧还保留着浓厚的传统文化习俗，穿外国人的衣服很显然会变得格格不入。然而，进入中华民国以后，长期以来人们一直遵循的清朝服制最终走向瓦解，中国人的服饰文化开始发生翻天覆地的变化。如此一来，除了中国男性长年习惯穿着的长袍马褂以外，西服开始传入中国，学生服也出现在了中国，再后来中山装也诞生了，各式各样的服装同时出现在中国男性的服饰生活里。

在中国服饰史上，大多数研究者都认为中华民国时期男性的

---

① 朱美禄：《域外之镜中的留学生形象——以现代留日作家的创作为考察中心》，巴蜀书社，2011，第98~99页。

服饰主要有长袍马褂、西服和中山装三种。[①] 而实际上并非如此。笔者在前文中也提及过，在中国服饰史上曾经出现过从日本传过来的学生服。如此一来，就有必要再深入探讨一下这些现存研究的说法了。诚然，对于中山装的起源众说纷纭，但其中有一种观点是，中山装是由日本的学生装演变而来的。例如，有人说学生装是民国时期青年喜爱的一种改良服饰；[②] 也有人说学生装是经日本人改良后的西服的一种；[③] 甚至还有一种说法是中国的学生装其实模仿了日本的学生服。[④] 很显然，这些说法都非常简略且模糊，研究者们并没有确凿的证据来证明中国的学生装和日本的学生服是同一回事。假使这个结论成立，那么日本的学生服是如何传到中国，又是如何演变成中国学生装的，这个具体的过程迄今仍不得而知。接下来，在本章中，笔者将对中国本土出现学生服的具体经过以及学生服流行的过程进行详细的考察，并根据搜集到的资料，对学生服与中山装的关系进行深层次的探讨。

第一节　出现在中国的“学生服”

如上所述，在中国服饰史的相关研究中，虽然有极少一部分

---

① 王跃年、戚如高：《逝去的时尚》，《老照片·服饰时尚》，江苏美术出版社，1997，第23～27页；黄士龙编著《中国服饰史略》，上海文化出版社，2007，第198页。

② 廖军、许星：《中国服饰百年》，上海文化出版社，2009，第90页。

③ 袁仄、胡月：《百年衣裳：20世纪中国服装流变》，第83页。

④ 周松芳：《民国衣裳——旧制度与新时尚》，第14页。

资料提及学生装的存在，[①] 然而，迄今为止，有关学生装的历史以及当时的真实状况，其实还处于一种很模糊的状态。因此，在本节中，笔者首先对中国所说的学生装究竟是不是日本人的学生服进行考察。

一种新的服装——学生装的诞生

首先，在中华民国以前，也就是清朝末年，报刊上其实就已经出现了学生装的相关记载。比如，《申报》中就能找到下面三则新闻：

> 毕老四，原名毕师笃，身着洋服，曾于闰二月与序州人王子浩（学生服装）到繁闻系私购矿产等。[②]

> 只见一个学生装束的男子，皮靴草帽，秃发短衣，携着一个女学生装束的女子。一同走上楼来。[③]

> 由男子二人止于楼屋之门外，一高硕少须，便帽皮靴，作学生装束。一侏儒短瘦，狐裘惶然盘散地中，状至可笑。[④]

---

① 华梅：《服饰与中国文化》，人民出版社，2001，第316～317页；陈高华、徐吉军主编《中国服饰通史》，宁波出版社，2002，第520页。其中，陈高华、徐吉军指出，学生装主要受到日本制服的影响，是从日本及欧美留学归来的留学生带回来的一种服饰。

② 《查复勾串西人私购矿产之无据》，《申报》1909年6月8日，第11版。

③ 《社会小说自由女（十六）》，《申报》1909年12月1日，第27版。

④ 《短篇小说博徒恨》，《申报》1910年4月3日，第27版。

如果单独从内容来说，第一则是社会事件，第二则和第三则是小说。第一则新闻用了“学生服装”一词，第二则与第三则新闻用了“学生装束”一词，虽然两个词语从表面上看有所不同，实际上都是指学生穿的服装。从第一则社会事件的新闻中可以看出，王子浩所穿的学生装与毕老四穿的西服是完全不同种类的服装。从第二则和第三则小说类新闻的描述中可以了解到，男子身上的学生装通常是与皮鞋和帽子搭配的。因此，可以推测，1910年代以前，中国男性之中除了长袍马褂和西服以外，其实早就已经出现了一种叫作“学生装”的服饰。然而，从这三则新闻中可以获取的信息有限，比如当时的学生装究竟是何种模样还不清楚。

幸运的是，笔者发现了其他的一些线索。张竞生所写的《美的人生观》（1925）一书，对于学生装就有以下的记载：“我人应当采用‘漂亮的学生装’（又名操衣服，或名军人装，即扣领上衣与操裤，冷时加外套）。”据张竞生所说，学生装的别称是“操衣服”，也就是“操衣”，曾被叫作“军人装”。具体来说，就是将立领的外套与裤子搭配来穿，等天气变冷，外面再罩一件外套。另外，从这段文字记载中可以得知，学生装与操衣从款式来看几乎是一样的，并且与军服有着密切的联系。这对笔者来说是一个非常重要的线索。总之，学生装有立领、上下分体而穿、冬季时外面可以罩上厚外套、与军服关系密切等特点，而这与日本人常穿的学生服尤其相似。

因此，倘若对操衣能有进一步的了解，那么学生装之谜就能解开了。然而，现实条件是，在中国服饰研究领域，与操衣相关的资料尤其欠缺。不过，万幸的是，在当时的文学作品里偶然也能看到一些对操衣的描述。

例如，1932年11月30日《世界日报》教育栏中刊登了一篇鲁迅写的散文，名为《今春的两种感想》，可以看到下面一段内容："还有学生军们，以前是天天练操，不久就无形中不练了，只有军装的照片存在，并且把操衣放在家中，自己也忘却了。"如果将这段话的内容稍微还原一下，可以得知，操衣是学生们做体操时所穿的服装。可是后来他们不再练操了，只留下了身穿军装的照片。而操衣也被他们搁置在家中，时间久了，他们甚至连操衣的存在都忘却了。另外，在这篇散文中，鲁迅还提到，1930年代，操衣曾被日军当作学生们抗日的证据。鲁迅当时写下这篇散文的目的我们暂且不论，但是在此可以获得很重要的信息：操衣是学生在做体操时穿着的一种服装，而且带有浓厚的军装色彩。

另外一条线索则来自作家张天翼一篇题为《包氏父子》（1934）的中篇小说。这篇小说主要是讲主人公老包儿子的制服费用引发的一连串故事。某天，老包面前突然出现了一张儿子所就读的新式学堂发来的通知书，上面写着学费以及其他的杂费。其中，制服费用居然要20圆，几乎占了所有费用的一半。作者张天翼在描述老包儿子的制服时，提到了十分重要的一点，说："制服就是操衣服。"① 也就是说，学生的制服其实就是他们的操衣。

通过上面两篇文学作品对操衣的描述可以得知，操衣与军服有着千丝万缕的联系，而且它不仅仅是学生们的体操服，同时也是他们的制服。

---

① 张天翼：《包氏父子》，《清明时节》，作家出版社，1954。

随着进一步的调查，笔者找到了一个非常重要的突破口，那便是1919年由商务印书馆出版的一本书中刊载着操衣的图片（图6－1）。乍一看，它的款式与西服比较接近，实际上仔细观察的话，不难发现其领子、口袋与西服有着明显的区别。图6－1中操衣为立领，且衣服的左上方及下面左右两侧总共带有三个口袋。这与日本的学生服（图6－2）尤其相似。不过，操衣与日本学生服虽然在剪裁方法及款式上十分类似，但是在装饰方面还是有些微的区别。比如，口袋就有些不同，操衣的口袋是最简单的贴袋，而日本学生服则采用了一种需要更高西式剪裁技巧的线袋。另外，操衣正面的纽扣为四粒，比日本学生服少一粒。还有，日本学生服的袖口往往会带上两颗纽扣，而操衣并没有这样的装饰。不过，像这样些微的差异不仅仅存在于操衣与日本学生服之间，实际上，若是翻看《近代日本学校制服图录》中大量的日本学生制服照片，就可以了解到在当时日本各个学校学生服之间其实也存在类似的差别。因此，我们有足够的理由来证实在中国出现的操衣，实际上就是在日本学生服的基础上进行了一些改变之后的服装。

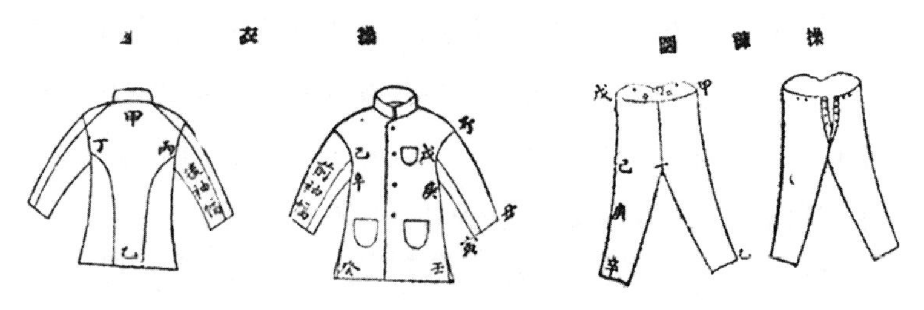

图6－1　中国的操衣与操裤

资料来源：《日用百科全书》第36编《衣服》，商务印书馆，1919，第11～12页。

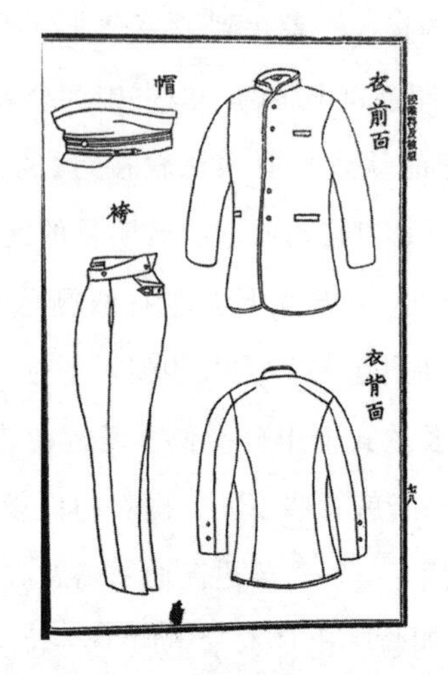

图 6－2　日本旧制高中的学生服

说明：此图为日本第二高等学校（宫城县仙台）的制服、制帽图。

资料来源：難波知子『近代日本学校制服図録』、35 頁。

除此以外，笔者还找到了一份能说明在中国广泛使用的“学生装”一词与“日本学生服”关系的重要资料，即 1932 年 8 月 1 日刊登在《申报》上的《答改良社会讨论会》。作者程鹏提到：“学生装原是军服变相，日本维新征兵后，日人穿惯军服，觉得较和服便利，故退伍后仍用他料仿制之。学生则因经济关系，亦多穿之。”① 虽说这段文字的真实性还有待考证，但仅从作者叙述的口吻以及阐述的内容来看，当时中国所使用的“学生装”几乎等同于“日本学生服”，指的就是日本人的衣服。

当然，我们可以根据日本有关男性服装史的研究成果来实际考证一下日本学生服的起源。根据日本著名服装研究学者增田美

① 程鹏：《答改良社会讨论会》，《申报》1932 年 8 月 1 日，第 19 版。

子的研究，日本男子的学生服是在普鲁士军服的基础上经过改良而成的。[①] 另外，对日本学生制服文化做过深入研究的学者难波知子也指出，日本男子的学校制服从军服的款式上获得灵感，采用了军服的立领，由此加速了日本男性的服饰西化。[②]

综合上面的资料来看，清末民初中国学生的服装，即所谓的学生装其实就是学生的体操服，是从日本学生服发展而来的一种服装。在此，简单地用一个公式来总结，即学生装 = 操衣 = 日本学生服。为了便于大家阅读理解，在接下来的叙述中，笔者将中国的“学生装”统一称为“学生服”。

学生服是如何传入中国的?

由前文我们知道中国所说的学生装其实就是日本学生服，接下来需要探讨的是日本学生服究竟是如何传入中国的。实际上，关于学生服传入中国的背景，在过去的研究中有人提到是受当时留日学生的影响。[③] 但笔者在调查研究过程中发现，除此以外，学生服在中国的出现还与当时中日教育界之间的交流有着密切的联系。在深入探讨这个议题之前，有必要对学生服传入中国以前，也就是清末民初，中国男学生的服饰状况做一个简单的梳理。

---

① 増田美子编『日本衣服史』、340 頁。

② 難波知子『近代日本学校制服図録』、3 頁。据难波女士所说，在近代日本的服装中最先引进的西服是军服（1870），当时为了整备近代军队，日本参照了英国及法国的军服款式。之后，除了官吏们所穿的礼服（1872），在邮政人员、铁道工作人员、警察等各种职业人群中也引进了西式制服。1886 年，日本最高学府东京帝国大学制定了立领学生服以及学生帽的相关规定，由此日本男学生制服的式样被确定了下来。

③ 陈高华、徐吉军主编《中国服饰通史》，第 520 页。

在前文中，笔者已经强调过中国男学生的体操服，也就是操衣实际上是在判断“中国的学生装”与“日本学生服”是不是同一种服装时十分重要的一座桥梁。因此，在考察学生服传入中国的具体过程时，就必须先将“操衣”的起源考察清楚。之前已经反复解释过，“操衣”就是学生在做体操时穿着的一种服装。那么有没有可能在体操传入中国时，体操服也传进来了呢？顺藤摸瓜，我们可以先来简单了解一下近代中国体操的诞生及发展历史。

清政府在洋务运动中，招聘了不少外国教习，以便在军事教育中引进西方的体操教育。然而，不幸的是，在甲午战争中，清军不敌日本，不得不宣告洋务运动的军事教育以失败而告终。此后，清政府为了重建军事力量，策划采用了两个新政策。第一个是将中国学生派遣到日本留学，来学习军事与政治制度方面的知识。第二个是让书院主导的传统教育转型成为新式学堂主导的新型教育。当然，前一个政策可以让人一眼看出与日本的关系非常密切。实际上，后面一个政策也受到了日本很大的影响。体育方面的教育就是一个很好的例子。

1904 年 1 月 13 日，清政府颁布了“癸卯学制”，这其实几乎照搬了日本的学制。之后，体操便成为初高等教育以及各个中学校的必修科目。[①] 随着体操科目被纳入中国近代教育体系中，大量与体操相关的书如雨后春笋般出现。蒋宏宇的研究表明，当时中国出现的体育科目相关的教科书基本上都是国外体育教科书的翻译或模仿之作，而其中尤以翻译或模仿日本体育教科书为

① 耿嘉梅、姚明焰、许鹤琳：《清朝末期中小学校体操教科书内容的演变与启示》，《体育文化导刊》2017 年第 11 期，第 161 页。

多。[1] 另外，依据郎净统计的1890～1911年中国出版的体操教科书书目，在总数86册的体操教科书中共有29册与日本相关，占总数目的三成左右。[2] 具体来说，它们要么是对日本体操教科书的翻译，要么是参照日本体操教科书编纂而成。除了日本以外，中国还参照过其他国家的体操教科书，具体数量为：德国3册，英国2册，美国2册。在这样的对比之下，不难推测出当时中国的体操教科书受到了日本方面的巨大影响。换句话说，如果单从体操教科书方面来看，日本的影响远远超过了其他国家。不仅如此，仔细考察中国体操教科书的作者或编纂者就会发现，他们中的不少人其实都有留日经历。比如，丁锦、李春醴、徐傅霖等人曾东渡日本留学，归国后成为民间学者，编纂出版过不少很有影响力的体操教科书。[3]

一方面，由日本的体操教科书翻译而成的中国体操教科书之中，影响力最大的莫过于《蒙学体操教科书》（1903，以下简称《蒙学》）和《高等小学游戏法教科书》（1903）。这两册书都由有留日经验的丁锦翻译，并且在1903～1906年被多所学校采纳为体操教科书。[4] 特别是前者《蒙学》，在1903～1906年9次重印，由此可以想象此书在当时的中国究竟产生了多大的影响力。

① 蒋宏宇：《我国近现代中小学体育教科书历史变迁研究》，博士学位论文，北京体育大学，2014，第41页。

② 郎净：《晚清体操教科书之书目钩沉及简析》，《体育文化导刊》2014年第8期，第164～166页。

③ 蒋宏宇：《我国近现代中小学体育教科书历史变迁研究》，博士学位论文，北京体育大学，2014，第40页。

④ 郎净：《晚清体操教科书之书目钩沉及简析》，《体育文化导刊》2014年第8期，第167页。

《蒙学》一书据说是丁锦在保定军政司期间，在日本《小学普通体操法》（坪井玄道、田中盛业编）基础上翻译编纂的。[1] 那么，中国的《蒙学》与日本的《小学普通体操法》是否一模一样呢？笔者进行仔细比对后发现，两者从文字的内容及整本书的构成来看几乎如出一辙。不过，《蒙学》中的插图与原版有些不同，发生了一些微妙的变化。[2] 具体我们比较一下两书的第一张插图（图6－3），可以发现日版体操教科书中学生穿的是西式衬衫搭配一条裤子，而《蒙学》插图中的学生却是头戴帽子，穿着一身像军服一样的服装，也就是类似学生服。

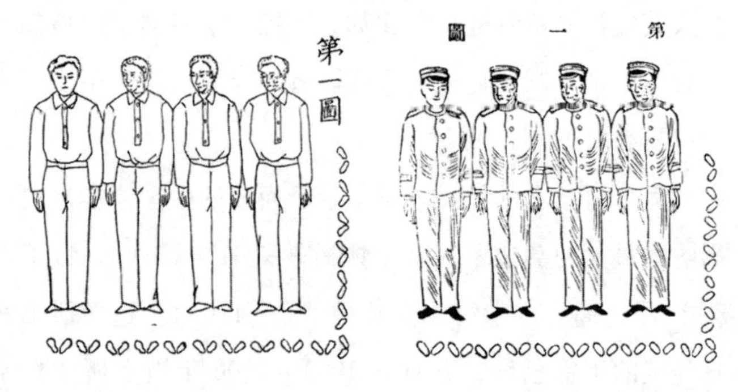

图6－3 《小学普通体操法》（左）与《蒙学体操教科书》（右）中第一张插图比较

资料来源：丁锦《蒙学体操教科书》，上海文明书局，1903，第1页；坪井玄道・田中盛業編『小学普通体操法』上巻、金港堂、1884、2頁。

① 郎净：《晚清体操教科书之书目钩沉及简析》，《体育文化导刊》2014年第8期，第167页。

② 同样是由坪井玄道、田中盛业编辑的小学体操教科书分别在1884年、1888年出版。根据1888年版中编辑所写的序言，1888年版的教科书实际上是在1884年版基础上修订再版的。而笔者对比了其内容与结构后，推测《蒙学》应该是以1884年版的《小学普通体操法》上卷为蓝本编辑出版的。

如此看来，中日两国体操教科书上的学生体操服似乎不大相同。既然中国的体操教科书中采用了类似学生服的服装，而日本的教科书中并非如此，那么是编者参照了当时众多留日学生在日本所穿着的学生服吗？或者在其他体操教科书中是否出现过日本学生做体操时穿着学生服的先例？带着这些疑问，笔者对日本的体操教科书进行了一番详细的考察，结论是，在日本于1900年代前后出版的体操教科书之中，有一部分确实带有插图，而插图中，人物所穿服装都是跟《小学普通体操法》中类似的西式衬衫搭配长裤（图6－4），并没有发现穿学生服做体操的例子。[①]

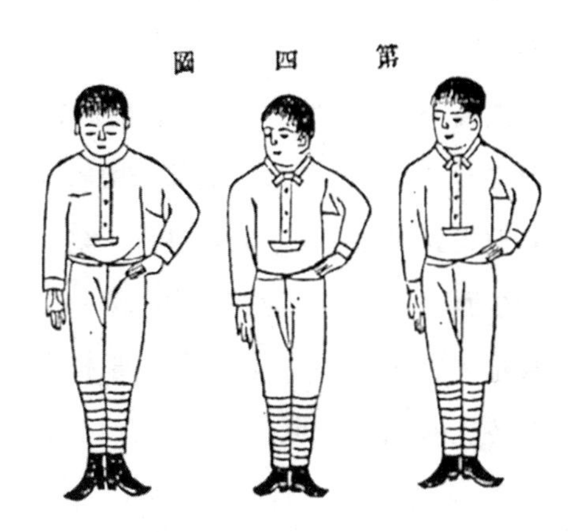

图6－4　日本的体操服

资料来源：鹿田熊八・寺本伊勢松編『改正小学体操法』熊谷久栄堂、1898、16頁。

那么，从结论来说，日本体操教科书并没有提倡学生在做体操时穿学生服。如此一来，便产生了疑问：是不是在《蒙学》

① 为了确认当时日本的体操教科书中是否出现过学生穿学生服做体操的插图，笔者查阅了日本国立国会图书馆中所有公开的体育教科书。

的翻译编纂过程中，出于某种考量，插图中人物的服饰被刻意更改为学生服了呢？虽然无法明确断定相关人员究竟为何将日本学生服引进体操教科书之中，具体的过程又是如何，但是随着《蒙学》将日式体操教育传入中国，《蒙学》上的学生服也被当成了中国新式小学堂体操服的范例。不过，需要注意的一点是，在1900年代初期，源自日本的学生服对当时中国的学生来说仅仅是做体操时需要穿着的体操服，并非日常所穿衣物。也就是说，在这个时期，虽说学生服已经开始从日本传入中国，但是它仅仅为做体操时所穿的服装。这个时期，笔者认为它处于成为中国学生制服之前的初级阶段。

另一方面，围绕1900年代初中国学生的服饰，笔者不仅对相关的文字资料进行了分析，而且还对部分图像资料进行了详细的考察。笔者对搜集到的几十张老照片进行了整理分析，结果发现当时中国的学生服主要可以分为两大类。第一类是中国传统的服饰，也就是长袍马褂（图6－5）。一部分学校没有采用学生制服。第二类是与传统的长袍马褂完全不同的、上下两件式的西服款式的服装。

比如，中国国家博物馆图库收藏了一张1904年前后怀宁县（现河南省淮阳县）二等小学校师生的纪念照。从照片中可以看到从第二排到最后一排的学生都穿着上下两件式的服装，而且头上还戴着帽子。乍一看，大家的服饰好像是统一的，但仔细看的话，会发现其实他们的上衣有些许不同。比如，不难看出学生们的上衣纽扣与领口部分有一些差异。具体来说，照片中他们的领子可以分为两大类：一种是立领，一种是非立领。另外，扣子也

图 6－5　清末男学生的服饰

说明：照片由加拿大医生艾略特（Charles Coyne Elliott）夫妇拍摄，拍摄时间大约为 1908 年。照片中的男孩均为周日学校的学生。

分为两类：一种是相连式纽扣（一字扣），另一种则是单扭式纽扣。没有采用立领以及单扭式纽扣的学生服装保留了浓厚的中国传统马褂的特色。关于纽扣的形状，笔者另外查看了大量清末民初除了学生以外中国男性的老照片，发现这种相连式纽扣与大清邮政邮递员制服上的纽扣十分相似。带着立领和单扭式纽扣的服装与中国传统服装迥异，那么这种新型服装究竟是从何处学来的呢？在此，可以考虑日本的学生服。理由就是，立领、五粒单扭式纽扣都是日本学生服的重要特征。那么我们至少可以认为，不能完全否定清末民初中国学生服受日本学生服影响的可能性。

另外，中国国家博物馆图库还收藏了一张 1904 年的老照片。照片中是武安县（现属河北省）高等小学的学生。他们并列站成四排，整整齐齐地穿着统一的服装，显得十分精神抖擞。仔细观察学生们的服装，可以发现他们的上衣都带有五粒纽扣，且全都是立领，而他们下半身则穿着长裤。另外，他们头上戴着一样的帽子，且帽子上面都配有校徽模样的标志。有趣的是，这个学校的学生服装居然与《蒙学》插图中的衣服十分相似。笔者推测或许是清政府颁布“癸卯学制”后，武安县高等小学按照指示让学生们穿上了操衣，后来还将其当作了学生制服。

不过，上面介绍的两张老照片都是北方小学的事例，由此可以推测出北方新式学堂里学生服饰的大致情况。然而中国疆土辽阔、地域差异较大，南方新式学堂里学生的服饰情况又是如何呢？

下面，再来看一看南方新式学堂里学生服装的情况吧。笔者找到了一张拍摄于1906年前后益闻社高等小学（现属福建省）的纪念照（图6－6）。照片中的学生主要集中在前面几排，左右两侧各站着一名教员，从服装打扮以及手握木棍的动作来判断，这两人很有可能是体操教师。最后一排并列站着的应该是其他科目的教师和其他相关人员。将图6－6的右侧部分放大来看（图6－7），可以发现与后排的所有教师穿长袍马褂形成了鲜明对比，前几排的学生大致穿着两类服装。他们的上衣一种像改良式的中国马褂（图6－8），另一种则是日本学生服式样，带着立领、五粒单扭式纽扣的服装（图6－9）。还有一点，也许是因为时代变化，也许是因为地域差异，益闻社高等小学穿学生服的学生数量很明显超过了怀宁县二等小学校。

图6-6　益闻社高等小学纪念照

图6-7　图6-6右侧部分放大

图 6－8　图 6－6 右侧部分放大

图 6－9　图 6－6 右侧部分放大

从这些老照片记录下的情况来看，1910 年代以前，实际上在中国新式小学里就已经产生了男学生穿上下两件式服装，且统一佩戴帽子的制服文化。从制服的款式来看，虽然各个学校大致相同，但是在领口以及纽扣部分还是出现了一些差异。根据这些差异来细分学生服装，一种是改良马褂，另一种则是带有立领、五粒单扭式纽扣的日本学生服。同时，笔者发现甚至有高等小学完全采用了日本学生服。还有一点，几乎所有的小学都采用了带有校徽的学生帽。如此一来，可以确定的是，清末新式小学里已经出现了逐渐放弃传统的长袍马褂，开始穿上下两件式学生服的动向。当然，这种全新的学生服最初只不过是做体操时所穿的操衣，是参照并模仿日本学生服制作而成的。

不过，操衣说到底还是在做体操时所穿的一种运动服装，并没有立马成为学生们的制服。1905 年 10 月 30 日，《申报》上刊登了一则有趣的新闻，内容是具有一定影响力的教育人士向清政府提议：“学堂学生除武备学生准其常着操衣外，其文学堂学生只准于体操时着操衣，行礼时着礼衣（即袍褂）。”[①] 笔者推测，之所以出现这样的提议，大概是因为不管是学武还是学文，越来越多的学生爱上了穿操衣，而这种现象的出现有可能会动摇清朝服制的根本，所以一些有传统思想的教育人士感到了一丝恐慌。实际上，在这个时期，学生群体并没有被当作特殊人群来对待，大多数学文的学生仅仅在练操这样特定运动环境中才被允许穿操衣。而在大多数情况下，学生的穿着与其他普通男性并无二致，最常穿的仍然是长袍马褂。

然而，操衣最终还是迎来了被确定为学生制服的契机。也就是说，操衣不再是练操时的运动服，而是成功转型成学生制服。

---

① 《奏定学堂教习及颁订学生服制业已交议北京》，《申报》1905 年 10 月 30 日，第 3 版。

1911 年辛亥革命爆发，随之清政府瓦解，一个新的政权建立起来，时间因此也来到了民国年间。新成立不久的中华民国政府在向全国老百姓公布新服制的同时，也颁布了学生群体的制服规定。1912 年 9 月 9 日，《大公报》上刊登了中华民国教育部发布的《学校制服规程》。其中，针对高等小学以上，也就是中等及高等教育机构的学生制服作出了如下规定：

第一条　男女学生制服

甲　男女学生制服形式与通用之操服同。

乙　寒季制服用黑色或蓝色。

丙　暑季制服用白色或灰色。

前二项制服一校中不得用两色。

丁　制帽形式与通用之操帽同，寒季用黑色，暑季顶加白套，或用本国自制草帽，鞋靴亦用本国制造品。前项制帽靴鞋一校中不得用两色。

戊　各学校得特制帽章颁给学生缀于帽前以为徽识。

己　大学学生制帽得由各大学特定形式但须呈报教育总长。①

在甲条中，可以看到无论针对男学生还是针对女学生，中华民国政府所规定的学生制服的款式都是跟操服（操衣）一样。而关于制服的颜色，规定了冬季应当选择黑色或蓝色（笔者推测

① 《学校制服规程》，《大公报》1912 年 9 月 9 日，第 19 版。

大概是指藏青)，而夏天应当选择白色或者灰色。且同一所学校只允许每个季节选择一种颜色。像这种有关颜色的规定，应该也是受到了日本学校的影响。因为笔者发现，在日本的旧制高等学校[①]中，早就出现了对学生制服颜色非常严格的规定。比如第六高中（位于日本冈山县）的“服装规定”中就明确了学生服夏季应当选择鼠灰色，冬季选择藏青色；学习院（位于东京）则规定学生服夏季应选用白色，冬季应选用藏青色。[②] 另外，笔者翻阅了由学者难波知子收集出版的《近代日本学校制服图录》中学生穿制服的照片，发现夏季他们的制服颜色有白色和鼠灰色，而冬季则有藏青色和黑色。由此可见，中华民国中等及高等教育机关所规定的学生制服与日本学校的学生服，尤其是旧制高等学校和旧制中等学校的学生服几乎是一样的。[③]

再进一步说，在上述的规定中能看到对制帽的要求是与做体操时所佩戴的帽子一样。另外，还要求各个学校制定各自的帽徽，并且规定帽徽一定要带在制帽的前面。关于这一点，笔者认为同样是受到了日本学生服中制帽的影响。如此一来，到了中华民国时期，操衣终于被采纳为中等及高等教育机构的制服了。

有关1910年代中国学生的制服，笔者只搜集到了上述资料。

---

① 旧制高等学校是近代日本创立的为学生升学至帝国大学做准备的一种预科教育机构。它是根据明治27年（1894）颁布的“高等学校令”，对以往的高等中学进行了一系列改革后出现的学校。

② 難波知子『近代日本学校制服図録』、25、36頁。

③ 難波知子『近代日本学校制服図録』、31－52頁。观察该图录中的大量老照片可以发现，日本旧制高等学校、中等学校的学生大都是在夏季穿浅色、冬季穿深色的学生服。

不过，10 多年后的 1929 年 4 月 20 日，中华民国教育部重新颁布了学生制服规定。其中，除了文字资料以外，还有学生服的图片。[①] 从这些图片中，可以清楚地了解到当时民国政府所规定的学生服的款式与色彩。首先，有关小学男生的制服，仅在冬季时要求他们穿黑色的立领学生服（图 6－10）。这套冬季所穿的制服，初看和日本学生服几乎没有差别，然而上衣只有两个口袋，且都带着袋盖。同时，他们的裤子也并非长裤，而是长度仅接近膝盖的短裤。从这里我们可以发现，与清末小学生的制服相比，民国时期小学生制服很明显已经发生了很大的变化。此外，1930 年代前后日本小学男生制服也发生了一些变化，比如裤子也并非长裤，而是长度接近膝盖的短裤。关于这一点中国是否受到日本的影响，目前就笔者所搜集到的资料来看很难断定。不过，中国和日本学生制服发生明显变化是在同一时期，从这一点来推测二者之间应该是有一定联系的。

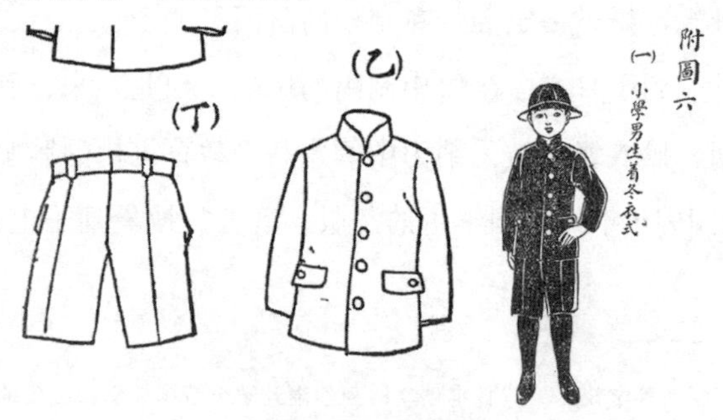

图 6－10　民国时期小学男生部分制服

资料来源：《教育法令汇编》第 1 辑，第 92～93 页。

① 中华民国教育部参事处：《教育法令汇编》第 1 辑，商务印书馆，1936，第 94～95 页。

接下来，我们来看一下中学生的制服。图 6 - 11 展示的是民国时期中学男生制服的款式，从图片中可以清晰地看到，学生所穿的制服带有立领、五粒单扭式纽扣，说明这个时期的中学生制服仍然保留了日本学生服的特征。可惜，由于是黑白图片，我们很难判断新制服的实际颜色。不过结合附带的文字说明，可以得知，与 1912 年颁布的《学校制服规程》相比，这个时期对于制服颜色的规定也发生了一些变化。原则上，夏季各学校的学生制服应当以浅色系为主，在新的《学校制服规程》中，除了可以使用白色和灰色以外，还增加了黄色；而冬季规定使用的颜色除了以往的黑色和藏青色以外，还增加了深灰色。[①] 除此以外，中学生的制服还发生了一个变化，就是无论夏季还是冬季，中学生都必须穿长度及膝的短裤。也就是说，他们和小学生一样穿短裤。与此同时，对于他们露出的小腿部分，冬天用绑腿，夏天穿长袜。

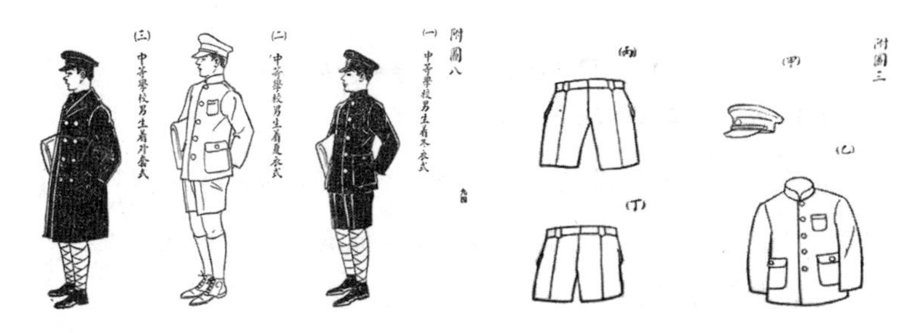

图 6 - 11　民国时期中学男生的制服

资料来源：《教育法令汇编》第 1 辑，第 94 页。

---

① 《教育法令汇编》第 1 辑，第 90 页。

最后，来看一下大学男生的制服吧。正如图 6－12 所呈现出来的一样，这个时期男大学生的制服与 1912 年带有立领、五粒单扭式纽扣的日本学生服尤其接近。而且，口袋的数量以及位置也几乎与日本学生服一样，具体来说，左胸的前面有一个，然后左右腹部处各一个，总共三个口袋。裤子的长度保持不变，大概到脚踝的位置。不过，根据新的《学校制服规程》中的说明，男大学生的制服颜色由以前的四种（白、灰、黑、藏青）减少到两种（白、黑）。具体规定为，大学生夏季穿白色制服，冬季穿黑色制服。①

图 6－12　民国时期大学男生的制服

资料来源：《教育法令汇编》第 1 辑，第 95 页。

由以上分析我们可以得知，中华民国成立以后，中国各个阶段男学生的制服几乎都沿用了日本学生服的式样。也就是说，日本学生服传入中国以后，于 1920～1930 年代逐渐被中国教育界接纳，最终成为中国学生制服文化中很重要的组成部分。不过，日本学生服在被中国教育界接纳吸收，成为中国学生的制服以后，也发生了一些本土化的变化。比如，冬季学生服的外面可以

① 《教育法令汇编》第 1 辑，第 90 页。

穿深色的外套，裤子的长度也逐渐发生了一些变化。另外，民国时期中学生的学生帽与日本的学生帽十分接近，但是民国时期男大学生的帽子已经变成了学士帽式样。

总而言之，关于日本学生服传入中国的这一过程，笔者简单地总结如下：日本学生服→中国新式学堂的操衣（清末）→中国各个学校男生的制服（民国时期）。也就是说，日本学生服最初是作为清末新式学堂的操衣被引入中国的，而在中华民国政府成立以后，最终被采纳为学生的制服。

第二节　有关穿“学生服”的一些倡导

中华民国成立以后，随着政局逐渐稳定，社会也慢慢安定下来，到了1920年代初期，社会上出现了迫切想要改良男性服饰的声音。这些声音中有一部分是在号召大家穿学生服。比如，《申报》刊载了一篇题目为《我的改良衣制观》的文章。

> 我国习俗以为穿长衣是斯文的，着短衣仿佛像要降低他的人格了。我国人之不能像欧美人的活泼敏捷，这也是一大原因。所以我们要革除这种习惯非将衣制改良不可。有人以为改穿西装，我以为西装也可不必，因其穿着太费时光。现在的学生装我说是最适宜了。[①]

---

① 斯亦为：《我的改良衣制观》，《申报》1921年2月17日，第17版。

在这段文字中，作者首先陈述了在当时的中国，人们往往有用服装来判断他人身份地位的习惯。具体来说，大家认为穿中国传统服装“长衣”（即长袍）的为身份地位高贵之人，与此相反，穿“短衣”（两截穿衣，上下分开的两件式衣服）的则是身份地位低下之人。然而，随着时代的变迁，有人开始意识到，穿着长袍无法像欧美人那样随意地运动。因此，作者指出，现在终于到了改良中国传统服饰的时候了。说到改良中国男性的服装，很多人都会认为改穿西洋人的西装是最好的选择。作者却不以为然，他认为穿西装费时又费事，其实并不好，比起西装，学生服才是更加合适的。当然，就像该文的标题一样，说到底这也不过是作者个人的想法。但是由此我们可以得知，在当时的中国，除了对西服感兴趣的人以外，还出现了一部分关注学生服的人。

接着上文的内容，作者又详细地阐述了自己大力推荐学生服的具体理由。

> 因其有下列的二种优点。一节省经济，我们做了件长衣小襟是天然省不来的。……改了学生装那么无害于身体，这几尺布就省下了。我们每年省下来的或者还可以多做几套呢。二举动便利，我们着了长衣，种种的不便实在是一言难尽。最普通的像登梯下楼时必将衣边举起，否则即不弄污就要打跌了。天雨的时候，更加觉得讨厌。不特走不快，而且满衣泥渍。一到冬天，就背了重重的袍子走一步踢一脚，实在十分难过。行路起来气呼呼的，好同登高山一样。其他或被车轮卷去，或被钉子扯破，总之一举一动无不受其掣肘，

因而敏捷的精神久随之而失去。倘若着了学生装，那么轻轻便便随我所欲，爽快实在不少呢。[①]

如果将这段内容总结一下，那就是作者提出了学生服的两个优点。第一点，从经济方面阐述了学生服要比长袍更加实惠。比如说同样做一套衣服，学生服就比长袍更加节省布料。而一年下来节省出来的布料又可以多做几套衣服了。因此，作者认为如果大家都穿学生服的话，从经济的角度来说会受益不少。第二点，作者通过陈述长袍的各种缺点，来突出学生服的优点。他认为，穿长袍时会遭遇各种不便。比如，上下楼梯时就不得不提起长袍的前摆。理由是长袍原本就跟长连衣裙相似，衣摆长及脚踝，上下楼梯时一来容易弄脏，二来不小心的话很容易被绊倒。另外，长袍还有长长的衣摆容易被卷进车轮，或者被钉子钩住等缺点。不过，作者认为如果大家穿上学生服，那么生活中就会十分方便了，不仅行动方便，而且穿起来也十分舒适。因此，作者号召大家改换穿学生服。从这篇文章中可以看出，当时的中国普通百姓中已经有人意识到了学生服的经济优势及便利性。当然，由于人们迫切地希望改良中国传统服饰长袍，其地位一落千丈。在被新时代人们选择的西服与学生服之中，有人认为学生服更具有优势。这一点尤其值得我们关注。

有人或许会想，上面这篇文章有可能只是特例。实际上，当时真的存在一部分人大力提倡改穿学生服。例如，1926 年 12 月

---

① 斯亦为：《我的改良衣制观》，《申报》1921 年 2 月 17 日，第 17 版。

16日《申报》刊登了一篇题为《改良中国男子服装谈》的文章。

> 但是据我看来，国民的服装须有一律的规定。现在洋服既易遭一部分的反对，长衫又有种种的弊端，那么，折中办法唯有孙中山先生所提倡的学生装为最妥了。刻下个学校的制服，大都是采用了这种式样，冬天是用呢做的，夏天是用白胶布或线布做的。如此大家普及了之后，我们于精神上、经济上、形式上都占着无限优胜了。①

写下这段文字的是一个叫作志政的人。他认为中国男性的服装首先应该统一起来。据他所说，当时已经出现了反对西服的人，而中国的长衫也存在各种各样的缺点，因此折中的办法是改穿学生服。这里为本章的考察留下了一条很重要的线索，那便是他指出学生服是孙中山推荐、提倡的。根据志政的说法，当时学校大都采用了学生服的式样，且冬季用呢绒，夏季则用白胶布或线布制作。从这段文字中可以了解到，在当时的中国，学生服不仅被孙中山大力推荐，而且还真正地被各个学校当作学生制服所采纳。而用来制作学生制服的布料也会根据夏季与冬季的不同有所改变，这一点与日本学生制服文化有着异曲同工之妙。当然，这篇文章最想强调的是，如果要改良中国服的话，不应该选择西服，而是应该采用已经被一部分人接受的学生服。

无独有偶，《申报》同一天还刊载了题为《改进我们服装应

---

① 志政：《改良中国男子服装谈》，《申报》1926年12月16日，第22版。

有的条件》的文章，非常详细地介绍了学生服的各种优点。

> 普通制服就是现在渐渐流行的学生装，因为制服的裁制，其尺寸和缝路比袍褂可以贴近皮肤而仍能活动如意，故在形式上既可适观，在动作上又有助于活泼，所以我承认以制服代袍褂在事实上是很适当的……（一）轻便。制服穿卸甚简便……所以穿卸起来仍很便……（二）矫正姿势。袍褂宽衣博带，容易藏脏，身体上种种倾倚不良的姿势……所以改穿制服直接可以矫正姿势……（三）适观。……制服虽则不是表示曲线美的衣服，但因其裁剪与缝纫，比较能适合于各人的身段体材，所以自然而然也显其适观的形式了……所以改穿制服形式上固然比较适观……（四）便于运动。……制服短装俊逸，障碍少而随时可以舒展活动的身手，所以改穿了制服之后，至少也可说容易帮助人倾向于运动的一种方便，慢慢引起人对于运动的兴趣而成为习惯。以上四条是我主张改进我们服装的重要条件，同时也就是我主张改穿制服来代替旧服制的基本意念。①

这段文字是一个笔名叫作九狮的人写的。他认为改良长袍、改穿制服的理由有四点。第一，穿起来十分轻便。从衣服长度来讲，因为学生服比长袍短，所以穿脱的时候十分方便。第二，能够矫正穿衣人的姿势。长袍原本就很宽松，穿久了人会不自觉得

---

① 九狮：《改进我们服装应有的条件》，《申报》1926年12月16日，第23版。

体态不良。可是，穿学生服的话，因为衣服跟身体十分贴合，所以人不得不时时刻刻注意自己的姿势，久而久之也就起到了改善体态的作用。第三，外形美观。由于学生服是量身定做的，一般都很合身，显得十分美观。第四，方便运动。学生服比长袍要短很多，因此更适合运动，这样也会使穿学生服之人逐渐养成运动的习惯。在此可以看出，九狮不仅十分赞同前面几位作者指出的学生服便利的优点，甚至还列举出了其他三个优点。由此可见他对学生服的评价是何等之高。除此以外，九狮在文中还提及学生服在当时越来越流行，笔者推测是因为越来越多的人号召大家穿学生服。也就是说，这些声音在某种程度上加速了学生服在民国普通男性之间的流行。

综合上面介绍过的文章来看，当整个社会逐渐认识并重视服饰最基本的功能性之时，是否便于运动、穿着起来是否方便等都成为服装改良不可欠缺的考虑因素。而在这些方面，学生服正好让当时的中国人认识到了自身的优势，因此，他们更愿意去接纳学生服。当然，学生服还有其他的优点，比如制衣时更加经济实惠，穿着起来比长袍和西服更加方便等，也受到了当时中国人的关注。

第三节　新型“学生服”——中山装的诞生

有关中山装的研究并不少，但是在以往的中国服饰相关研究中，关于中山装的起源却一直存在各种争议，至今仍未有定论。笔者在前文中也提到过，目前的服饰文化研究中存在一种说法，即中山装是由日本的学生服变化而来的。[①] 可惜，并没有什么确凿的证据来证实这种说法，而且日本学生服变成中山装的具体过程也仍待进一步考证。更进一步来讲，在目前主流的中国服饰文化研究中，甚至都未曾提及学生服。因此，在本节中笔者将梳理从学生服到中山装的变化过程，一一揭开上述谜团。

孙中山的学生服

在讨论学生服与中山装的关系以前，有必要先简单介绍一下中山装。中山装原本是孙中山爱穿的一种服装，后来被命名为中山装。在目前的服饰文化研究中，有一种说法认为中山装是从学生服变化而来的。确实，我们从遗留下来的孙中山的照片中可以发现，正式的中山装与学生服有许多相似之处。不过，像领口、口袋及纽扣的部分却有很大的差异。中山装的领子并不是学生服那样的立领，而是一种立翻领，十分接近日本陆军军服。另外，中山装的口袋明显比学生服的三只多一只，而且都带有袋盖。还有，中山装的纽扣并不像学生服那样是固定的五粒，而是七粒。不过，根据服饰研究资料《中国服饰百年》的解释，初期中山

① 刘胜利：《中山装的演变探析》，《徐州工程学院学报》2005 年第 6 期，第 48 页；常人春：《老北京的穿戴》，北京燕山出版社，2007，第 39 页；黄士龙编著《中国服饰史略》，第 198 页；袁仄、胡月：《百年衣裳：20 世纪中国服装流变》，第 118 页；周立、李卉君：《论民国学生装的文化特点及其当代价值》，《哈尔滨学院学报》2010 年第 11 期，第 137 页；王作松：《中国“学生装”的历史流变》，《人民教育》2016 年第 9 期，第 20 页。还有一种说法称，中山装是以中国劳动人民所穿的上下两件式劳作服为基础，由裁缝黄隆生参考了东南亚华侨的企领文装之后设计制作而成的。常人春：《老北京的穿戴》，第 39 页；周松芳：《民国衣裳——旧制度与新时尚》，第 13 页。

装的纽扣数量其实并没有固定下来，经常会发生变化。[①] 而且根据袁仄与胡月的说法，中山装在 1930 年代被采纳为男性公务员的制服以前，在普通大众中其实并没有普及。[②] 如此说来，中华民国成立以后的 1910～1930 年代，正好是中山装诞生和变化的时期。

因此，本节聚焦中山装的发明者孙中山，先仔细考察1910～1930 年代他穿着学生服的实际情况，然后再来讨论他穿过的学生服与后来诞生的中山装之间的关系。

前文已经多次介绍日本男学生的制服，也就是学生服，当时不仅被很多留日男学生在留学期间穿过，而且还被中国新式学堂作为学生制服吸收采纳，后来中国很多学生也开始穿起了学生服。到了 1920 年代，在中国男性中间掀起了一股改革传统服饰的潮流，学生服不再仅仅作为学校学生的制服而受到关注，甚至社会上还出现了一些号召将学生服作为中国普通男性的日常服装来穿的声音。一场浩浩荡荡的辛亥革命最终瓦解了清王朝的封建统治，创建了中华民国的孙中山登上了历史舞台，而他与学生服之间的故事也就此拉开了序幕。

《中国服饰百年时尚》指出，1914 年以前孙中山几乎只穿西服，而从那之后到 1920 年代，除了西服，他还曾穿过长袍与学生服。[③] 换句话说，1914 年到 1920 年代，孙中山是穿过学生服的。笔者调查之后发现，很难找到 1914 年以前孙中山穿学生服的照片。在所搜集到的有关孙中山的照片中，能够找到 1914 年

---

① 廖军、许星：《中国服饰百年》，第 86～87 页。

② 袁仄、胡月：《百年衣裳：20 世纪中国服装流变》，第 117～118 页。

③ 杨源主编《中国服饰百年时尚》，远方出版社，2003，第 97 页。

以后孙中山穿学生服的图像，年代最久远的一张是贴在中华革命党党员证上的半身照。由于照片是一张半身像，所以我们无法判断他全身的服装，不过从以下两个特征可以推测出他穿的正是学生服。第一，他所穿的衣服领子是立领，这一点是日本学生服的特征，也是其区别于西服的一个重要特点。第二，衣服胸前的口袋并没有袋盖，这也与日本学生服非常相似。不仅如此，从当时的时代背景来看，孙中山领导的中华革命党这一团体于1914年7月8日在革命人士的流亡地日本东京成立了。因此，笔者认为，当时孙中山穿着日本学生服拍下了半身像的可能性是极大的。后来，在1917年孙中山返回广东时与夫人宋庆龄及其他党员的大合影纪念照中，仍然可以看到孙中山穿着日本学生服的身影（图6－13、图6－14）。除此以外，1918年6月12日的《朝日新闻》刊登了一篇题为《时隔许久再次访日的孙文氏》的文章，还附

图6－13　穿着学生服的孙中山

说明：1917年穿着学生服的孙中山及夫人宋庆龄与其他党员的合影，前排右起第6位是孙中山。

资料来源：《良友·孙中山先生纪念特刊》，1926年11月，第17页。

带了孙中山的一张照片。当时的他穿着浅色的学生服，正和日本友人一起喝茶（图 6－15）。从这些照片可以推测，1920 年代以前，孙中山确实比较频繁地穿学生服。

图 6－14　图 6－13 中间部分放大

图 6－15　时隔许久再次访日的孙中山

资料来源：『朝日新聞』東京版、1918 年 6 月 12 日、朝刊第 5 面。

不过，是否像中国研究资料指出的一样，1920 年以后孙中山就没有再穿过学生服了呢？实际上，这个结论是有误的。笔者经过调查之后发现，即使是在 1920 年代以后，孙中山依旧热衷于穿学生服，这可以从以下三张照片中得知。第一张照片是 1921

年孙中山在广州就任非常大总统时拍摄的，被刊载在日本《朝日新闻》上（图6－16）。照片中，右侧的椅子上坐着夫人宋庆龄，而孙中山站在左侧，所穿衣服的样子与日本学生服并无二致，不过纽扣比日本学生服多一粒，是六粒。从此处可以了解到，这时孙中山所穿的学生服慢慢发生了变化。第二张和第三张是笔者搜集到的拍摄于1923年的两张照片。其中一张是孙中山在黄埔军官学校与夫人宋庆龄一同参加广东军人慰劳会时拍摄的照片（图6－17）。另一张则是冬季时分孙中山在岭南大学演讲之后拍摄的（图6－18）。在图6－17中，孙中山身穿一件浅色的学生服，左手拿着帽子，右手握着手杖。在图6－18中，他穿着几乎是同样款式的衣服，不过很显然衣服的颜色不是浅色而是深色，这倒是与说明中记载的拍摄时间为冬季十分吻合。图6－17中虽然没有明确记载拍摄的季节，但是从孙中山所穿学生服是浅色的，而且夫人宋庆龄随身带着一把遮阳伞来判断，这张照片大概拍摄于1923

图6－16　孙中山与夫人宋庆龄

资料来源：「一九二一年広東大統領に就任する直前の写真」『朝日新聞』東京版、1921年5月6日、夕刊第1面。

图 6－17　穿着浅色学生服的孙中山

资料来源：《良友·孙中山先生纪念特刊》，1926 年 11 月，第 22 页。

图 6－18　穿着深色学生服的孙中山

资料来源：《良友·孙中山先生纪念特刊》，1926 年 11 月，第 23 页。

年的夏季。如果笔者的推断没错的话，孙中山在穿学生服的时候，也遵循了日本学生服文化中“夏季穿浅色，冬季穿深色”的原则。除了以上三张照片，还有一些 1920 年代以后孙中山穿着学生服的照片，不过总的来说以穿浅色学生服居多。

不幸的是，孙中山因病于1925年3月12日离开人世。虽然笔者在孙中山生前的资料中未找到能明确说明他与学生服关系的一手资料，不过在他去世后的资料中却发现了一条重要线索。在孙中山因病去世后，为了纪念他的一生，《良友》画报于第二年的11月特别推出了孙中山纪念号，其中就刊登了一张非常珍贵的照片（图6－19）。虽说拍摄时间并不明确，但是在这张照片中，孙中山穿着浅色的学生服，两手分别拿着帽子与手杖。照片旁的文字赫然写着：“先生喜服学生服，今人咸称为中山装。”刊登这张照片的《良友》画报诞生于上海，在当时中国是一份有着广泛而深远影响的大型综合杂志。特别是对于研究近代中国服饰文化的学者来说，这是一份有着很高学术价值的资料。如果上述照片旁记载的文字信息具有一定可信度的话，那么这就是证

图6－19　穿着学生服的孙中山

资料来源：《良友·孙中山先生纪念特刊》，1926年11月，第16页。

明中山装由学生服变化而来最有力的一个证据。至少，站在现在这个时间点看，这是一个最关键、最直接的信息。

至此为止，笔者对搜集到的孙中山照片进行了详细的整理与分析，并论述了孙中山与学生服之间的关系。接下来，笔者将进一步考察《申报》刊载的新闻报道中有关中山装的一些信息。

《申报》中有关中山装的各种记述

1926年5月5日，《申报》刊载了一篇题为《三友实业社职员改装》的报道，部分内容如下：

> 前日上午七时，本埠三友实业社总发行所及总厂职员，就西门方斜路公共体育场，举行改装后摄影纪念。闻该社总理沈君九成以旧服制与国民性之不振作，乃发挥创造精神，于四月前在该公司经理室会议时，决定本年夏历三月十五日为全体改装之最后期限。其服制分甲乙两种，甲为中山装，即学生装；乙为世界装。一面在总厂加工制造自由呢，以便提倡国货同人制备中山装之用，并多多织造，以备各校学生定制学生装，及学生装需要之材料。①

从这段文字来看，1926年5月三友实业社的员工们脱下了传统的长袍，穿上新的服装，这是一个走在服饰前沿进行改装的具体事例。而他们改制的服装主要分为甲、乙两种。可以看到原

① 《三友实业社职员改装》，《申报》1926年5月5日，第21版。

文中明确记载：“甲为中山装，即学生装；乙为世界装。”从这里笔者获得了一条重要的线索，那就是三友实业社所提倡的两种服装之中，有一种叫作中山装，而中山装和学生服就是同一种衣服。说到这里，不禁产生疑问：能这么绝对地刊登出这个信息的三友实业社究竟是一家什么样的公司呢？为了解开这个谜团，笔者在《申报》中查了一些与之相关的信息，发现它原来是一家生产服装布料以及制作成衣，甚至还兼有销售业务的服装公司。也就是说，当时的服装公司断定中山装和学生服是同一种衣服。这说明，他们所提供的信息应该是具有一定可信度的。而从这篇报道的照片（图 6－20）来看，改装后的职员的确穿着两种服装。一种很显然是西服，也就是原文所说的“世界装”；而另一种，从外形上看（图 6－20 中前面第二排左数第三位男士所穿的衣服），与学生服几乎如出一辙，大概在当时也被叫作中山装。从这里可以得知，到了 1920 年代中期，中山装与学生服几乎还是等同的，从外形上看也并没有太大的区别。

图 6－20　改装后的三友实业社社员

资料来源：《三友实业社职员改装》，《申报》1926 年 5 月 5 日，第 21 版。

进一步来讲，在这个时间点，由于是孙中山先生所喜爱的服饰，“中山装”这个名字已经诞生了，但是在知名度上比学生服还是略逊一筹。或许是因为这样，在前文中，三友实业社在介绍中山装的时候，补充了一句“即学生装”。这很有可能就是借学生服之名来解释说明中山装究竟是何种衣服。为何《申报》会刊登三友实业社职员改装的报道呢？其中的理由倒是不难推测，即以制作销售成衣为主的服装公司在窥探到中国亟须改良男性服饰的社会风潮以后，刻意率先让自己公司的员工换上新装来吸引大众的目光。其最终目的自然是以扩大自己公司产品的影响力来提高销售额。另外，报道的后半部分也记述了为响应“支持国货”的号召，三友实业社制造的“自由呢”（被命名为“自由”的一种呢子布料）被特意用来制作中山装及各个学校的学生服。从此处可以了解到，当时的中山装和学生服不仅从外形设计上十分相似，就连使用的布料也是同一种类型。

除此以外，我们还能通过《申报》上的另一篇文章来解读中山装与学生服的关系。1926 年 6 月 10 日，《申报》刊登了一篇介绍夏季服装面料大会的报道。其中一部分内容记载的是“近发明夏布中山装一种，轻便价廉，极合学界夏季之用，盖因夏布纯为国产，取名中山，又表示崇拜中山之意，故日来各大学校学生往购或定制者，颇不乏人……”[①] 很显然，厂家为了迎合学界的需求，特别开发了这种适合夏天穿着使用的布料以供学生采购。商家还刻意为新布料取名中山布，以此来提高销售额。而当

① 《夏布大会之昨讯》，《申报》1926 年 6 月 10 日，第 19 版。

时的学生的确被这种叫作中山布的新布料所吸引，成为此布料的主要消费人群。综合这些信息后笔者推断，当时学生所穿着的服装虽然在款式上与日本学生服一样，但由于是用这种中山布制作而成的，因此被叫作中山装的可能性也是存在的。

1928 年 7 月，《申报》上还出现了一则简短的报道，称：“今日九时半，蒋学生装到北大对各界代表讲演，听众千余……”[①] 这则新闻虽然简短，但是其中的描述不得不说耐人寻味。蒋介石到北京大学演讲的时间是 1928 年，也就是孙中山先生离世后两年多的时候，当时全中国依旧沉浸在孙中山先生离世的悲痛之中，各地仍在缅怀孙中山先生。孙中山先生的后继人、重新领导国民党的蒋介石若是穿中山装来表达对孙中山先生的尊敬与缅怀，不是更加合乎情理吗？然而，报道中记载蒋介石穿着“学生装”。之所以被写成学生服，笔者推测理由有以下两点：第一，1928 年，虽说中山装这个名称已经诞生了，但是在知名度上还未及学生服，因此在面向广大老百姓介绍时，记者依旧选择了广为人知且与中山装几乎毫无差别的“学生装”一词。第二个理由就更加简单了，那就是对当时的普通老百姓来说，中山装与学生服原本就非常相似，根本没有太大的差别。简而言之，包括写这则报道的记者在内，很有可能在当时的人们看来中山装和学生服原本就是一回事。

然而，随着时代的变迁，中山装与学生服之间的关系慢慢发生了变化。1928 年 4 月 11 日，《申报》刊登了一则有趣的广告。发布广告的商家为上海北四川路虬江路上的一家国民服装公司。

① 《蒋昨续在北大演讲》，《申报》1928 年 7 月 19 日，第 8 版。

广告中写道："我们处于青天白日之下，都依照蒋氏的话，提倡国货，改良服装为先要，军政学各界，尤宜倡布的中山装或学生装为先导。"[①] 广告中特别指出，军界、政界以及学界的人士需要尽快换上中山装或学生服。关于其中的理由，广告后面解释称，因为西服是从西方国家传过来的衣服，从布料到制作几乎全都需要用到西方国家的东西。与此相反，无论是中山装还是学生服都可以使用中国制造的布料。因此，若想通过改装来支持国货的话，就只能选择中山装或学生服。从此处看，当时的商家在刻意让中山装或学生服中国本土化。换言之，他们认为由于中山装和学生服都能用国产的布料来制作，因此它们都可以被认为是中国的服装。另外，商家极力向军界、政界及学界人士推荐中山装和学生服，其中，这二者是并列的关系，由此可见，到了这个时候，中山装和学生服虽说同属区别于长袍马褂与西服的新式服装，但是二者之间已经或多或少出现了一些差异。

从上面这些新闻报道中可以看出，孙中山去世以后，至少从1925年到1928年，在中国影响越来越广泛的学生服与新诞生的中山装是十分相似的，甚至有时二者会被看作同一种服装。另外，中山装在发展成为像长袍马褂和西服那样独立的服装以前，在一定时期内常常与学生服混为一谈，这也是事实。最初为了区别学生与普通社会人士的身份而被各个学校所采纳制定的学生服，后来居然逐渐被军界、政治界的男性所青睐。可以想象，在这个过程中，学生服的外观和设计也逐渐发生变化，最终发展成

---

① 《蒋总司令命令》（广告），《申报》1928年4月11日，第17版。

与政治相关的、中国男性所热衷的中山装。

最后，笔者考察一下中山装从与学生服的混淆中脱离出来，并发展成为一种独立服装的背景。前文已经提及，1925 年 3 月 12 日，中华民国创立者孙中山因病离世。在那之后，无论是在中国还是在海外华侨居住地，都相继举办了各种纪念孙中山的追悼会和纪念会。这不仅发生在政界，后来还影响到了社会各界。前面提到过的一篇报道《夏布大会之昨讯》中所记载的当时将新发明的夏季布料特意取名为中山布就是一个绝好的例子。另外，1927 年 4 月 1 日，《申报》“自由谈”栏目刊登了一篇题为《中山世界》的评论，其中记载：“中山帽，中山装，中山大学，中山丛书，中山表，中山留声唱机，中山橄榄，中山影戏院，中山笺，中山纪念磁章。”[①] 说的就是当时为了纪念孙中山先生，从帽子衣服等服饰用品到大学、书籍等教育文化相关的事物，再到手表、留声机、唱片机，甚至是戏院、信笺等，与老百姓日常生活息息相关的地方及物品无一例外都被冠上了“中山”之名。字里行间能感受到作者天伦对盲目冠名现象的讽刺。不过，从另一个角度来看，孙中山先生已经去世一两年，社会上尊敬缅怀他的风潮却愈演愈烈，甚至演变成一种流行文化。

在如此众多的商品之中，不得不说中山装是最成功的一个。在当时的各大报刊中，可以看到各种各样以宣传销售中山装为目的的事例。举个例子，1928 年 4 月 5 日一则题为《春日旅行》的广告中列举了春季旅行需要的大量用品，“还有中山装，尤为

① 天伦：《中山世界》，《申报》1927 年 4 月 1 日，第 16 版。

不可少的衣着，现在正是布衣主义盛行的时代，穿了中山装，既可以表示崇敬孙总理，又可发扬革命的真精神”。[①] 在此可以看出，此广告在介绍春季旅行物品时，极力推荐中山装。其理由则是：在崇尚布衣主义（推崇简单朴素的服饰）的时代，穿中山装既能表达对孙中山先生的敬意，同时还能发扬革命精神。不过，中山装之所以能成为男性的日常服饰，比起商业方面的影响，更重要的还是政治方面的原因。关于这一点，早已有人研究指出，中山装在1930年代才开始真正普及。1936年，随着《修正服制条例草案》的颁布，中山装被明确为公务员制服，这才正式确立了中山装的地位，让其成为政治相关人士及公务员的服装。[②]

* * *

本章主要考察了从日本学生服到中山装的整个变迁过程。具体来说，就是接着第五章中国男留学生非常喜爱日本学生服的内容，详细地分析了它传入中国的具体过程。然后，探讨了日本学生服是如何被当时的中国人接受，以及日本学生服与中山装之间的关系等重要论题。最终得出了以下结论。

第一，笔者对以往的研究中十分模糊的结论进行了整理分

---

① 《春日旅行》（广告），《申报》1928年4月5日，第1版。

② 1929年4月16日，第22次国务会议议决颁布《文官制服礼服条例》，由此中山装作为国家公务员的服装，其地位得到了正式确立。然而，由于当时中国的政局还处于一种不稳定的状态，这个条例并未真正实施。直到1936年，随着《修正服制条例草案》的颁布，中山装才被逐渐推广开来。袁仄、胡月：《百年衣裳：20世纪中国服装流变》，第117～118页。

析，使之变得明确，证实了当时中国人口中的“学生装”其实就是“日本学生服”。学生装尤其跟日本旧制高中及中学的学生服相似，清末民初中国学生的制服应该源自日本学生服。

第二，笔者对学生服传入中国的具体过程以及其产生的影响进行了分析和考察。至于日本学生服传入中国的原因，一方面，不能否认当时属于社会精英阶层的留日男学生的影响，另一方面笔者发现，与中国教育界有着密切的联系。当时中国教育界积极地吸收、模仿日本的近代教育制度和体系，而日本学生服作为教育制度的一个代表被吸收引进清末民初的新式学校。到了1920年代，社会上开始出现提倡改革男性服饰的风潮。那时，学生服由于具备良好的实用性和实惠的经济价值，吸引了部分中国人的目光，被认为是一种优于西服的服装。如此一来，除了教育界，社会上甚至还出现了一种呼吁其他男性也抛弃传统长袍，改穿学生服的声音。实际上，确有部分中国普通男性穿过学生服。

第三，通过对新闻报刊中的报道以及大量老照片的分析，笔者试图解开以往研究中未能解开的中山装与学生服的关系之谜。首先，笔者确认了从1914年到1923年（孙中山先生去世的前两年），孙中山先生会根据季节的不同，经常在各种公共场合穿着学生服。然后，从前面的论述中也可以得知，中山装在成为像长袍马褂和西服这种独立的服装以前，在一定时期内与学生服几乎是混为一谈的。不过，在孙中山先生离世之后，为了纪念他以及宣扬革命精神，出现了一些试图将中山装与学生服分离的现象。最后，由于商业以及政治方面的因素，学生服逐渐发生变化，而作为一种新型学生服的中山装就在这个过程中诞生了。

第三篇
中日服饰文化的相互影响：女性篇

第七章　中国女学生服饰文化中的日本影响

一方面，清末民初，具体来说是1900～1920年代，中国突然出现了女学生穿着日本人的和服或者和服女裤来模仿当时日本女学生的情形。也就是说，在清末民初的女学生之中出现了模仿日本人服饰习俗的现象。当然，之所以会出现这种现象，不难想象，是因为甲午战争以后，中国将日本的女子教育当作范本想要努力去学习模仿。可是，这种现象究竟是如何出现的？出现的整个过程又如何？对中国女性的服饰产生了怎样的影响？关于这些问题依然存在很多模糊的地方。另一方面，1920年代，中国出现了一种叫作“文明新装”的服装，简单来说，就是高领上衣配上黑色裙子，非常朴素简单的搭配，一时间这种新装在其他年轻女性之中变得十分流行。在目前的研究中，大都认为“文明新装”是受到日本女性服饰影响而产生的一种服装；[1] 甚至还有人

① 有关“文明新装”的起源，在以往的研究中一般认为是受日本的影响。但是，也有不同的观点。比如，陈高华、徐吉军认为这是受到了西洋服饰的影响，廖军、许星则指出受到外国女性服饰的影响，可是究竟是受到哪国服饰的影响却没有指明。这一类研究的叙述有一个共性：没有明确提供支持自己观点的证据。陈高华、徐吉军主编《中国服饰通史》，第520页；廖军、许星：《中国服饰百年》，第94页。

认为“文明新装”是从日本传入的。[1] 可惜，这些言论大都是三言两语一笔带过，让人不禁产生一些疑问：“文明新装”究竟是一种怎样的服装？它又是如何在中国诞生的？

因此，在本章中，笔者首先将中国女学生划分为两派，一派是去日本留学的女学生，另一派则是中国国内的女学生，分别来探讨日本服饰文化对清末民初女学生群体的整体影响。与此同时，笔者还将通过分析这两派女学生的服饰，阐明以“文明新装”来推崇朴素思想的背景以及整个演变过程。

第一节　女留学生的服饰变化

留学背景

甲午战争的惨败让清政府认识到了自我改革的重要性，于是开始向邻国日本源源不断地派遣留学生，希望通过人才交流来学习模仿明治维新后国力大增的日本，探索出一条实现近代化的道路。1896 年，13 名留学生被派遣到日本，这是近代中国人赴日留学的开端。随着清末赴日留学生越来越多，他们的性别也不再局限于男性。不过，最初，大多数女留学生是跟随父母、兄长或者是作为丈夫留学时的伴读而东渡日本的。

当然，女留学生们在日本度过的时间并不一样，各种各样的情况都有。一般认为，中国女留学生赴日留学大约是在 1900 年

① 袁仄、胡月：《百年衣裳：20 世纪中国服装流变》，第 101 页；李楠：《文明新装的衣裳制度与设计思想》，《服饰导刊》2013 年第 1 期，第 68 页。

代，比男留学生要稍晚一些。比如，有人认为 1900 年在东京就已经出现了来自中国的女留学生，[①] 还有人认为最早的中国女留学生是 1899 年赴日的夏循兰。[②] 学者周一川指出，1872 年跟随传教士养父去日本的金雅妹是最早的中国留日女学生。当然，这应该算是一个特例。

这个时期，日本已经出现很多女子学校。东渡日本后的中国女学生们自然是进入不同的女子学校学习。根据周一川的研究成果，1910 年代以前赴日留学的女学生们大都集中在了下田歌子女士出任校长的实践女学校，[③] 而 1910 年代以后，接受中国女留学生的女子学校逐渐变得多样。具体来说，属于日本文部省直接管辖的官立学校东京女子高等师范学校（现御茶水女子大学）、奈良女子高等师范学校（现奈良女子大学）、东京蚕业讲习所（现东京农工大学）便是其中的代表。[④] 私立大学的话，女子美术学校（现女子美术大学）、东京女子医学专门学校（现东京女子医科大学）、日本女子大学校（现日本女子大学）等成为接收中国女留学生的主要教育机构。

在梳理和归纳清末民初中国留日女学生的服饰情况之前，我们首先来考察一下日本各女子学校的服饰制度及相关的文化。

---

① 石井洋子「辛亥革命期の留日女子学生」『史論』第 36 号、1983 年、32 頁。

② 周一川：《近代中国女性日本留学史（1872～1945 年）》，社会科学文献出版社，2007，第 12～13 页。

③ 周一川：《近代中国女性日本留学史（1872～1945 年）》，第 43、90 页。

④ 周一川：《近代中国女性日本留学史（1872～1945 年）》，第 133 页。

女子学校里诞生的“朴素”风的服饰文化

正如前面所述，当时日本社会一直鼓励女学生穿戴朴素的服饰，那么在这样的社会背景下，各女子学校又是如何规定学生服饰的呢？

1910年代以前，能接收清末女留学生的学校实在是有限，其中，发挥了主要作用的是实践女学校。[①] 有关实践女学校的制服，我们可以参考1915年由实业之日本社出版的杂志《少女之友》中的一篇文章，其标题为《实践女学校的制服》。文章指出，实践女学校于1900年制定了女学生的服饰制度，并立即开始实施。关于当时女学生的制服，具体有以下描述：“上面是古代童女所穿的衣服，根据汗衫、袙、细长[②]等服装的形态设计而成。领口有点像大衣”，“服装的材质是棉布的，淡土黄色的布料上缝制了黑色的箭形图案”（图7－1）。[③] 这样的制服据说是由校长下田歌子女士多方考量后设计出来的，而且还是学生入学时专门利用裁缝课的时间自己手工制作出来的。

实践女学校在明确规定学生制服以后，于1904年首先迎来了来自中国湖南省的20名官费女留学生。她们从年龄来看跨度十分大，下到14岁的少女，上到53岁的中年女性同时存在。而

① 周一川：《近代中国女性日本留学史（1872～1945年）》，第37～45页。

② 汗衫是平安时代以后，在宫中侍奉的童女所穿的一种正式服装（外衣）。袙是女童所穿的一种上衣，比袿（平安时代贵妇人穿在外衣里面的衣服）的裙裾更短一些。细长是平安时代公家幼儿和年轻女性的一种盛装。

③ 「実践女学校の制服」『少女の友』第8巻第14号、1915年、65頁。

图 7－1　实践女学校的制服

资料来源：「実践女学校の制服」『少女の友』第 8 巻第 14 号、1915 年、65 頁。

且女留学生之间的关系也是错综复杂，有的是亲姐妹，有的是姑侄。[1] 像这样年龄跨度大，且人际关系复杂的留学团，起初让日本的教师们大为震惊。由于实践女学校才刚刚开始接收女留学生，一方面缺乏经验，另一方面准备也不够充分，出现了各种波折。为何如此说呢？是因为日本教师还从未见过一群穿戴中国传统服饰，并且拖着一双与身体非常不协调的小脚的女学生。突然

① 実践女子学園一〇〇年史編纂委員会編『実践女子学園一〇〇年史』実践女子学園、2001、123 頁。

有些不知所措的日本教师“比起一一询问她们的姓名等个人信息，眼下更重要的是确认好她们各自的年龄，去寻找适合她们年龄的和服，然后准备好她们以后穿的校服，也就是和服女裤以及和服内衣等。最后，暂时将她们安置在了某个中国人的大宅里”（图7－2）。[①] 学校首先教给女留学生的不是别的，而是和服的穿法、束发的技巧、就餐的规矩等生活常识。然而，由于只给她们安排了两名日本教师，女留学生们经常“要么交叉的领口弄反了，要么穿着穿着又变成了中国风的服装”。

图7－2　下田歌子与中国女留学生

说明：实践女学校中国留学生分教场，拍摄于东京赤坂木桧町，前排中间坐的是校长下田歌子，其左右两侧分别为舍监坂寄美都子和副校长青木文藏。

资料来源：『婦人画報』第1巻第7号、1905年12月1日、插絵写真。

鉴于最初的各种波折，第二年，实践女学校在《东方杂志》的“教育”栏目刊登了一篇针对清末女留学生的校规。其中，

① 『実践女子学園一〇〇年史』、98－103頁。

《日本实践女学校附属中国女子留学生师范工艺速成科规则》第十二条记载："生徒有近于奢侈之衣服装饰等概不许用。受课之时皆须着用学服。"[1] 这条明确地规定了禁止女留学生穿戴华丽奢侈的服饰，并且强调了上学时必须穿着学校规定的制服。除此以外，在其附言《游学女子须知》（全十条）中又补充了有关服装的规定，"皆须穿布以青蓝二色为限。凡华丽艳色之服及绸缎奢侈之饰皆宜屏绝"，以及饰品方面的规定，"不宜用钗环镯钏之类"。[2] 不难看出，这些规定严格限制了女留学生在服装及饰品方面的自由，特别是禁止她们使用奢华的衣物。当时的留日女学生大都是出身于中流以上阶层、富裕家庭的千金小姐。这一点可以从《东方杂志》刊登的《游学女子须知》中得知，文中明确指出禁止女学生带随从丫鬟到日本留学，即使已经带到上海也必须立即将其遣回家中。不仅如此，实际上当时有不少女留学生都带着用上好的绸缎制作、上面有着华丽的刺绣、色彩艳丽而华美的服饰到达日本（图7-3）。然而，她们千里迢迢从家乡带来的服饰却被日本的女学校明令禁止在上学期间穿戴，她们能穿的只有和日本女学生一样用蓝色或藏青色的普通布料做成的制服。不过，笔者发现了很有趣的一点：当初，实践女学校规定制服应用蓝色和藏青色，这两种非常朴素的颜色到后来居然在清末民初中国女学生之中最流行。

---

① 《日本实践女学校附属中国女子留学生师范工艺速成科规则》，《东方杂志》第2卷第6期，1905年6月25日，第151页。

② 《日本实践女学校附属中国女子留学生师范工艺速成科规则》，《东方杂志》第2卷第6期，1905年6月25日，第156页。

图 7－3　清朝的贵族女性（左）和中层社会女性（右）

说明：左侧照片中的女性为某亲王妃，右侧照片中的女性则为湖南中层社会的妇人。

资料来源：『支那雑観』東洋婦人会、1924；胡铭、秦青主编《民国社会风情图录　服饰卷》，第 12 页。

1910 年，中国重新调整和制定了女子留学生规定，明确指出将官费学生的派遣范围扩大到东京女子高等师范学校、奈良女子高等师范学校以及东京蚕业讲习所这三所女子学校。[①] 从那以后，清末女留学生逐渐集中在上述三所女子学校。

那么，1910 年代以后，女留学生的服饰又发生了怎样的变化呢？接下来，就分别来看看东京女子高等师范学校和奈良女子高等师范学校这两所集中了不少中国女留学生的学校有关学生制服方面的规定。东京女子高等师范学校最初开始接收女留学生是

① 周一川：《近代中国女性日本留学史（1872～1945 年）》，第 43、90 页。

在 1909 年，奈良女子高等师范学校则是在 1910 年。①

根据笔者的调查，1912～1919 年，东京女子高等师范学校的《服装规定》中有如下内容：

> 学生的服装应以风格朴素为主，无论颜色还是条纹花样等均以简朴为宜。
>
> 有关常服的规定如下：
>
> 衣服应选用棉织品、麻、毛织品之类；
>
> 不过，外出之时选用丝绸织物、粗丝的丝织物类尚可；
>
> 和服女裤选用素色的、开司米类的为宜；
>
> 和服带子宜选用平纹细布，最好是绸缎之下的普通布料。②

由此可见，东京女子高等师范学校对学生的服装从材质到颜色、花纹、图案等，再到和服女裤以及和服带子等方面，事无巨细地做出了规定。虽说其中并没有对服装式样的说明，但是从对和服女裤及和服带子的规定来看，日本女子学校应该已经将和服女裤指定为女学生的基本服装，也就是制服了。当然，上面的服饰规定之中，最引人注目的一点是强调了女学生装扮必须符合"朴素"的风格。虽说上文中并没有特别指出清末女留学生的服饰应当如何，但是后面《外国人特别入学规定细则》第八条规定："本校各规则与本细则并不冲突，完全适用于旁听生（女留

① 周一川：《近代中国女性日本留学史（1872～1945 年）》，第 130 页。

② 笔者在调查了 1892～1919 年的《东京女子高等师范学校一览》后，明确了中国女留学生在校的时间。不过，1918 年的资料没有找到。

学生）。”[①] 由此可以得知，女留学生和日本女学生一样，都必须遵守上述服饰规定。

笔者查阅的1915～1919年[②]《奈良女子高等师范学校一览》中有关服饰的记载如下：

> 第五一三条　服装整体上应以朴素为主；和服女裤的标准颜色为蓝色和紫色，新定制和服时应遵照此规定。
>
> 第五一四条　除上课时间外，在学校内必须穿着和服女裤。和服女裤应选用绸子或平纹薄毛呢类，同时需要使用和服带子。
>
> 第五一五条　各种节假日以及毕业典礼时应穿着和服礼服。[③]

从这段文字可以看出，奈良女子高等师范学校几乎与东京女子高等师范学校一样，在女学生的服饰风格方面提出了“朴素”的要求，其中还特别规定和服女裤的标准颜色为蓝色和紫色。并且，奈良女子高等师范学校严格规定学生在校期间必须穿着和服女裤。上述文字中并没有特别针对清末女留学生的说明，我们推测，与东京女子高等师范学校一样，即使是女留学生也必须和日本女学生一样遵守日本女子学校的规定。另外，虽然两所学校没

---

① 『東京女子高等師範学校一覧　明治四二—四四年』1912、112頁。

② 笔者分析了1912～1919年的《奈良女子高等师范学校一览》，将中国女留学生学习的时段归纳了出来。

③ 『奈良女子高等師範学校一覧』。

有对女学生的发型做出规定，但笔者通过查看当时女子学校的多张老照片发现，“束发”[1] 已经成为女学生最常见的发型。

清末女留学生来到日本时，日本女子学校里正盛行穿和服女裤。而且，上文已经介绍过，在女留学生主要集中的实践女学校、东京女子高等师范学校以及奈良女子高等师范学校，和服女裤已经被指定为学校制服。因此，可以推断，和服女裤应该是清末女留学生主要穿着的服装。

通过对女留学生相对集中的实践女学校、东京女子高等师范学校以及奈良女子高等师范学校三所女子学校进行考察与分析，发现它们有以下两个共同点。

第一，和服女裤配上束发已经成为日本女子学校学生的标准搭配。不过，和服女裤是不同于普通和服的，那么它究竟是如何诞生的呢？关于这点，我们可以参考《明治事物起原》（1908）中的内容。书中指出和服女裤最早见于 1872 年某杂志的介绍，并且还配有插图。同一年，出现了学习西洋知识的女学生们穿着和服女裤的现象。等到了 1900 年，行灯裤大为流行，就这样到了 1908 年，和服女裤已经广泛流行了起来。[2] 根据研究明治到昭和初期女子学校制服文化的学者难波知子的成果，甲午战争以后，在身体国民化以及女性服饰改良的社会背景下，1900 年代

---

① “束发”是明治时期传入日本的西式发髻的统称，是一个与日本传统发型“日本髻”相对的概念。束发多种多样，还发展出一些日洋融合的种类。总体来说，束发和日本髻很大的不同是：前者能让女性自我进行梳理，且省时省力；而后者由于编法复杂，难度很大，一般需要借他人（盘发师或女佣）之力才能梳理。

② 石井研堂『明治事物起原』橋南堂、1908、286－287 頁。

全国的女学生都开始穿和服女袴，逐渐地，和服女袴就成了女学生的代表性服装。[①] 因此，不难推测，当时渡日的女留学生也和日本女学生一样遵守女子学校的规定，平常穿着和服女袴，头上梳着束发（图7-4）。

图7-4　日本女学生风俗

资料来源：『婦人画報』第2卷第17号、1905年12月1日、插絵写真。

第二，有关女学生的服饰，各女子学校都在强调，要求一定要符合“朴素”的风格。虽说各女子学校的服饰规定呈现出了一些差异，但是关于“朴素”的要求却是共通的。至于其中的原因，我们可以继续借鉴难波的研究成果：一方面，1900年代，由于日本女学生中出现了服饰太过奢华且相互之间盲目攀比的诸多问题，各女子学校不约而同地制定出了女学生服饰方面的规定。[②] 另一方面，由于甲午战争以及日俄战争大量消耗资源，战

① 難波知子『近代日本学校制服図録』、235頁。

② 『婦人画報』第2卷第17号、1905年12月1日、121頁。

后的日本社会掀起了一股追求“朴素”的浪潮，同时，当时十分盛行的贤妻良母教育观点也不提倡女性穿戴过分华丽的服饰。在这样的背景下，各女子学校开始重点要求学生必须遵守穿戴“朴素”服饰的规定。甚至还有学校专门派人对女学生的服饰进行严格的监督检查，而且具体规定了和服以及女裤的材质、女裤的颜色、和服袖子的长度、女裤徽章的位置等细节。[①]

1903年博文馆出版的《女学生训》中有一段这样的记载：

> 像女学生，是最应该保持朴素大方风格的。没有穿着昂贵的丝绸织物的人，反倒看起来更加高雅。然而，很多人仅仅去学校时才保持朴素，一旦回到家里就肆无忌惮地穿起了华衣美服，甚至还有人变本加厉。[②]

该书提倡女学生一定要保持服饰朴素，并且严厉地警告了那些在学校与家中行为不一致的女学生。

如此一来，穿着朴素的和服及女裤的女学生形象在社会中越发鲜明。当然，这样的氛围对清末留日女学生也产生了很大的影响。即使是家境富裕的中上层社会的千金小姐，进入日本的女子学校以后，也不得不遵守学校的规定换上朴素的服饰。由于追求服饰的华美以及强调装饰性功能的传统审美观完全不符合日本学

① 難波知子「近代日本における女子学校制服の成立・普及に関する考察—教育制度・着用者・制服製作に注目して」『人間文化論叢』第9号、2006年、46-47頁。

② 大町桂月『女学生訓』博文館、1903、18-19頁。

校的服饰规定，女留学生不得不从思想上做出一些改变。在这样的环境影响下，女留学生们也逐渐接受了朴素的和服女裤以及简单束发这种典型的日本女学生装扮。

留日期间女留学生的服饰情况

接下来，我们将目光转向在日本留学期间女学生们真实生活中的服饰情况这个话题。

在笔者搜集到的资料中，中国留日女学生服饰方面最古老的资料是1902年7月1日刊登在《朝日新闻》上的一篇文章。内容关于面向清末留学生召开的一场沙龙，其中有一段对女留学生们的描述：“四五名女学生下面穿着一条褐红色的女裤，上面穿着单层和服，盘起来的头发上插着一根花簪，那模样看上去跟我们日本女学生几乎没有区别。可怜的是，那一双双被缠过的小脚走起路来十分困难，也正因此我们才能推测出原来她们是中国来的留学生。”从这段资料中我们获得了一个很重要的信息，那就是女留学生们的服装以及发型已经完全变成日式的了。而且，她们所穿的服装是当时日本女学生之间最流行的褐红色的女裤配上单层和服，与中国女性的传统服饰相比，这种服饰可以说是十分朴素。另外，她们的发型也发生了改变，不再是中国的传统发型，而是当时日本女学生们都很喜爱的束发。

前文已经提到过，日本女子学校在女学生的着装方面大力推崇“朴素”风格，来到日本留学的清末女学生们自然也无法逃避学校服饰规定的约束。出乎意料的是，她们似乎不像留日男学生那样过分抗拒，而是自然而然地接受了日本女子学校的制服文化。

不过，她们在刚刚抵达日本的时候又是一副怎样的打扮呢？我们可以先来看一下 1904 年 10 月 10 日刊登在《朝日新闻》上一则标题为《清朝女学生到来了》的新闻。[①] 该新闻特意提到了一名叫作“林复”的女性，并介绍她“今年 20 岁”，“就像她穿着的洋装一样，性格也是最活泼的”。由此处可以确定的是，最初到达日本的留日女学生中有人是穿着洋装来的。与此同时，也可以推测出，当时穿着洋装在留日女学生之中还是一件比较稀奇的事情。接下来，通过实践女学校的事例，来考察一下最初阶段留日女学生们真实的服饰状况。

先来看看实践女学校的毕业生中有名的女革命家秋瑾。曾教过秋瑾日语的教育家松本龟次郎回忆对学生时期秋瑾的印象时说道：“她是一位皮肤白皙、眼角细长、身材纤瘦的女性。上身总穿一件黑色竖条纹的单层和服，下面再套一条当时很流行的紫色女裤，头发梳成日式的束发，一双裹着的小脚莲步蹒跚，几乎从未缺席，每天都按时来学校上课。”[②] 从秋瑾的衣着我们可以窥探到清末留日女学生们日常服饰的一个侧面。黑色竖条纹的单层和服下面配一条紫色女裤，这种装扮十分朴素，而且选择的颜色也可以说是十分素雅。除此以外，就连发型也是完全梳成了日式的束发。

另外，笔者找到了一张实践女学校留日女学生们的毕业照片（图 7－5），照片中除了两人穿着西式连衣裙以外，其他 8 名女

---

① 「清国女学生来る」『朝日新聞』東京版、1904 年 10 月 10 日、朝刊第 4 面。
② 松本亀次郎『中華五十日游記』東亜書房、1931、28 頁。

留学生均和普通日本女学生一样穿着女裤，梳着束发。其刊登在《妇人画报》上，由于照片是黑白的，所以女留学生们衣服的真实颜色较难判断，不过可以确定的是，几乎所有穿日式衣服的女留学生选择的花纹均为竖条纹或者小纹，而这些花纹毫无疑问都是非常简单朴素的。

图 7－5　穿着女裤、束着发的清朝女留学生

资料来源：「卒業の支那留学生」『婦人画報』第 9 号、1908 年 3 月 1 日。

接下来，我们可以再看一下陈彦安。1916 年 6 月 22 日的《朝日新闻》上刊载了一篇题为《新任中国公使夫人》的报道。笔者在翻阅了《实践女学校百年史》之后了解到，这位新任中国公使夫人陈彦安曾于 1902～1904 年在实践女学校留学。[①] 在那个女留学生还比较稀少的年代，“（陈彦安）成绩优异，性格温和。外观上她与日本女性几乎毫无差别。无论是就餐习惯还是服

① 『実践女子学園一〇〇年史』、16、120 頁。

饰装扮以及其他的一切她都热衷于日式的，而且她的日语也说得非常流利”。[①] 当时，《新任中国公使夫人》这篇报道还特意添加了一个副标题，为“完全日式的中国妇人”。包含服饰生活在内的留日经验对当时的女留学生究竟产生了多大的影响，我们从此处便可以窥探到。

除了实践女学校，其他女子学校的女留学生的服饰又如何呢？首先，介绍一下著名女留学生何香凝。何香凝于 1906 年 4 月进入日本女子大学校学习，1909 年 4 月因病退学。生下长子廖承志以后又进入了女子美术学校，直到 1911 年 3 月毕业为止，她一直就读于日本画专业高等科。[②] 也就是说，何香凝从 1903 年初次抵达日本到 1911 年归国为止，在日本生活了 8 年。虽说在她撰写的资料中并未找到有关留学期间服饰方面的描述，但是笔者仍然可以从现存的旧照片了解当年的情况。比如说，1909 年何香凝在生下长子后，和丈夫以及长女 4 人在东京某照相馆里拍过一张全家福。照片中，丈夫廖仲恺以及两个孩子都是穿着洋装，只有何香凝一人穿着黑色的简单朴素的和服，头上梳着日式束发，坐在椅子上。照片中的她看上去已经习惯了穿和服，而她穿的和服也十分适合自己。

除此以外，笔者还找到了东京女子医学专门学校女留学生的事例。从该学校毕业的杨步伟在《一个女人的自传》中详细地介绍了在日本留学的经历。依据《一个女人的自传》中的记录，杨步伟从 1914 年 4 月至 1919 年 5 月，总共 5 年零 1 个月的时间

① 「新任支那公使夫人」『朝日新聞』東京版、1916 年 6 月 22 日、朝刊第 5 面。

② 尚明轩：《何香凝传》，人民文学出版社，2012，第 13～16 页。

都在东京女子医学专门学校留学。[①] 她的自传中有多处关于自己和周围女留学生的服饰的描述。

杨步伟刚到日本不久，便结识了同校的一位前辈李贯中，后来与她一起租房子住。杨步伟在自传中对李贯中有如下的回忆：

> 她中国衣服首饰一点没有，都用我的。我那时虽无官费，可是手边钱还不少。她知道我不肯穿日本衣（中国学生大半穿日本衣）。就要我做洋服穿，把我些灰鼠衣三件改作两个小外套等等的事。[②]

从这一段文字中我们可以了解到当时在东京女子医学专门学校就读的女留学生们的服饰情况。大多数人会穿日本衣（大概是指和服和女裤），但也有像杨步伟这样坚持不穿日本衣服的女性。她在自传中并没有具体说明为何不愿意穿日本衣服，不过到最后她也妥协了，不得不换下中国衣服。“因临床看病人时他们见我穿中国衣就不肯让我诊查他们，但是我绝对反对穿日本衣，我就试试穿西服看，哪知道他们就大欢迎起来，因此我和贯中一直穿西服的。”[③] 不过，像杨步伟这样的毕竟还是极少数，当时的情

① 杨步伟：《一个女人的自传》，岳麓书社，2017，第440页。杨步伟出身于江苏省南京的豪门望族，其祖父在辞去清政府出使英国参赞一职后便全心投入佛教研究，后来与革命派保持紧密的联系，是当时的知名人物。当时中国政局动荡不安，二次革命失败，杨步伟由于参与了革命活动不得不于1913年11月东渡日本避难。从小就接受了良好教育的杨步伟正好借此机会在日本学医，开始了她的留学生活。

② 杨步伟：《一个女人的自传》，第203页。

③ 杨步伟：《一个女人的自传》，第219页。

况仍然是大部分女留学生会按照学校的规定换上和服女袴。

下面可以来看一下相关的例子。同样是在东京女子医学专门学校留学的林贯虹（红）留下了一张照片（图7－6）。从照片中可以看出，林贯虹（红）就像普通的日本女学生一样穿着和服女袴，头上梳着束发。她身上穿的和服纹样虽然从黑白照片中很难分辨出来，但是颜色应该是非常朴素的（要么是深蓝色，要么是黑色），甚至有可能没有其他纹样装饰。由此可见，当时在东京女子医学专门学校，像林贯虹（红）这样朴素打扮的中国女留学生应该并不少见。

图7－6　林贯虹（红）

资料来源：周一川《近代中国女性日本留学史（1872～1945年）》，插图。

由上我们可以得知，留日期间，大部分中国女留学生与日本女学生一样，身穿和服女袴，头上梳着束发。另外，穿上和服的女留学生们由于受到当时日本女学生服饰文化的影响，竟也开始崇尚起朴素的服饰来。当然，这种变化后来也对中国的女性服饰产生了一定的影响，并且与后来在中国出现的一种发型“东洋髻”密切相关。

不仅是女留学生，中国国内的女学生也不同程度地受到日本的影响。比如说，受到日本女学生朴素的服饰文化影响，一种被称作“文明新装”的服装诞生了。那么接下来，我们就来看一下“文明新装”究竟是如何出现在中国的，整个过程又是怎样的。

第二节　中国女学生的“文明新装”

所谓“文明新装”（图 7 - 7），其实是 1920 年代女学生所穿的一种服装，后来传播到普通女性之中，成为当时最流行的一种

图 7 - 7　身穿“文明新装”的女性

资料来源：胡铭、秦青主编《民国社会风情图录　服饰卷》，第 68 页。

女装。这种服装往往不会带有任何华美的刺绣，且以白、蓝、黑三色为基础色，十分朴素简约。这与十分重视服饰装饰功能的中国传统审美观（图 7 – 8）恰恰相反，成为一种新时代的审美观。那么，这种审美观究竟是如何形成的呢？有关这一点，目前的研究中并没有明确的解释。因此，接下来，笔者将针对“文明新装”诞生的背景以及具体过程进行详细的考察和论证。

图 7 – 8　清朝的传统服饰

资料来源：杨源主编《中国服饰百年时尚》，第 53 页。

在了解中国女学生的服饰文化以前，我们有必要对清末民初中国女子教育的背景进行简单的梳理。中国传统社会里，人们认为“女子无才便是德”。[①] 女子去书院上学，或者像男子一样参加科举考试都是不被允许的事情。然而，鸦片战争以后，西方传

① 汪向荣：《日本教习》，三联书店，1988，第 169 页。

教士纷纷来到中国，并陆续创办了一些教会学校。不过，当时的教会学校主要招收中国中上层社会富裕家庭出身的千金小姐，对她们进行教养文化方面的教育。当然，比起教育，教会学校当时最主要的目的还是传教。一方面，甲午战争后陷入亡国困境中的清政府终于从洋务运动的失败中醒了过来，再次将邻国日本当作范本，企图重新进行政治以及制度方面的大改革。改革中国传统思想并且整备、筹划新的教育成为当务之急。原本只是赋予中国男性的教育权利终于也开始一点点向女性放开。1907 年 3 月 8 日（光绪三十三年一月二十四日），学部正式制定并颁布了《女子小学堂章程》以及《女子师范学堂章程》，由此，中国近代女子教育的学制正式确立。[①] 不过话说回来，女子教育在制度化以前，究竟是一种怎样的状态呢？前文已经说明，1904 年中国湖南省将 20 名官费女留学生送到了下田歌子担任校长的实践女学校。其实这不过是中国比较开明的地方官员希望通过向日本派遣女留学生，来培养一些将来能承担起当地女子教育的人才。另一方面，在中国，直接招聘日本教习和受到日本女子教育影响的女子学校如雨后春笋般冒了出来。那么在这样的社会环境下，女学生们的服装又是怎样的状态呢？下面，我们可以通过三所女子学校来了解一下。

首先从务本女塾谈起。创立于 1902 年的务本女塾是最早雇用日本女教习的女子学校。1902 年春末，实践女学校的第一任校长

---

① 佐藤尚子・大林正昭編『日中比較教育史』春風社、2002、184 頁。

下田歌子女士突然收到从中国寄来的一封委托信，[①] 内容是务本女塾的校长吴馨（吴怀久）希望下田歌子校长能为务本女塾推荐一位合适的日本女教师。[②] 同年，通过下田歌子的介绍，当时在横滨大同学校任教的河原操子[③]被派遣到中国。如此一来，河原作为第一位被中国女子学校雇用的日本女教习来到了务本女塾。当时的务本女塾让河原教授的科目是日语口语、日语文字、算数、唱歌、图画等，据说其中唱歌课和会话课受到了学生的喜爱。[④] 不过，河原不仅仅作为务本女塾的第一位日本女性教师教授一些课程，甚至还参与了校规的制定。汪向荣《日本教习》一书中记录了河原按照日本小学教育的模式，制定了务本女塾的教育方针及教授方法等。[⑤] 因此，务本女塾的学生服饰规定也有可能是由河原来制定的。

1905 年，务本女塾《第二次改良规则》第八章对该校女学生的服饰有如下规定："帽鞋衣裤，宜朴净雅淡。棉夹衣服用元色，单服用白色或淡蓝。脂粉及贵重首饰，一律不准携带。"如

① 晏妮「近代上海における務本女塾の設立」『人間文化研究科年報』第 28 号、2013 年、43 頁。

② 下田歌子女士作为开创日本女子教育的先驱在当时的中国影响甚大。她不仅与曾短暂访日的京师大学堂总教习吴汝纶有过会谈，甚至也与孙中山相识。

③ 河原操子（1875～1945）出生于长野县松本市，1891 年进入长野县师范学校女子部学习，1896 年又考入了东京女子高等师范学校，1899 年开始在长野县立高等女学校任教，于 1900 年 8 月在诹访湖畔的旅馆初次拜访下田歌子。后来在下田的推荐下，于 1900 年 9 月开始在中国人经营的横滨大同学校任教。晏妮「近代上海における務本女塾の設立」『人間文化研究科年報』第 28 号、2013 年。

④ 一宫操子『新版蒙古土産』靖文社、1944、54－56 頁。

⑤ 汪向荣：《日本教习》，第 171 页。

此细致的规定对于当时的女学生（年龄最小的八九岁，最大的超过 30 岁）可以说是相当严格了。[①] 如此说的理由就是不管是少女还是妇女，特别是处于青春期的姑娘们都喜欢华美的服饰，最热衷于追求美丽，因此限制她们追求华美打扮实在是太严苛了。毕业于务本女塾的吴若安回忆母校的服饰制度时说："务本女塾对学生纪律要求比较严格，禁止学生涂施脂粉，穿戴华丽服装，并劝放足。……由于务本女塾崇尚朴实，学生衣着一般比较朴素，夏季上衣多为白色，冬季多为深色服装。在生徒规约总规第一条，即明确提出：起居容服，必朴雅整洁，勿效时装。学生多能恪守，社会有所好评。"[②] 从如此详细的回忆中可以看出，当时务本女塾严格的服饰制度给学生留下了深刻的印象。

毕业生吴若安的回忆与务本女塾严格的服饰规定基本上是一致的，因此我们可以推测，务本女塾当时严格的服饰规定并不是纸上谈兵，而是在学生之中真正实施过。另外，我们还可以得知，由于推崇这种"朴素"的校风，务本女塾甚至还获得了社会上的高度评价。

那么，话题又回到"务本女塾的服饰规定极有可能是由河原制定的"上来。为何务本女塾会如此坚决地奉行与中国传统审美观背道而驰的规定呢？笔者推测可能就是因为河原。至于理由，河原曾回忆，当时在务本女塾除了她一人是女教师以外，其他 8

① 一宫操子『新版蒙古土産』、62－63 頁。

② 《回忆上海务本女塾》，朱有瓛主编《中国近代学制史料》，华东师范大学出版社，1987，第 603～604 页。

位都是男教师。[1] 那么，当时在商议女学生的服饰制度时，作为从国外聘请过来的唯一的女教师，河原很有可能是主要负责人。而且，从根本上否定中国传统审美观（图7-9），这对于从小受到日本女学校"朴素"校风熏陶的河原来说是再自然不过的事情了。因此，笔者推测，河原是将自己以往在日本女学校的经历原封不动地应用到了务本女塾的服饰规定之中。

图7-9　清末民初汉族的贵妇人

资料来源：杨源主编《中国服饰百年时尚》，第63页。

其次，在当时提倡女学生的服饰应该追求"朴素"的女子学校并不只有务本女塾，爱国女学校也是如此。1904年秋季，

① 一宫操子『新版蒙古土産』、54-56頁。

爱国女学校制定的《爱国女学校补订章程》明确指出，“不得涂抹脂粉”，“不得着靡丽之衣服及首饰，亦不及诡异之装束及举动以骇众”。[①] 虽然爱国女学校服饰方面的规定并没有务本女塾那么详尽仔细，不过，从禁止女学生涂脂抹粉以及穿戴华丽的服饰等，也就是要求她们打扮朴素大方这一点来看，这两所学校的理念几乎是一致的。

不过，与务本女塾同一年，也就是 1902 年创立的爱国女学校为何也在女学生的服饰方面要求她们追求朴素的风格呢？要想解开这个谜团，就必须明确爱国女学校建立的大致过程以及建立初期的实际情况。晏妮的研究表明，爱国女学校是一所于 1902 年 10 月 24 日由中国教育会（会长为蔡元培）在上海正式创立的女子学校。由于首任校长蒋智由在学校创立后没多久就去日本留学了，同年蔡元培接任了校长这一职务。[②] 现在上海市爱国中学将蔡元培看作创建者，如此看来他应该为爱国女学校的创立及发展做出了巨大贡献。《爱国女学校补订章程》发布于 1904 年的秋季，正值蔡元培担任爱国女学校校长。也就是说，如果将校长蔡元培的经历、背景调查清楚的话，就能大致推测出《爱国女学校补订章程》制定的背景。

蔡元培出身于浙江省绍兴府山阴县一个经商的豪族，1892 年经殿试中进士，1894 年被授职为翰林院编修（国家教育机构的高级官员）。甲午战争以后，蔡元培为了通过阅读日本文献来

---

① 《爱国女学校补订章程》，朱有瓛主编《中国近代学制史料》，第 619 页。

② 晏妮「近代上海における愛国女学校の設立について」『寧楽史苑』第 57 号、2012 年、8 頁。

学习西方思想和制度，开始学习日语，于1898年6月在北京创立了一所叫作“东文书馆”的日语学校。可惜，后来由于某些原因，蔡元培不得不离开东文书馆，两个月后回到了故乡，成为绍兴中西学堂的校长。原本，他打算通过日本的一些汉文文献来学习西方学，可是随着日语能力的提高，竟对日本的社会文化产生了浓厚的兴趣，于是他开始在学校教授学生一些日本社会文化方面的知识。① 在这样的背景下，对中国女子教育原本就充满热忱的蔡元培在1902年正式从蒋智由手中接下了爱国女学校校长的重担。晏妮在其研究中通过对爱国女学校的年级、毕业年限、教学科目等教育方面的内容进行详细的分析，得出了“爱国女学校其实受到了日本女子教育深远的影响”这一结论。② 那么，当时爱国女学校的服饰制度，也很有可能受到了日本女子学校的影响。同时，我们也不能忽视蔡元培兼任爱国学社（1904）总理一职所发挥的作用。爱国学社实际上与爱国女学校一样，是由中国教育会创立的一所教育机构。当时参考了日本吉田松阴的松下村塾和西乡隆盛的鹿儿岛私学的理念，十分重视对学生的精神教育。从这一点也可以看出，爱国学社所受日本教育影响的程度之深。③

因此，综合来考虑的话，蔡元培早期受到了日本的影响，其担任校长、总理职务的爱国女学校以及爱国学社的教育基本上都

---

① 王升远、唐师瑶：《蔡元培的东文观与中国日语教育——从绍兴中西学堂到南洋公学特班》，《中国大学教学》2008年第3期，第85~86页。

② 晏妮「上海における近代的女子教育の展開—愛国女学校と務本女塾を中心に」博士論文、奈良女子大学、2014、59-65頁。

③ 晏妮「20世紀初頭、上海における中国教育会の設立：特に日本との関係を中心に」『人間文化研究科年報』第27号、2012年、59頁。

是模仿日本。那么，不难推测，爱国女学校的服饰规定很有可能也是参考了日本女子学校的服饰规定后制定而成的。因此，笔者认为，爱国女学校对女学生的服饰要求朴素大方这一点应该也是受到了日本女子学校的影响。

最后，是一个来自上海女子蚕业学校的事例。上海女子蚕业学校正如其名，与针对女子的初中级教育机构或师范教育类学校务本女塾及爱国女学校不同，是一所专门教女学生养蚕技术和理论知识的实业教育机构。上海女子蚕业学校的规程（1904）中对该校女学生的服饰做出了如下的规定："衣服鞋帽宜净，不宜华丽，脂粉及贵重首饰，不准携带。"[①] 为何这所女子蚕业学校也和上述两所女子学校一样，要求学生服饰朴素呢？为了明确这一点，我们需要先了解这所学校创立人的相关信息以及创立之初的环境。创立上海女子蚕业学校的是史量才。他是一位著名的实业家、报业家，于1912年接管了《申报》的经营权，最终将《申报》发展成一份具有极大影响力的报纸。[②] 1904年，他刚从杭州蚕学馆毕业，在辗转几个学校教书以后，打算自己创立一个学校。后来条件成熟，他就参照自己的母校杭州蚕学馆，创立了上海女子蚕业学校。[③] 史量才对自己所创立的上海女子蚕业学校倾

---

① 《上海女子蚕养学校章程》（1987），朱有瓛主编《中国近代学制史料》，第636页。

② 谭泽明：《报人史量才的儒商情怀：多重角色与核心身份》，《南昌大学学报》（人文社会科学版）2017年第1期，第95～96页；陈晰：《史量才教育活动述评》，《绵阳师范学院学报》2013年第6期，第152页。

③ 陈晰：《史量才教育活动述评》，《绵阳师范学院学报》2013年第6期，第153页。

注了极大的热情和心血，雇用了不少优秀的教师。比如，他聘请了母校的日本教师来指导学生；特意请曾留学日本的前辈郑辟疆来讲授日本最新的养蚕技术和经验。[①] 由此可以推测，史量才所追求的其实就是日本那样的实业教育。实际上，当时清政府颁布的《钦定学堂章程》（1902）以及《奏定学堂章程》（1904）所规定的教育政策就是以日本的实业教育为模本的。[②] 从这样的社会背景以及史量才自身的阅历来看，上海女子蚕业学校受到日本女子教育的影响，该校女学生服饰方面的章程受到日本女子学校的影响，这是再自然不过的事情了吧。不过，更重要的一点是，前面提到史量才从杭州蚕学馆毕业后曾在好几所学校任教，其中也包含了务本女塾。可以推测，史量才在任务本女塾的教师时，与日本女教习河原操子有一定的接触，甚至从河原那里间接受到日本女子学校的影响。即使他与河原并没有太多深入的交流，但从曾经工作过的女子学校获得一些女学生服饰方面的参考也是有可能的。

以上就是笔者对在清政府真正认识到女子教育的重要性、从国家的角度出发正式颁布女子教育相关规程之前，由民间教育家创立的三所女子学校学生的服饰状况，做出的详细考察。这三所女子学校均是由中国人创立的近代女子学校中影响力较大且知名度较高的代表。从这三所女子学校所制定的学生服饰规定来看，

① 朱跃：《郑辟疆与江苏省立女子蚕业学校》，《苏州大学学报》（教育科学版）2016 年第 2 期，第 114 页。

② 王红艳：《变革下的本土化进程——20 世纪上海职业教育研究》，博士学位论文，华东师范大学，2013，第 18 ~ 20 页。

笔者发现了两个共通点。第一，它们要么直接（通过雇用日本教习）要么间接地接受了日本女子教育的影响。第二，这三所学校均设立在上海。关于第一点，我们已经在前面进行过详细论述，那么，接下来，就让我们关注第二点。为何受到日本女子教育影响的学校集中在了上海这座城市呢？首先考虑的是，上海远离政治权力斗争的中心地北京，而且在某种程度上又受到租界这种特别空间的影响，相对于其他地方更加容易接受外国思想文化。其次，上海作为中国南部的港口城市，一直就是连接中国与日本的一座桥梁，这里集聚了不少日本教习，也是中国留日学生进出的一个门户。因此，在上海创立像日本一样的女子教育机构，更容易找到合适的人才。

随着中国社会对女子教育的关注度越来越高，1907 年终于制定并相继出台了《女子小学堂章程》以及《女子师范学堂章程》。如此一来，中国近代女子教育制度被确立下来，有关女学生服饰制度方面的规程也被确立下来。遗憾的是，笔者并未在《女子小学堂章程》中找到当时中国女学生服饰方面的规定。不过，在《女子师范学堂章程》第五章“监督教习管理员”中的第十四节找到这样的规定：“学堂教员及学生，当一律布素（用天青或蓝色长布褂最宜），不御纨绔，不近脂粉，尤不宜规抚西装，徒存形式，贻讥大雅。”简单来说，该章程规定学校的教师以及学生均应当穿戴朴素（用淡蓝色或藏青色做的长袍最为合适），不应穿着高级绸缎所做的华美衣服，也不允许浓妆艳抹。另外，洋装虽然看上去很漂亮，但是也不应该在学校穿。这个规定与前文中笔者考察的三所女子学校的服饰规定在根本上的不同是：前者是清政府最高级别的教育机构针对所有女子学校的女教师与女学生的服饰制定的。如此一来，女教师及女学生禁止奢侈华丽、推崇朴素之风的思想不再局限于少数进步的教育家和女子学校范围内，而是成为国家对女子教育所制定的方针。然而，不得不提的是，这个时期由于女学生的服饰还未受到太多的重视，该规定也不过是附在教师相关规定中一笔带过罢了。

到了1910年，终于出现了女学生服饰方面的详细规定。1910年1月10日颁布的《学部奏遵拟女学服色章程（并单）》中有如下规定：

> 一、女学堂制服，用长衫，长必过膝，其底襟约去地二寸以上，四周均不开衩，袖口及大襟均加以缘，缘之宽以一寸为度。
>
> 一、女学堂制服，冬春两季用蓝色，夏秋两季用浅蓝色，均缘以青。
>
> 一、女学堂制服，用棉布及夏布，均以本国土产为宜。
>
> ……
>
> 一、女学生不得缠足。
>
> 一、女学生不得簪花傅粉被发，及以覆额。
>
> 一、女学生不得效东西洋装束。

从这段文字中，可以了解到当时学部有关女学生制服的规定已经十分细致了。并且，这个时期的规定远比务本女塾、爱国女学校及上海女子蚕业学校的相关规定更加严格。具体来说，全面禁止使用中国女性一直比较喜爱的鲜艳颜色，明确规定女学生的制服应使用蓝色、浅蓝、藏青等朴素的颜色。并且，禁止女学生佩戴她们热衷的华美装饰品，也不允许她们化妆及过分打扮。有趣的是，最后一条还规定禁止她们模仿日本或西方的服饰装扮。也就是说，当时的女学生中有人穿洋装，也有人模仿日本女性的打扮（大概是穿和服或者和服女裤）。

至于为何出现最后一条规定，笔者推测是因为百姓穿戴其他国家的服饰很显然会扰乱清朝长久以来的服制，因此清朝学部才会明令禁止这一项吧。另外，无论是前面介绍过的女子学校的服装规定，还是学部所发布的服制，都出现了要求女学生服饰“朴素”“简朴”的规定。为何它们都在强调这种朴素的风格呢？说到这里，我们可以回忆一下前文介绍过的日本实践女学校的服饰规定。在针对中国女留学生的《游学女子须知》中，有关服装以及饰品方面规定如下：“皆须穿布以青蓝二色为限。凡华丽艳色之服及绸缎奢侈之饰皆宜屏绝”，“不宜用钗环镯钏之类”。由此可以得知，清末无论是女子学校的规定还是清朝学部所发布的章程，都与日本女子学校的规定十分相似。为何会出现这样的现象呢？关于这一点，笔者在前面已经陈述多次，应该是与为了实现近代化的目标，清末女子教育十分热衷于学习模仿日本女子教育体系息息相关。而其中的具体手段就是要么积极地聘请日本教习，要么派遣大量的留学生去日本学习，还派遣了不少官员去日本考察他们的教育制度等。而最终取得的重大成果就是制定和颁行了中国历史上最早的一部近代学制章程——《奏定学堂章程》（又称癸卯学制）。《奏定学堂章程》由实地考察了日本教育制度的陈毅起草，被清末名臣张之洞采纳。也就是说，《奏定学堂章程》的学制模仿了当时日本所施行的学校体系。[①] 在这样的环境下，清末中国女子教育积极模仿日本是再自然不过的事了。不过，与中国男性可以穿着日本学生服不同，学部禁止中国女学生穿外国人的服装（洋装或日本服装）。然而，要求女学生打扮朴素这一思想倒是被中国女子教育积极吸收并采纳了。如此一来，我们了解到，清朝在模仿日本女子教育之时，服饰方面并非照搬日本，而是吸收采纳了女学生服饰朴素这一规定。因此，笔者可以肯定地说，目前中国服饰研究中民国时期女性所穿“文明新装”是一种来自日本的服装这一结论并不妥当，需要重新进行思考。

然而，很遗憾的是，1910 年拟定的《学部奏遵拟女学服色章程（并单）》究竟最后有没有施行，实际实施的情况如何，由于现存资料受限很难说清楚。还有一个重要的理由就是，1911 年爆发了辛亥革命，清王朝就此灭亡，学部对下面各女子学校的规定是否真正得以实施实在很难调查。不过，中华民国成立初期，基本上原封不动地继承了清末已经形成的近代教育制度。因此，中华民国时期女子教育以及女学生的服制等方面实际上与清末几乎并无二致。有关这一点，对比中华民国教育部制定颁布的《学校制服规程》与清朝学部奏请的《学部奏遵拟女学服色章程（并单）》的内容便可了解。那么，接下来，我们就来看一下中华民国教育部制定颁布的《学校制服规程》的具体内容吧。

1912 年 9 月 9 日发行的《大公报》刊载了中华民国教育部制

① 汪婉『清末中国対日教育視察の研究』博士論文、東京大学、1996、160 頁。

定的《学校制服规程》。其中，针对高等小学以上的学生，也就是中等及高等教育机构学生服饰做出了如下规定：

> 第二条　女学生制服
>
> 甲 女学生即以常服为制服。
>
> 乙 寒季用黑色或蓝色。
>
> 丙 暑季用白色或蓝色。
>
> 前二项制服，一校中不得用两色。
>
> 丁 女学生自中等学校以上着裙，裙用黑色。
>
> 第三条　制服质料以本国制造品之坚固朴素者为主。
>
> ……
>
> 第五条　本规程自公布日施行。

其中有关女学生制服的颜色，清朝规定为蓝色、浅蓝以及藏青色，而中华民国时期则变更为黑色、蓝色、白色。虽然发生了一些变化，但是这三种颜色与中国女性所喜爱的传统服饰中华丽的色彩截然不同，依然是十分朴素单调。另外还有一点，清末学部和中华民国教育部在提倡女学生使用本国制造的服饰，以及推崇女学生着装应当朴素这些方面基本上保持了一致。因此，笔者认为，中华民国于1912年颁布的《学校制服规程》可以说是在1910年清朝《学部奏遵拟女学服色章程（并单）》的基础上制定而成的。

另外，前文笔者已经分析过，中国女留学生的服饰由于受到了日本女子学校的约束而发生了很大的改变。她们因为日本留学的经历，抛弃了原本所追求的华美服饰，开始热衷于朴素大方的打扮（图 7 - 10）。这种变化逐渐成为具有进步思想的女留学生们的标志，因此具有“朴素”风格的服饰居然也开始为其他中国女性所憧憬，甚至逐渐变得流行起来。《申报》1946 年刊登了一篇题为《上海妇女服装沧桑史之服装的演变》的文章，其中一段记述如下：

> 后来留日之风大盛，日本服装也为一般时髦女子所醉心。当时流行的衣衫是既窄且长，裙上也无绣文，其色尚玄。配上手表，椭圆的小蓝色眼镜，加以皮包和绢伞，是最时髦不过的。此由留日学生介绍而来，表示她是一个具有“文明”思想的女子。①

图 7 - 10　穿着“文明新装”的女留学生

资料来源：「江西省の新婦人留日団体」『婦人画報』第 213 号、1923 年 7 月 1 日、插絵、35 頁。

① 《上海妇女服装沧桑史之服装的演变》，《申报》1946 年 10 月 7 日，第 6 版。

这篇文章刊登于1940年代中期，正值“文明新装”流行过后十多年，其内容是介绍上海女性服饰变迁的过程。我们来具体分析一下文章的内容，前一个画线部分介绍了当时流行女装的特点为窄身且长度较长、不带刺绣等传统纹样、玄色。仔细观察这三个特点，会发现其与中国传统的审美观大相径庭。再来，根据后一个画线部分的描述，可以得知这种流行实际是由留日学生介绍而来的。而且很重要的一点是，笔者推测这“文明新装”的名称很有可能是留日女学生为了表明自己是一个具有文明思想的人而刻意取的。

综合考虑以上的内容，我们可以认为“文明新装”实际上是清末民初中国在受到日本女子教育的影响下所诞生的一种服装。进一步来讲，就是在中国女子学校模仿日本女子教育时，出现在清末以及中华民国时期发布的女学生服饰规程中，以及在留日女学生的影响下所诞生的一种朴素大方的中国服装。

* * *

甲午战争以后，中国的近代女子教育受到日本女子教育很大的影响。与此同时，中国女学生的服饰文化也受到了日本女子学校服饰制度的影响。具体来说，中国女留学生东渡日本，在接受日本女子教育的同时直接受到了学校的服饰约束，从而完全日化并不自觉地融入日本女学生服饰文化之中。与此相对，中国国内的女学生则是通过遵守女子学校以及教育部的指示规定间接受到了日本女子学校倡导的“朴素”服饰的影响。不过在这个阶段，她们的服饰被中日两国教育制度中各种各样的规程约束，也就是说，其中带有一种强烈的无法自由选择的含义。可是，跨出学校的界限后，再加上时代的变迁，原本被动地接受了日本女学生朴素服饰文化的中国女学生之中开始出现一些变化。

比如，社会上出现了回国以后留日女学生依旧穿着日本服饰的现象。《申报》1906 年刊载了题为《湘省学界风潮已平》的文章，其中记载："因某学堂总理设筵招饮，同座者亦学堂办事之人，其地为楚善公司并非娼寮妓馆。入座后见有女宾一人作东洋装束，某惊欲辞出，经同座者言明，彼曾经游学日本，不妨留此略谈日本女校规模，某即未便峻拒。"[①] 在当时的中国，的确有不少身穿和服的妓女和艺妓存在，她们也常常会被召唤到酒席之间。因此，宴席中突然出现的身穿和服的女性，容易被人误会是花街柳巷的女子。不过，我们反过来思考，这个事例也说明了当时归国后仍穿着和服的留日女学生其实是非常少见的。然而，我们也由此得知，留日归国的女学生之中的确有人将日本女学生的服饰文化原封不动地带回了中国。

另外，著名革命家秋瑾也是一个典型的例子。她于 1904 年东渡日本开始留学，在日本实践女学校留学两年以后回到了中国。归国之时，秋瑾穿着宽袖紫色底子上印着白色条纹的棉质和服，那样子像极了日本人，当时的情景让秋瑾的弟弟都大为震惊。[②]

如此看来，留学日本确实给中国女留学生的服饰带来了很大

---

① 《湘省学界风潮已平》，《申报》1906 年 7 月 18 日，第 3 版。

② 陈象恭编著《秋瑾年谱及传记资料》，中华书局，1983，第 29 页。

影响。服装及发型等留学地的服饰文化，不仅成为她们的日常习惯，同时也成为她们标榜自己是文明新女性的标志。但是，归国后女留学生仍穿着和服的行为引起了清末政府的警戒，使得当时教育界人士在奏上的规程中刻意强调，应当明令禁止女学生穿日本服装。

另一方面，到了中华民国时期，女学生们对服饰的认知发生了很大的转变。最初由于被动地接受女子学校的服饰制度而穿上的朴素服装，成为她们之中的潮流，其中最具代表性的就是"文明新装"。在本章中，笔者通过考察发现，所谓"文明新装"并非以往服饰研究中所认为的一种模仿了日本人衣服制作而成，或者是受到日本普通女性服饰影响而产生的服装，而是清末民初受到日本女子教育中"朴素"思想的影响后诞生的一种中国服装。具体来说，在服饰形态上仍然为中国传统的上衣下裳，只是摒弃了原本追求的华美艳丽，反过来开始追求朴素简单的风格，并且进一步融入了所谓"文明"思想，因此才被叫作"文明新装"。

在清末民初这个转换时期，中国积极学习模仿日本女子教育。在这样的时代背景下，东渡日本的中国女留学生直接接触了日本女学生的服饰文化，并逐渐接纳。与此相对，中国国内的女学生通过女子学校和国家最高教育机关所制定的种种规程，被迫接受了日本女子学校所倡导的朴素的服饰文化，间接地受到了日本的影响。无论是女留学生还是中国国内女子学校的女学生，最初都是被动地卷入了日本女子教育所倡导的朴素服饰文化之中。不过后来，这种朴素风格在中国女性服饰中的影响逐渐扩大，并与原本中国女性的服饰文化融合，最后竟在中国演变成了一种无论是女学生还是一般女性都十分热爱的服饰，甚至还成为一种高级的时尚。因此，笔者认为，无比崇尚“朴素”的“文明新装”正是在这样的社会环境变化下诞生的。

第八章　清末民初"东洋髻"的诞生与流行

清末民初，即1880年代至1920年代，中国出现了一群身穿受日本影响的服装、积极模仿日本女性发型（譬如"东洋髻"）的女性。也就是说，出现了中国女性热衷于追随日本服饰潮流的文化现象。其中，"东洋髻"成为中国女性之中极具人气的一种发型，甚至日本一种叫作"中将汤"的妇女保健药在中国销售时，其宣传广告画上也刻意插入了身穿中国服装，头上却梳着"东洋髻"的女性人物来吸引人眼球。另外，在中国具有广泛社会影响的报纸《申报》也多次出现"东洋髻"的相关记载，由此可见，当时"东洋髻"在中国的流行程度并不低。当然，这些现象在目前的研究中已经有相关的记述。比如，有人认为"东洋髻"应该是从青楼逐渐传入社会的；[①] 也有人指出，"东洋髻"的照片、插图等经常能在民国初期的报刊上看到；[②] 还有人解释，"东洋髻"也被称作"大和髻"，是清末民初最流行的一种

① 郑永福、吕美颐：《近代中国妇女生活》，第91页。

② 孙燕京：《服饰史话》，社会科学文献出版社，2000，第72页。

发型。[①]

不过，这些描述大都旨在说明“东洋髻”是清末民初的一种时尚潮流而已，至于这“东洋髻”究竟为何传入中国、如何传入中国、传入中国的时间等仍是未解之谜。当然，“东洋髻”的出现以及流行现象在近代中日服饰文化交流中绝不能被忽视。笔者认为了解“东洋髻”流行的这段历史对服饰文化研究来说意义非凡。

因此，本章主要聚焦于“东洋髻”，首先对以往的研究成果中有关“东洋髻”传入的说法进行考证，然后对笔者搜集的资料进行剖析，还原“东洋髻”流行的那段历史。如此一来，“东洋髻”传入中国的具体过程以及流行的时间等谜团都能解开。

第一节　“东洋髻”的起源

在本节中，笔者首先对“东洋髻”的相关言论一一进行考证，然后再根据搜集来的资料详细地考察“东洋髻”的真实面貌，以及“东洋髻”从诞生到流行的整个具体过程。

对相关研究成果的考证

郑永福和吕美颐指出，20世纪初，有种叫作“东洋髻”的

① 吴昊：《中国妇女服饰与身体革命（1911～1935）》，东方出版中心，2008，第109～115页；袁仄、胡月：《百年衣裳：20世纪中国服装流变》，第103页；郑永福、吕美颐：《近代中国妇女与社会》，大象出版社，2013，第180页。

发型从青楼传入民间，并补充说明这是日本女性在穿和服时所梳的一种发髻。[①] 吴昊的观点与此大同小异。[②] 他们虽然指出了“东洋髻”起源于青楼，可这究竟是一种什么样的发型，他们并没有作过多的解释。而孙燕京认为，“东洋髻”是1980年代日本NHK电视台热播的电视剧《阿信》中出现的日本女性发型，同时还特意指出，梳这种发型时需要专门的理发师协助。[③] 笔者推测，孙燕京所认为的“东洋髻”应该是日本传统发髻，统称为“日本发”。

然而，笔者实际考证了相关资料之后，却得出了与上述论述截然不同的结论。首先，就中国妓女与“东洋髻”的关系来说，笔者发现青楼中所流行的“东洋髻”，曾先后两次在中国出现，分别是清朝末年上海的青楼与1930年代后期北平的“清吟小班”（当时高级妓女的别称）。前面提及，郑永福和吕美颐认为“东洋髻”诞生于20世纪初，而这与其在上海青楼、北平“清吟小班”流行的时间不吻合。因此，在探索“东洋髻”的起源之前，笔者认为首先应该考察一下清末上海青楼的情况。

1886年，日本解除了与中国进行贸易时施行的各种限制。此后，中日之间的人员往来变得更加频繁。在此背景下，1860年代在上海出现了不少为了谋生不惜千里迢迢从长崎丸山来到中国的日本妓女。经济飞速发展的上海出现了越来越多的“东洋茶馆”（日本青楼），“东洋妓女”也就是日本妓女一时间迷倒了众

---

① 郑永福、吕美颐：《近代中国妇女生活》，第91页。
② 吴昊：《中国妇女服饰与身体革命（1911～1935）》，第109页。
③ 孙燕京：《服饰史话》，第72页。

多沉溺于上海纸醉金迷生活的中国男人。由金一勉的研究成果可以得知，从 1888 年到 1889 年的两年间，“东洋茶馆”迎来了其全盛时期，在这些茶馆营生的妓女们大多出生于长崎，总体来说，那时候活跃在上海各大花街柳巷的日本女性有七八百人之多。①

随着越来越多的东洋妓女的出现，中国本土的妓女逐渐产生了危机感，正因为如此，她们标新立异、花枝招展的青楼服饰也开始受到日本妓女服饰文化的影响。举个例子来说，《点石斋画报》刊登了一幅题为《花样一新》的插图（图 8－1）。根据画中的文字提示可以得知，在某次宴会中，狎客商量好一人唤来一名妓女，若是自己唤来的妓女与其他妓女穿的是同一类型的服饰则

图 8－1　身穿和服、西服、男装的中国妓女

资料来源：《花样一新》，吴友如等画《点石斋画报》上册，上海文艺出版社，1998，第 822～823 页。

① 金一勉『遊女・からゆき・慰安婦の系譜』雄山閣出版、1980、171 頁。

要受罚。结果，狎客唤来的妓女可谓群芳争艳，穿着各不相同。比如，有人穿着华美的洋装，有人女扮男装。除此以外，还有人模仿日本妓女穿上了和服（图8-2）。

图8-2　图8-1的局部扩大

另外，《海上名花四季大观》（出版于1890年代）是一本颇有名气的介绍中国青楼资料的指南书，其中有一幅插图就介绍了两名中国妓女的服饰（图8-3）。[①] 图中的两名妓女都梳着典型的日本发型，其中一人穿着竖条纹和服，另外一人则穿着白底上印着花纹样的和服。并且该图的左上角赫然标注着“东洋妆”

① 不过，笔者发现了一张与此图如出一辙的插图，收入当时著名画家吴友如的作品集中。笔者推测图8-3模仿了吴友如的画作，将其应用于青楼的指南书。另外，吴友如所画的这本美人画集有一个特征是根据当时社会上女性的服饰风俗来描绘。因此，不能否认，在当时的妓女甚至普通女性之中很可能出现了模仿日本女性穿戴的行为。不过，考虑到清末中国的社会环境，还是妓女模仿外国女性穿戴标新立异来获取狎客的青睐这种可能性更大一些。

三个大字，下面还附着“龚丽卿”和“华月栞”，也就是图中两名妓女的芳名，大概是在向狎客介绍这两位爱着日本和服的妓女信息吧。通过此图可以肯定的是，中国妓女的确模仿过东洋妆（也就是日本人的服饰文化）。

图 8－3　东洋妆打扮的中国妓女

资料来源：《海上名花四季大观》下卷，1894，第 10 页。

另外，《申报》刊登过一则关于某起交通事故的报道，涉及两名妓女的服饰描写：“二妓一时妆一东洋妆。”[①] 说的是，其中一名妓女身穿当时中国流行的时装，另外一名妓女则是东洋妆的打扮。这名东洋妆打扮的妓女和前面所介绍的东洋妆插图中的妓女一样，身着和服，头上梳着日本发髻。

从这些事例可以推测，当时在上海青楼的妓女之中已经有人

① 《申报》1889 年 4 月 28 日，第 3 版。

开始接受东洋妆了。另外，由于《申报》的编辑在使用“东洋妆”一词时，并没有做特别的说明和解释，因此可以推测出，在某种程度上“东洋妆”一词已经被大众所了解，甚至不排除已经广泛传播的可能性。

不过，这个时期的妓女与东洋妆的流行之间究竟有何联系，实在是无从得知。而且，笔者并没有找到与东洋髻的诞生相关的详细资料。因此，目前的研究成果中，东洋髻是从青楼诞生的这一看法实在是疑点重重。中国妓女所模仿的日本装扮是用“东洋妆”一词来形容的，在此，所谓的“妆”，是指“化妆、服装”，[①]因此笔者推测，“东洋妆”一词并非指单一的发型，而是包含了日本和服在内更为广泛的含义。与此相对，东洋髻一般被认为是一种发型的总称，因此笔者认为应该考虑它与东洋妆有着本质上的区别。换言之，目前，研究成果中所认为的“东洋髻 = 传统的日本发髻”是不成立的。

通过对以上线索的探讨，笔者认为东洋髻受东洋妓女的影响这一说法存在诸多疑点，在此应该有所修正。

“东洋髻”的庐山真面目

在上一部分我们得出了结论：“东洋髻”与清末在中国妓女之中流行的东洋妆从本质上来说截然不同。那么，这“东洋髻”究竟为何物呢？下面就让笔者来揭开其庐山真面目。

首先，我们来看一下中国方面的资料。1925 年，陈莲痕所写

---

① 王力等：《古汉语常用字字典》（第 5 版），商务印书馆，2016，第 534 页；《古代汉语辞典》（第 2 版），商务印书馆，2015，第 1959 页。

的《京华春梦录》里有这样一段记载：“时姬倡异妆，青丝数缕，松缓不栉，如轻云笼月，名曰‘东洋髻’，盖昉自扶桑也。”[①] 在此，作者明确指出“东洋髻”来自扶桑，也就是日本。另外，从字里行间我们了解到这种发型有如下的特征：黑发，浓密，需要松缓地盘起来。

笔者对《京华春梦录》的背景以及该作者的信息进行一番调查之后了解到，这本书最初是在名为《世界小报》的报纸上以连载的形式出现的，后来才结集成册。[②] 这是陈莲痕在北京停留多年之后写下的一本见闻及体验录，其中有 1925 年以前有关烟花巷的介绍，以及其他的风景名胜和人情风俗等。而有关“东洋髻”的记述出现在《京华春梦录》第四章中的“香奁”里。当然，从这一点并不能断定“东洋髻”具体是在何时传入中国的，不过至少可以肯定的是，它应该出现在《京华春梦录》出版之前，即 1925 年前，也就是说，作者陈莲痕在北京停留时，“东洋髻”一词就已经出现并且使用了。

从中国方面的资料来看，有关“东洋髻”我们并没有得到除此以外的其他详细信息。那么，日本方面的资料又如何呢？首先，我们来看看下面四条信息。

资料 1

尤其是革命事变之后，年轻妇女的发型发生了诸多变

① 陈莲痕：《京华春梦录》，竞智图书馆，1925，第 67 页。

② 陈莲痕：《京华春梦录》，第 2 页。

化。有一种被称作“美人头”的发型，就是在额头上留一小束发；还有一种叫作“东洋头”，就是我国普通妇女常常会梳的一种束发。[①]

资料 2

民国以后发生了很多变化，年轻的妇女们钟爱一种“美人头”，就是在额头上留一束发；还有一种叫作“东洋头”，就是像日式的束发，可惜样子非常难看……；另外喀喇沁王旗的妇女们几乎完全汉化了，而满洲的妇女们依旧不变。最近，还流行起了一种类似于日本妇女所梳“庇发”（一种发型的名称）的风俗。[②]

资料 3

现在经常能看见定居在中国，与中国人居住在一起的日本妇女们头上梳着“庇发”，身穿中国服饰，她们往往被中国人嘲笑是做皮肉生意的女子。另外，革命后在中国妇女之间出现了模仿日本妇女潮流发髻的现象，不过这流行没过多久就消退了，如今仅仅残留在广东娼妓之间……[③]

---

① 内山清『貿易上ヨリ見タル支那風俗之研究』上海日日新聞社、1915、15 頁。

② 南満洲鉄道株式会社社長室調査課編『満蒙全書』満蒙文化協会、1922－1923、584－587 頁。

③ 井上紅梅『支那女研究香艶録』、12 頁。

资料 4

> 在大都市的妇女之间流行起了一种类似“和式束发”的发型……[1]

笔者发现了一个问题，那就是所搜集到的日本方面的资料中并未出现“东洋髻”一词，而是出现了譬如“东洋头”“和式束发”“庇发”“潮流发髻”等描述性短语。这不禁让人产生疑问，这些词是否就是指中国所谓的“东洋髻”呢？

为了解开这个谜团，笔者认为有必要详细地考察一下 1910 ~ 1930 年代日本妇女发型的历史。

明治时期的日本妇女主要保留了传统的发髻，也就是所谓的“日本发”。“日本发”之中包含了著名的岛田发、兵库结、唐人髻、蝴蝶髻等种类，每一种梳起来都很费工夫（图 8 – 4）。因此，出现了一种专门为日本妇女梳头的理发师，通常情况下都是由理发师上门为妇女梳头打扮。可是，随着欧美文化的影响逐渐扩大，出现了一种质疑的声音。他们认为梳“日本发”原本就费时费力十分不便，况且还有不卫生和浪费的弊端。[2] 因此，一种被称作“束发”（西式发型）的新发型慢慢地流行起来，在妇女的发型界掀起了一场大革命。[3]

---

① 満洲事情案内所編『満洲国の習俗』満洲事情案内所、1935、77 頁。

② 田中圭子『日本髪大全』誠文堂新光社、2016、146 頁。

③ 京都美容文化クラブ編『日本の髪型：伝統の美櫛まつり作品集』京都美容文化クラブ、2000、167 頁。

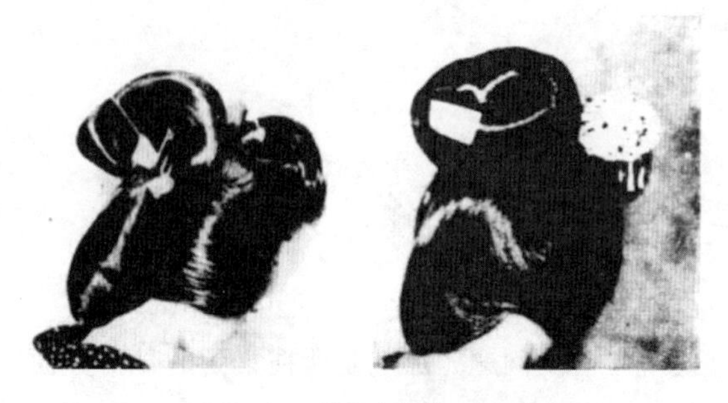

图 8－4　“日本发”的例子

说明：左侧为高岛田髻，右侧为舞妓用的唐人髻。

资料来源：山崎清吉・山崎信子『詳解婦人結髪術』東京婦人高等美髪学会出版部、1925、第 20 図、第 37 図、口絵。

然而，随着甲午战争的爆发，日本国内“停止模仿西方文化，回归本国传统文化”的声音逐渐高涨，于是原本西式的束发又逐渐日本化了。[①] 也就是说，“西式束发”（图 8－5）逐渐变成了“和式束发”（图 8－6）。而就发型本身的变化来说，一直都是在头顶和头后侧的“竖型束发”在 1900 年代以后（明治末至大正初），和“日本发”的鬓发一样开始横向发展，在整体上变得更加饱满，形成了一种水平状软垫的模样。[②] 而在这种“和式束发”之中，“庇发”（或者叫作“檐发”）成为代表，后来进一步发展成为一种能与传统的日本发相抗衡的束发，并在大正昭和前期的妇女之中变得格外流行且最终普及开来。另外，1910 年代以后，束发又出现了一个新名字，称作“时髦”。[③]

① 山崎清吉・山崎信了『詳解婦人結髪術』。

② http://shinsou.minpaku.ac.jp/note/contents.html? id=222，最后访问时间：2017 年 11 月 26 日。

③ http://shinsou.minpaku.ac.jp/note/contents.html? id=222，最后访问时间：2017 年 11 月 26 日。

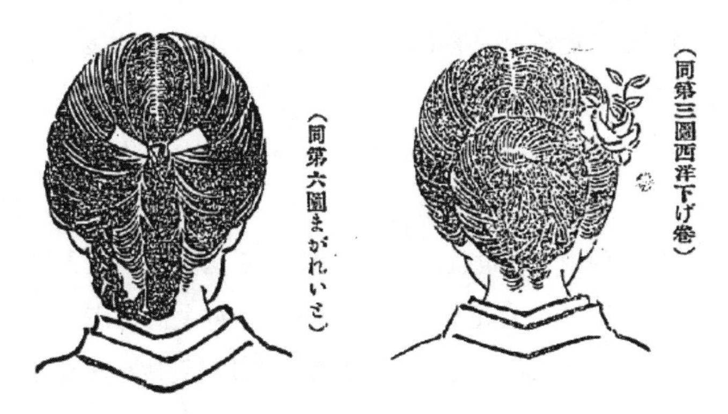

图 8－5　西式束发

说明：左侧为马加拉特式，右侧为西式低盘发。

资料来源：石井研堂『明治事物起原』47、48 頁。

图 8－6　和式束发

说明：从上往下依次为花月卷、二百三高地、下盘发。

资料来源：石井研堂『明治事物起原』、51 頁。

接下来，再整理一下上面所说的内容。1900 年代以后，“和式束发”的时代到来了。其中，“庇发”成为代表。随后，“时髦”一词成为 1910 年代以后束发的别称。因此，之前列举的四份资料中所出现的“和式束发”“庇发”“潮流发髻”其实指的应该是同样的内容，也就是“和式束发”。这种“和式束发”的特点如下：整体的发量较多，整个发型显得大而饱满。不难发现，这些与前面陈莲痕所描绘的浓密、需要松缓地盘起来等“东洋髻”的特征十分吻合。

那么，“东洋头”一词究竟作何解释呢？我们仔细阅读资料 1 和资料 2，可以从字里行间发现所谓“东洋头”，其实是源自中国人的称呼。并且，在资料 1 的原文中，作者内山还配了相关的插图（“中国妇女的发型”，图 8－7）。图中五名中国女性的发型各不相同，而左下方的女性更是与其他人有着明显的区别。而这确实与日本妇女常梳的“和式束发”十分相似。从此处笔者大胆推断，这个发型应该就是作者内山所说的“东洋头”。在当时的中国，说到“东洋”实则是指“日本”。[①] 由此不难推测，“东洋头”其实就是“日本头”，也就是指“和式束发”（图 8－8）。

① 有关“东洋髻”一词，首先“东洋”二字在当时的中国就等同于日本。譬如“东洋车”（日本的人力车）、“东洋茶馆”（日本人经营的茶馆）、“东洋妓女”（日本人妓女）等。另外，有关“东洋髻”这个发型，当时其实是有很多种叫法的，在本章中笔者主要使用目前主流研究中常用的“东洋髻”这一称呼。

图 8－7　1910 年代中国妇女的发型

资料来源：『無尽蔵の支那貿易：最近調査』、口絵写真。

图 8－8　清末民初中国妇女的发型

说明：左二为满族贵族女性的照片，其余均为汉族女性。

资料来源：『婦人画報』第 10 号、1908 年 4 月 1 日、插絵写真；胡铭、秦青主编《民国社会风情图录　服饰卷》，第 17、19 页。

从上面这些信息可以看出，“东洋髻”一词说到底只不过是中国的称呼而已，并非一种特定的发型，可以认为是当时中国妇女所模仿的日本妇女发型的总称。而这“东洋髻”的真实身份应该是1900年代以后在日本盛行一时的“和式束发”。在中国流行的“和式束发”中最具人气的是“庇发”。

“东洋髻”的诞生和流行

接下来，我们来看一下“东洋髻”在中国究竟是何时诞生的。

如前所述，倘若“东洋髻”的流行并非清末从青楼的妓女们开始，传播到一般妇女之间的话，那么究竟是何时传到中国来的呢？又是如何发展成潮流时尚的呢？我们不禁会产生这样的疑问。那么，下面我们根据上一节中的四份资料来仔细剖析“东洋髻”诞生的过程。

资料1记录了1910年代前期上海的发型潮流，资料2则主要介绍了东北及蒙古地区女性的发型。这两份资料的共同点是都明确指出了“东洋髻”在中国出现的时间。资料1指出革命事变之后“东洋髻”出现了，资料2则认为民国以后“东洋髻”出现。资料1中提及的“革命事变”实际上指的是以推翻清王朝建立中华民国为目的的辛亥革命。也就是说，资料1、2都认为“东洋髻”是在中华民国建立之后在中国出现的。再结合《京华春梦录》中的记载，我们可以粗略地判断“东洋髻”是在中华民国建立以后，即1912~1925年在中国诞生的。

不过，“东洋髻”的诞生前后跨度有十几年之久吗？为了进一步精确其时间范围，可以回顾一下资料3中的内容。这份资料是由广泛地调查研究过中国风俗文化的著名“中国通”——井上红梅所写的《中国女研究香艳录》中的一小段，其中所描述的是1920年的样子。井上在书中也指出：革命后（即民国以后）

在中国妇女间忽然流行起了日本的时髦发髻。不过，井上同时提到，1920 年前后“东洋髻”的流行已经逐渐衰退，仅仅存留在了广东的妓女之中。不仅如此，和中国男性同居的日本妇女倘若穿着中国服饰，头上梳着“庇发”的话，就会被其他中国人看作妓女。也就是说，1920 年，“东洋髻”在中国已经发生了变化，被看作妓女的打扮了。

另外，笔者还找到了一份记录了特定地区的妇女们梳“东洋髻”的资料，那便是资料 4。它是 1935 年“满洲”事情案内所编辑出版的书，其主要目的是向当时的日本国民介绍中国东北（当时的伪满洲国）的风土人情。从资料 4 的文字描述中可以了解到当时东北地区的都市里有部分妇女梳过“和式束发”。不过，资料 2 指出 1920 年代初期，东北地区的妇女仍保留了传统的发型，而资料 4 中提及 1930 年代以后，东北地区都市女性开始梳起“东洋髻”。

通过以上四份资料我们可以了解到，“东洋髻”在中国流行的时期，不同地域各不相同。但是，从另一个侧面也证实了“东洋髻”确实在中国普通妇女之间流行过。另外，到了 1940 年代，除了普通妇女以外，妓女的“东洋髻”再次成为话题。资料 5 就是一个例子。

资料 5

一来有像呼吁主张男女平等的金秀卿，另外还有梳着当年我们妇女束发，回国后很受欢迎的留学生洪媛媛。束发在

> 当时被称作东洋妆。不仅是洪媛媛，钟爱这种东洋妆的还有苏映雪、金媛媛、陈凤云等。云吉班一个叫作宝兰的妓女，当时梳着这种东洋妆的发型，身穿和服，脚踩木屐，在福寿堂举办的义务戏中表演了一段，于是，一时间东洋妆变得十分盛行。[①]

作者奥野信太郎于 1936～1938 年，作为日本外务省在华特别研究员在北平待过两年。[②] 根据奥野在后记中的陈述，这本随笔正是他在北平期间所做的一个记录。因此，笔者大胆推测，即使到了 1930 年代后期，“东洋髻”在中国依旧存在，比起在一般女性之间流行，主要应该是受到了北方妓女的喜爱。并且，这个时期“和式束发”再次被称作“东洋妆”。只不过，这个时期的“东洋妆”与清末出现的“东洋妆”完全是两个不同的概念。清末的东洋妆，主要是指梳日本传统发型和穿和服这一整套打扮，而到了民国特别是 1930 年代以后，东洋妆一词其实指的就是和式束发。也许是随着时代的改变，语言的内容也发生了一些变化。不管怎样，通过资料 5 可以肯定的是，中华民国以后，日本风的发型一般就是指束发。

另外，从资料 5 中还可以看到如下的内容：到了 1930 年代后期，从日本归国的女留学生中有人堕落成妓女，特别喜爱东洋髻；还有一名叫宝兰的妓女在表演义务戏时，扩大了这种日式打扮在当时的影响等。至于这部分，由于跟本章的论点有些出入，

---

① 奥野信太郎「燕京品花錄」『随筆北京』第一書房、1940、216 頁。

② 奥野信太郎『随筆北京』。

在此就不展开论述了。

综合考虑上面的内容，笔者认为东洋髻在普通中国妇女之间流行的时期大致为 1912～1920 年。而 1920 年以后，东洋髻在普通妇女之间的流行逐渐衰退下去，最终只在部分妓女之间保留了下来。

另一方面，就流行的范围来说，从目前笔者搜集到的资料来看，东洋髻不仅仅在上海、北京等大城市，甚至整个广东及东北地区也都曾流行过。并且，不仅在汉族妇女之间，就连蒙古族妇女也曾受到过东洋髻的影响。

东洋髻传入中国的缘由以及流行的时间可以通过下面这张图（图 8－9）来了解。①是指东洋妆作为清末妓女的时尚时期；②是东洋髻的诞生和流行时期；③是东洋髻在普通妇女之间慢慢衰退，成为中华民国时期小部分妓女的风俗（东洋妆）时期。本章以下将以②这段时期为中心进行讨论。

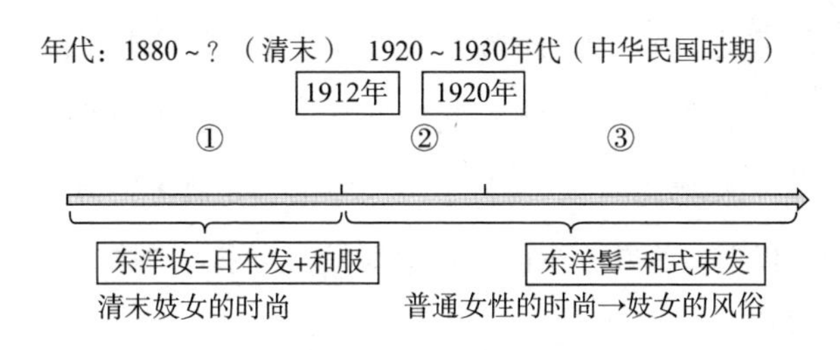

图 8－9　东洋髻传入中国的过程及流行时间

第二节　“东洋髻”与近代中日女子教育的交流

在上一节中，笔者详细地阐述了东洋髻的基本概况，那么接下来，在本小节中，将对东洋髻传入中国的具体过程进行进一步的考察。

就像前面所述，东洋髻的诞生与东洋妓女原本是没有什么实质上的关联的。但是，在信息的流通并不像现在如此发达的那个年代，东洋妓女这个群体在小范围内流动，为服饰文化的交流创造了一个契机。

而实际上，除了东洋妓女以外，在中日两国妇女之间，还有两个群体曾大规模地进行过交流。一个是从日本派遣到中国来支援中国女子教育事业的日本女教习，另外一个则是为了学习近代日本先进的知识和技术从中国派往日本的中国女留学生。而这两个群体的女性，不仅仅与近代中日两国女子教育的交流紧密相关，与东洋髻传入中国也有着密不可分的联系。

对“东洋髻”的第一印象——日本女教习的来华

一般来讲，在中国服饰史上往往认为东洋髻的起源除了东洋妓女，还与中国女留学生有一定的联系。诚然，中国留日女学生是东洋髻传入中国的一大契机。可实际上，在众多中国女留学生学成归国以前，为数不少的日本女教习已经来到中国，她们的影响也不容小觑。

首先，我们来看一下日本女教习来华的原因和当时的社会背景。由于甲午战争中的惨败，清朝统治者终于意识到要从自身进行变革。于是，开始以日本为师，通过派遣留学生来培养有能力促进清朝变革的人才。然而，讽刺的是，大量派遣留学生的结果是，日本反过来成了对抗清朝统治者的革命人士的基地。了解到实际情况之后，清朝统治者立即严格控制向日本派遣留学生，取而代之的是开始大量招聘日本教习来华援助中国教育，以此向更多的普通人（不会反叛清王朝的人）进行新知识的教育。[①] 另一方面，在中国近代女子教育开始之际，国内具备西方先进知识的女教师资源实在是太紧缺了。当时，由洋人成立的教会学校以传播基督教为主要目的，这让中国人感到十分不满。为了与之抗衡，就像本书第七章所介绍过的一样，逐渐出现了民间人士自发建立新式学堂的动向。但是，新式学堂除了教授传统的汉学以外，还需要一些具备先进的西方知识的教师，可惜，这样的人才十分短缺。[②]

根据汪向荣的研究，在这样的背景下，从 1901 年至 1911 年大约 11 年间，中国从日本聘雇大量的教师。[③] 不仅仅局限于大城市及沿海地区，就连当时发展比较落后的内陆地区（如四川、贵州、云南等地），以及几乎没有汉族人居住的偏远地区（蒙古）也都出现过从日本聘雇来的日本教师。[④] 而笔者偶然发现，这些日本教师在中国的轨迹与后来东洋髻在中国流行的范围竟部分吻合。

基于当时中国人的传统思想，女子学校的教师及校长由女性担任才合适，因此新成立的女子学校出现了不少女教师的空缺。关于当时从日本聘雇的日本女教师的人数，佐藤尚子认为有 81

---

① 汪向栄著・竹内実監訳『清国お雇い日本人』朝日新聞社、1991、78 頁。
② 汪向栄『清国お雇い日本人』、77 頁。
③ 汪向栄『清国お雇い日本人』、125 頁。
④ 汪向栄『清国お雇い日本人』、128 頁。

人，而加藤恭子则指出有 88 人。[①] 姑且不管哪个数字更准确，我们可以确定的是，有八九十名日本女教师到过中国。当然，毫无疑问，这个数字也不过是经过一番资料受限的考察后确定下来的，实际应该更多，可惜她们的故事再也无法考证。

在外国的信息无法像现在一样可以迅速广泛传播的年代，人口的流动无疑是信息交换最有效的一个手段。譬如，日本女教习保持着日本人的服饰习俗来华，这也是一种不同文化之间的交流。因为，在当时，绝大多数人根本没有去日本的机会，更不用说轻易地见到日本人，可是有一天，突然眼前出现了穿着和服(或者和服女裤)、头上梳着束发的日本女教习，她们的样子无疑会让中国人觉得新奇并留下深刻的印象吧。如此一来，中国妇女受到日本女教习服饰风格的影响也并非不可能。

接下来，为了探讨日本女教习的出现与东洋髻是否有一定的关联，笔者认为有必要具体来考察一下被派遣到中国各地的女教习在中国的实际生活和服饰情况。那么，我们来看几个具体的例子。

最早被派到中国的日本女教习据说是一位叫作河原操子的女性。关于河原操子，笔者已经在第七章有所介绍，我们再来简单回顾一下。1902 年，通过下田歌子的介绍，当时还在横滨大同学校任教的河原操子欣然接受了来自中国民办新式女学堂——务本女塾校长吴馨的邀约，只身前往中国赴任。河原回忆，在务本

① 佐藤尚子「明治後期教育雑誌等にみる日本人女性教習の活動」『アジア教育史研究』第 10 号、2001 年、14－15 頁；加藤恭子「二十世紀初頭における、中国への日本の女子教員派遣と『東洋婦人会』—中国の女子学校教育の実施にむけた協力活動について」『お茶の水史学』第 57 号、2014 年、63 頁。

女塾，除了她以外，其他的8名教师均为中国男性。她当时负责教授的科目是日语口语、日本文字、算数、唱歌、图画等，其中唱歌与日语会话等课程最受欢迎。[①] 河原赴任不久，便获得学生们的信赖。不仅如此，“我所言所行她们皆奉为真理，并毫无疑问地去积极模仿。有一次，一不留神我盘好的发髻上垂落下来一丝发梢，见此状，学生们以为我是故意这样打扮的，于是三四名学生居然也从自己那梳得光滑平整的头发中刻意拨出来几根让它们垂落在自己脸颊上”。[②] 从这段文字中可以看出学生不仅仅关注河原的课程，甚至连她的一举一动都迫不及待地去模仿学习。而当时河原所教的学生中，最小的也就八九岁，年长的则已超过30岁，其中还有好几人跟河原的年龄相仿。[③] 在那个原本女教师就十分罕见的年代，身着异国的服饰，还拥有丰富的先进知识的年轻日本女教师成为自己的老师，不难想象女学生大都对她无比喜爱和憧憬。因此，她们才会争先恐后地去模仿河原的一言一行。据河原所说，女学生们过的是寄宿生活，她们每天早上6点起床，然后立即带好梳妆用品去盥洗室梳妆整理。而在通常情况下，她们的发型是“脑后扎着一个低低的发髻，用头油将整个头发梳得光滑平整不留一丝杂毛”。清末女性往往会将头发梳得光亮整洁。不过，就像前面介绍过的一样，女学生们看到河原偶然垂落在脸颊上的发丝后，就立即将原本的习俗抛诸脑后，争先恐后地模仿。由此可见，女学生们对河原的憧憬之情是何等强烈啊！

---

① 一宫操子『新版蒙古土産』、54－56頁。

② 一宫操子『新版蒙古土産』、61頁。

③ 一宫操子『新版蒙古土産』、62－63頁。

两年后，河原与务本女塾签订的契约到期，经过上海领事馆小田切万寿之助的交涉，河原又成为蒙古喀喇沁王府的家庭教师。[①] 作为来华女教习，河原当时的样子可以从她在喀喇沁王府所拍摄的一张照片中看出来。图 8－10 中，河原身穿清朝统治阶层满族女性的传统旗装，有趣的是，她的发型却保留了日本特色，梳的正是束发。

图 8－10　河原操子（坐者）与中国女学生

资料来源：一宫操子『蒙古土産』実業之日本社、1909、口絵写真。

像河原这样的打扮，也许只是当时众多女教习中的一个侧影而已。不过，就河原来说，为何将身上的服装换成了中国式的，而发型却不愿意改变呢？对于这个问题，笔者是从以下两个方面来考虑的。一个是结合当时中国的国情来看，统治阶层满族

① 加藤恭子「二十世紀初頭における、中国への日本の女子教員派遣と『東洋婦人会』—中国の女子学校教育の実施にむけた協力活動について」『お茶の水史学』第 57 号、2014 年、54 頁。

妇女与被统治阶层汉族妇女以及日本妇女之间的服装和发型截然不同。而在中国，不同阶级应当遵循其对应阶层等级森严的服饰制度。那么河原作为日本人来华，应该梳怎样的发型，其实也是一个在现实中比较重要的问题。而另一个理由，笔者认为河原作为被聘雇来的女教习，选择了入乡随俗尊重中国人的习惯，因此穿上了中国妇女的服装。而河原在当时女子教育明显落后的中国作为女教习被聘雇，自然受到了中国人的尊敬。不管是出于哪一种理由，河原自身好像特别满意这张身穿满族妇女的旗装、头上梳着和式束发的照片，无论是1907年她从美国给日本杂志《实业之日本》投稿时特意选用了一张这种装扮的半身照，还是1909年她在自己的专著《蒙古特产》一书中特意将这样身穿旗装配和式束发的照片选为了卷首照片，都可以说明这一点。的确，当时作为日本女教习来华支援中国的女子教育事业，这一特别的经历仅凭这一张照片就足以说明，况且河原自身也似乎对此经历感到十分自豪。

那么，除了河原，其他的日本女教习在中国停留期间的服饰情况又如何呢？我们继续往下看。从日本出版的杂志中，可以窥探到当时女教习在中国生活的情况。当时，为了培养一批派遣到中国的女教习，日本还专门成立了东洋妇人会教员养成所和女子清韩语讲习所。譬如，从女子清韩语讲习所毕业的村上清子抵达中国以后，从浙江省吴兴尚志女塾转职到浙江省湖州女子学堂之时，为了供后继的日本女教习参考，留下了下面这段资料：

一、吴兴之地几乎没有日本人，因此到此地后应诸事多加小心。

一、至少需要带一周左右的食物以及茶碗等。

一、一定要提前跟校方约定准备好浴室。

一、冬天有时比日本还要寒冷，因此最好提前准备好衣物。

其他教师都十分友好，学生也都心地善良，这些方面大可放心。①

像这样细致的记载对后任的日本女教习们来说无疑如获至宝。其中有一条是有关衣物方面的，在提醒后任的女教习，浙江与日本的气候有所不同，尤其是冬天，需要提前准备好衣物。另外，村上清子还补充道："赴任中的食物、居住、家具等全都是由校方提供。"由此处可以推测，当时，在衣物方面相对昂贵的年代，即使是对于千里迢迢从日本聘雇过来的女教习，中国女子学校也没有支付相应的服饰费用。笔者推测，日本女教习们在中国任教之初，并没有穿中国服装，而是穿着并带着和服或者和服女裤而来。当然，等她们抵达中国以后再定做中国服装也是完全有可能的，不过笔者推测，至少在赴任之初，她们应该是带着日本服装，在上课时也是身穿日本服装。

当然，我们还可以参照其他的例子。和村上一样，从女子清韩语讲习所毕业的斋藤石子和市村满津美子二人于 1908 年抵达湖南省模范小学堂和蒙养院。在一篇名为《去往中国的日本女教师》的文章中，转引了斋藤和市村二人写给井原老师的信的一小

① 湖北散士「清國行の日本女教師」『殖民世界』第 1 巻第 3 号、1908 年、57 頁。

段，有关湖南的学校给她们准备居室，文中记载：

和式二十几帖的大厅有两个，中央是就餐区域。从床到放衣物的柜子，再到衣架等物的设置没有让人感到不便。一人一张四脚桌，厕所看上去也是特意按照日本的来设置的，还设有浴室，即使每天入浴也没问题。并且，还有专供我们二人使唤的丫头和小厮，饮食也全都替我们安排妥当了，平常为我们做的饭菜有鸡蛋、肉类、蔬菜等，都十分美味。①

对于刚从日本女子学校毕业的年轻女教习来说，中国学校提供的优待大概是她们做梦都没想到的吧。从上面的文章中笔者找到了一条很重要的线索：中国的学校费尽心思努力为女教习们提供了几乎和在日本一样的生活设施和环境（当然除了服饰以外）。在由中国学校提供的日式生活环境中，假设女教习们身穿和服女裤，头上梳着束发，也就是说，完全保留日式的服饰习惯，也并不稀奇。相反，特意将服饰改成中国式的，反倒是让人觉得有些奇怪吧。而实际上，据说斋藤和市村两人刚抵达中国时，由于外观奇特，中国人都觉得新奇，不少人还一直跟在她们身后仔细打量观察。从这段插曲可以推测，当时二人身上之所以集聚了那么多新奇的目光，主要还是因为她们的服饰吧。② 另

① 湖北散士「清國行の日本女教師」『殖民世界』第1巻第3号、1908年、58頁。

② 湖北散士「清國行の日本女教師」『殖民世界』第1巻第3号、1908年、58頁。

外，《去往中国的日本女教师》一文中，还插入了斋藤和市村的照片（图 8－11），照片中二人都是身穿和服，梳着束发。

图 8－11　日本女教习

说明：左为斋藤石子，右为市村满津美子。

资料来源：湖北散士「清國行の日本女教師」『殖民世界』第 1 卷第 3 号、1908 年、56－57 頁。

通过上面的资料，我们可以清楚地了解到，当时来华的日本女教习中有像河原那样选择身穿中国服饰、头发保留日式束发习惯的，也有像斋藤和市村那样几乎完全保留日本服饰习俗（身穿和服女裤，头上梳着束发）的，也就是大致分为两种类型。而从当时的照片来判断，实际上后面这种情况更普遍一些。举个例子来说，从鹿儿岛女子师范学校毕业后，由大日本东洋妇人会派遣到安徽女子师范学校的龙岗照子，在她与其所教的中国学生的合影中，身穿和服女裤，梳着束发，她身旁另一位看似是日本人的女性跟她一样的打扮，大概也是一位日本女教习吧（图 8－12）。

图 8－12　龙岗照子与中国女学生

说明：前排右数第 5 人为龙岗照子。

资料来源：『中国雑観』、附録写真。

也就是说，在中国期间，不少日本女教习都保留了原本的服饰文化。当时来华的日本男教习或者从事其他工作的日本男性，大都会选择穿西服那样的洋装。与此形成鲜明对比的是，女教习大都保留了身穿传统服饰的习惯。因此，从结果来看，她们间接地将日本人的服饰文化传播到了中国。虽然无法断定是不是日本女教习的束发直接为东洋髻的诞生提供了契机，但是通过实际了解日本女性当时所喜爱的发型，可以推测受到来华日本女教习的影响，东洋髻诞生的群众基础已经形成了。具体来说，首先，日本女教习的到来，让当时从未踏出国门的中国妇女了解到束发这种洋发型。其次，包括女学生在内的中国妇女对富有学识的日本女教习充满了好感，因此爱屋及乌，对她们的服饰习惯也产生了浓厚兴趣并开始效仿。最后，笔者认为，在中国几乎不存在女教师的那个年代，日本女教习成为后来出现的中国女教师的一种典范，必然也就成为她们模仿的对象。

“东洋髻”的诞生——留日女学生的归国

在上一部分中，笔者重点探讨了从日本直接来到中国的女教习们与东洋髻之间千丝万缕的联系。另一方面，与日本女教习这个群体恰恰相反，女留学生们从中国漂洋过海到日本学习先进的知识和技术，归国后除了做到学以致用，同时还意外地将留学地日本服饰文化的种子播种在了中国大地上。目前的研究的确表明，中国女留学生在东洋髻的流行一事上发挥了重要的作用。然而，女留学生究竟是如何将东洋髻带到中国来的呢？关于这一过程并没有人做过多的说明。因此，为了解开这个谜团，笔者先探讨一下中国女留学生接受日本服饰文化的具体过程，然后再重点考察归国后女留学生们实际穿着的服饰。

1896 年，清政府派遣了 13 名中国留学生，从此拉开了中国人赴日留学的序幕，从那以后，到日本留学的中国人越来越多。当然，毫无疑问，最初赴日留学的是中国男性。留学这件事，似乎与当时的女性并没有太多干系。虽说如此，可是到了 1900 年，东京的街头上也开始出现中国女留学生的身影。[①] 也就是说，比男留学生稍微晚一些，1900 年代，中国女性开启了赴日留学的历史。

---

① 黄庆福：《清末留日学生》，台北：中研院近代史研究所，2010，第 42 页。根据黄最新的研究，1900 年已经出现了赴日女性。因此，笔者在此引用了该研究成果。

图 8-13　1907 年实践女学校的中国女留学生（站立者）

资料来源：実践女子学園八十年史編纂委員会編『実践女子学園八十年史』、1981、口絵。

那么，当时在日本留学的中国女性究竟是一番怎样的情形呢？在本书第七章中，笔者已经介绍过清末女留学生相对集中的实践女学校，从中我们可以推测出当时中国女留学生的服饰情况。1904 年，湖南省派遣的 20 名官费女留学生抵达了日本，进入实践女学校学习。当时，她们穿着中国服饰，缠足的样子让日本教师感到十分为难。[1] 在那种情况下，教师首先做的便是询问女留学生的年龄，然后为她们准备适合她们年龄的制服，也就是和服女袴、和式汗衫等。[2] 最后，教给女留学生和服的穿法、束发的梳法等。这也说明在日本教师看来，中国女留学生的服饰才

① 渡邊友希絵「明治期における「束髪」奨励—『女学雑誌』を中心として」『女性史学』第 10 号、2000 年、50 頁。

② 渡邊友希絵「「束髪」普及の過程における一考察—昭憲皇后を中心として」『鷹陵史学』第 28 号、2002 年、165 頁。

是首要问题。另一方面，笔者还找到了能还原当时中国女留学生上课情形的资料。杂志《妇人画报》中刊载了两张中国女留学生在实践女学校学习时期的照片，通过照片我们可以窥探到1907年中国女留学生的样子。其中一张是女留学生正在做体操（图8-14），另一张则是她们在上算术课时的情形（图8-15）。

图8-14　正在上体操课的中国女留学生

资料来源：『婦人画報』第3卷第2号、1907年2月1日。

图8-15　算数课堂上的中国女留学生

资料来源：『婦人画報』第3卷第2号、1907年2月1日。

从照片中我们可以比较清楚地看到，在学校里，女留学生与日本女学生几乎毫无差别，大家都穿着和服女裤，而且头上梳着束发。也就说明，身穿和服女裤，头上梳着束发（图 8－16）俨然已经成为中国女留学生标准的服饰搭配。

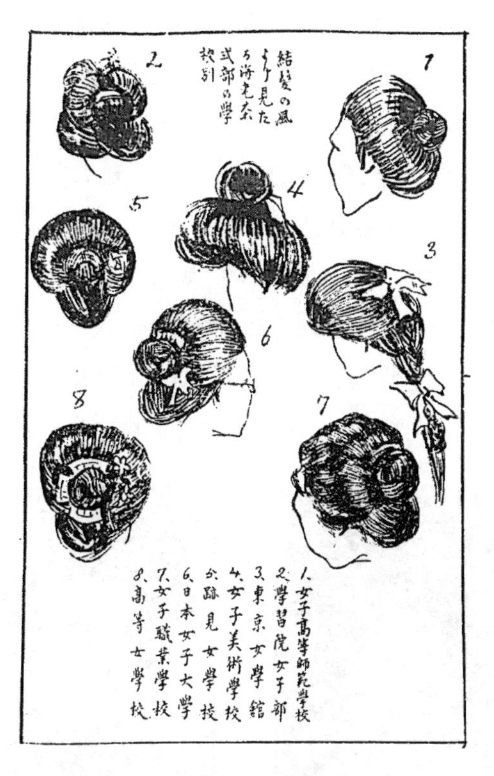

图 8－16　东京各女学校的束发

资料来源：『東京パック』第 2 卷第 13 号、1906 年 7 月。

那么，在学校以外，中国女留学生的服饰又是怎样的呢？日本《朝日新闻》刊载了一篇题为《吴女士与叶女士：正在日本留学的厉害的革命女性》的文章。而当时正好辛亥革命爆发，中国社会动荡。留日学生之中很大一部分人高度关注中国国内的形势走向。其中，吴女士与叶女士二人因身为女性却积极参加中国革命而备受日本媒体关注。因此，日本记者费尽周折找到二人，对她们进行了采访。报道中详细叙述了采访的整个过程。

这二人本名分别叫吴墨兰与叶慧哲，都是大成学馆的留学生。其中，吴女士还曾在实践女学校学习过一年。记者描述了在二人的住处找到她们时对吴女士的第一印象："听着从二楼传下来一阵小脚步声，接着眼前就出现了一位梳着蓬松且饱满的庇发，后面绑着鲜艳的蝴蝶结，下面穿着一条裤腿较短的裤子，上面罩着一件中国风汗衫的女子。"① 从这段描述中，我们看到了吴女士居家时的模样，那就是身上穿着中国服装，而头上却梳着当时在日本极为流行的庇发。同时，这篇报道中还刊载了二人各自的半身照（图 8－17）。照片跟记者的描述基本吻合，二人都

图 8－17　梳着束发的吴女士与叶女士

资料来源：『朝日新聞』1911 年 11 月 15 日、朝刊第 5 面。

① 『朝日新聞』1911 年 11 月 15 日、朝刊第 5 面。

穿着高立领的中国汉族女性服装，头上则是梳着大大的庇发。另外，记者还补充道：吴女士与叶女士在当时的留日女学生中算是非常时髦的女子。由此笔者推测，也许有部分留日女学生像吴女士与叶女士一样，在学校以外的时间或其他场所，还是习惯换成中国的传统服饰，而发型则保留了当时日本的流行发式。

不过，留日女学生归国以后的服饰又发生了什么变化呢？归国后，她们究竟是回归了留学前的服饰习惯还是或多或少地受到了留学地的某种影响？有关这一点，接下来，笔者会通过分析几个真实的例子来探讨。

首先，来看一下著名革命家秋瑾女士。秋瑾于 1904 年渡日进入实践女学校学习，留学两年以后也就是 1906 年回到了自己的家乡。对于当时归国的情形，其弟秋宗章回忆说：“姐姐从日本回来时，穿着一身宽襟博袖紫色底子上印着白色条纹模样棉织的和服。那是种敞领宽袖的衣服。然后，她的头发都盘在头上，最初看的时候还以为是哪儿来的客人呢。”① 顺带提一句，当年秋瑾穿着日本和服、梳着束发，一派日式造型的照片（图 8－18）至今仍广为流传。

接下来，再来看看女医苏淑贞。《妇女杂志》（第 2 期）上刊载了一张顺德女医生苏淑贞拍摄于 1917 年的照片（图 8－19）。照片周围补充的文字说明中简单地介绍了苏淑贞的个人经历。苏淑贞，最初进入东京牛入区河田町的女子医药专门学校学习，之后，在帝国大学医院以及三井慈善二医院进行了一年的研

① 陈象恭编著《秋瑾年谱及传记资料》，第 29 页。

图 8－18　秋瑾肖像

资料来源：『日華学報』第 66 号、1938 年 2 月 1 日、口絵。

图 8－19　顺德女医苏淑贞

资料来源：《妇女杂志》第 2 期，1917 年，第 6 页。

究，于1916年夏季归国。归国后的苏淑贞进入了广东医院产科工作。笔者经过更进一步的调查后发现，苏淑贞在1909年至1915年，在东京女子医学专门学校留过学。照片中的苏淑贞，尽管身穿中国服装，而发型却是梳着和日本人一样的束发。也就是说，她在归国后的半年左右时间里，很有可能保留了中国服饰加上日本发型的习惯。

除此以外，还有从日本归国后成为著名女体育家的腾超（图8-20）。腾超出生于湖南省，于1906年11月赴日留学，以私费的形式进入体育会女子部和洋裁缝学校学习。[①] 据推测，她有可能是日本体育会体操学校最早接收的一名中国女留学生。[②] 1919

图8-20　穿着和服女裤的腾超

资料来源：张謇《治家全书》第1卷《图像篇》，交通图书馆，1919。

① 谢长法：《清末的留日女学生》，《近代史研究》1995年第2期，第279页。

② 尚大鹏「日本体育会体操学校における清国留学生—雑誌『体育』より」『教育学研究紀要』第46卷第1号、2000年、147頁。

年6月出版的《治家全书》中刊登了一张腾超的照片。照片中她与留学时期一样，身穿和服女裤，头上梳着束发。当然，这张照片也有可能拍摄于她留日期间。不过，编辑从众多照片中选择了这张来介绍，可见还是十分具有腾超个人特色的。

虽说以上不过是留日女学生群体中的一些个例，但是，类似的例子仍是存在的。通过这些例子我们可以推测，当时赴日留学的中国女性中，不少人都受到了日本女学生服饰文化的影响，甚至有人归国后虽然服饰有所更改，但仍保留了束发的习惯。

中国女教育家及女教师的东洋髻

1900～1910年代，支援了中国不少地区女子教育事业的日本女教习们无意间将日本女性束发的习俗带到了中国。后来，到了1910年代以后，陆陆续续从日本回到中国的女留学生，再次将她们受留学地影响所接受的束发带回了中国。而且，从日本学成归国的女留学生们大都开始接替日本女教习，成为建设中国女子教育的中流砥柱。无论是日本女教习还是中国女留学生，这两个群体的女性正如前文论述的一样，均毕业于日本各大女子学校，因此十分了解和熟悉日本女学生的束发。笔者认为日本女教习为东洋髻传入中国做好了铺垫，而留日女学生的归国则加快了东洋髻在中国传播的速度，扩大了其影响力。也就是说，东洋髻其实与中国女子教育界之间有着密切的联系。当然，更不用说这些中国女子教育界的女精英后来对业界的影响力了。中国流行日本束发其实就是从教育界开始的。接下来，我们再看一些具体的例子。

当时以女性读者为对象的知名杂志《妇女时报》分别在1911年第2期、1913年第10期刊载过著名女教育家吕碧城女士的照片（图8－21）。吕碧城是一位为天津近代女子教育事业的发展做出杰出贡献的女教育家，尤其是她作为北洋女子公学的创设与管理的核心人物之一而广为人知。[①] 这两张照片虽然刊载在不同期，但笔者推测，二者应该是吕碧城在北洋女子公学任职后所拍摄的同一组照片的正面和背面。

图8－21　吕碧城

说明：梳着东洋髻的吕碧城的正面照和背面照。

资料来源：《妇女时报》第2、10期，1911、1913年。

1911年刊载的是一张正面的、稍稍有点斜坐着的照片，1913年刊载的则是一张站立时的背面照。由于两张照片其实属于同一组，所以发型应该是同一个，叫作垂辫，是日本束发中的一种。

① 崔金丽：《吕碧城与北洋女子公学》，《中国社会科学院研究生院学报》2015年第1期，第135～139页。

吕碧城出生、成长在中国传统的家庭中，到拍摄这组照片为止，她并没有出国的经历，因此，笔者认为她像其他留学生一样直接受到日本影响的可能性并不大。不过，前文介绍过的秋瑾或许与吕碧城有着千丝万缕的联系。实际上，秋瑾在去日本留学前夕，曾拜访过吕碧城，在留学过程中也曾与吕碧城有过书信往来。而且，秋瑾回国以后在上海创办《中国女报》，其主笔之中就有吕碧城。[①] 也可以认为，吕碧城或许是受到有留日经验的友人或工作伙伴的影响。

不过有趣的是，笔者偶然还找到了一位很有可能受到吕碧城影响的女性，名字叫作周道如。她是吕碧城曾担任过总教习的北洋女子公学的毕业生。周道如毕业以后曾在北洋女子公学的附属小学工作过一段时间，后来在吕碧城的推荐下进入了直隶总督袁世凯的府邸，成为袁世凯家眷的家庭教师。在袁世凯的府邸当了十多年的家庭教师以后，她于1914年与袁的部下冯国璋结婚，不过据说这场婚姻是袁主导的政治联姻。[②] 可惜，在冯国璋成为中华民国代理大总统后没多久，也就是1917年9月，周道如去世了。后来，在1919年出版的《治家全书》中有一张周道如的照片，标注有“冯大总统夫人周道如女士遗像”的字样（图8－22）。照片中，周道如穿着汉族女性常穿的上衣下裳，周围摆放着一些盆栽以及西式的围栏等。如果仔细观察照片中的周道如女士，则会发现她梳着的并非传统汉族女性的发型，而是东洋髻。

---

① 张耀杰：《民国红粉》，新星出版社，2014，第127～131页。

② 水车：《冯国璋的政治婚姻》，《文史博览》2015年第5期，第29页。

图 8 – 22 周道如像

资料来源：张謇《治家全书》第 1 卷《图像篇》。

另外，笔者发现在中部地区也出现过梳东洋髻的女性。比如，发行于 1915 年的《妇女杂志》第 6 期刊载了一张照片，题为《湖南西路女教育家》。照片左侧的女性名叫陈敏，字梦棠，是现湖南省湘西保靖县人。而她旁边站着的另一位女性叫作易瑜，是当时湖南省的教育家。从照片中可以看到她们二人都是穿着汉族女性传统的上衣下裳，其中陈敏梳着东洋髻。

从以上事例可以看出，无论是北方的天津还是南方的江苏、湖南等地，都是中国近代女子教育发展较早的地区，在这些地区，在女教育家和女教师之间最早开始流行起东洋髻。通过上述事例，我们了解到，虽说很难断定这些跟中国女子教育相关的女性是直接受到了日本的影响，但她们很可能或多或少地受到了日本女教习及归国后留日女学生的影响。也就是说，对当时中国诞生的一批中国女教师来说，东洋髻是一个必不可少的要素，也是区别她们这一类从事女子教育相关事业的女性与其他普通女性的一个重要特征。

第三节　普通妇女间流行的“东洋髻”

在上一节中，笔者已经详细地阐述过东洋髻的流行最初主要是在教育界女性之间。可随着对女子教育的期待与呼声越来越高，即使是长期生活在“女子无才便是德”这种传统思想下的普通女性，也有部分人开始憧憬和努力追求成为有知识文化的独立女性，也就是出现了大家热衷于做时代新女性的倾向。同时，随着清王朝的衰亡以及一个新的国家中华民国的成立，社会上出现了倡导摒弃旧俗陋习、积极吸收学习西方及日本新文化的动向。在这样的时代及社会背景之下，原本只在部分教育相关的女性之间流行的东洋髻，也突然扩大了影响力，逐渐演变成普通妇女之间的一种潮流。在这一节中，笔者将针对东洋髻流行的实际情况及具体时间进行详细的考察和论述。

流行的实际情况——从文献资料来看

首先看与东洋髻相关的文献资料。笔者在查阅了近代中国最有影响力的报刊之一《申报》以后，发现其中跟东洋髻相关的报道有 13 篇。从时间来看，它们主要集中在 1889 年至 1924 年。其中，除了常用的“东洋髻”一词以外，还出现了不少关联词，比如“东洋妆”“东洋装束”“东洋头髻”“东洋装”等。而从报道内容来看，主要跟流行、女子学校、政治、社会相关。下面，笔者将对“东洋髻”的相关新闻内容进行详细的分析和说明。

《新清平调三章》中有一首词：“一枝花朵夜来香，眉眼传情欲断肠。借问奴容谁得似，东洋头髻学新妆。”[①] 这首词很显然是在讽刺当时女性之间盛行东洋髻这一现象。同年，《登徒子来函》一文中提到，用“生发胶”这种生发药水之后可以达到理想的效果，即“乌润如云可作时装东洋髻”。[②] 该文是在宣传“生发胶”的效果，旨在告诉读者用完该“生发胶”，头发可以变得又黑又浓密，甚至还可以梳那种对发量要求较高的东洋髻。有趣的是，为了达到宣传效果，该文作者特意选用了东洋髻这种发型作为例子。反过来可以发现，当时的妇女如果想要梳东洋髻，那么需要有黑色的头发且发量较多。另外，在《申报》大概十年之后的一篇文章中笔者又找到了“又有服中国饰而加西式大衣梳东洋之高髻”的描述，[③] 而这个例子恰好显示了当时东洋髻被中国妇女很好地吸收融入了自己的时尚潮流之中。

当然，也有相反的例子。在 1919 年五四运动中，为了表达对日本以及中国外交失败的强烈不满，某女子学校的校长组织了宣传救国的演讲和游行。然而，就在游行队伍出发之前，女校长“仍挽东洋髻，经人指摘，校长顿悟，立引刀自断其发，以谢众

① 《申报》1914 年 6 月 18 日，第 14 版。

② 《申报》1914 年 4 月 29 日，第 14 版。

③ 《妇女服饰派别论》，《申报》1924 年 1 月 1 日，第 34 版。

人”。[1] 原来，组织演讲和游行的知识分子精英没有意识到自己所梳的发型其实是模仿了日本的潮流，让其他人感到惊诧。为了表达对这一不谨慎的行为举止带来不良影响的歉意，女校长立即亲手将自己的头发剪掉了，以此来表达反日的决心。当然，这也许是一个东洋髻与时政相关的极端事例，不过我们由此可以推测出，东洋髻深入民国前期妇女的生活之中。也就是说，到了1920年代前后，东洋髻这种发型中的“异域风情”时尚含义逐渐淡化，其演变成了一种特别受中国知识分子女精英阶层青睐的代表性发型。

流行的实际情况——从图像资料来看

除了上面介绍过的部分文献资料，笔者还挖掘到了大量与东洋髻相关的图像资料。随着东洋髻逐渐发展成为一种普通妇女所热爱的时尚发型，无形之中它也成为美人画画家感兴趣的一种题材。比如，清末民初运用西方美术技巧创作了大量美人画的著名画家沈伯尘就曾描绘过梳着东洋髻的美人。沈伯尘出生于浙江桐乡乌镇，《大共和星期画报》多次刊载他创作的美人画。后来这些插图被收集起来，于1913年结集成册出版，题名为《新新百美图》。[2] 由于当时这本画册销量非常可观，沈伯尘又陆续出版了《新新百美图外集》和《续新新百美图》等。可惜，目前笔者很难搜集到这三册画集原作，因此本书主要参考的是2010年由吴浩然编辑出版的沈伯尘美人画集《老上海女子风情画》（该书中的图画主要摘自上述三册画集）。《老上海女子风情画》一

① 海上闲人：《上海罢市实录》，公义社，1919，第2~8页。

② 吴浩然编著《老上海女子风情画》，齐鲁书社，2010，第2~8页。

书中收录的美人图共计192张，而这192张美人图中笔者判断包含东洋髻的有23张。据吴浩然在序文中的介绍，这些梳着东洋髻的美人图大都是在1913年前后创作的。而吴浩然介绍的这个时期与前文中笔者根据文献资料推测的时期大体一致，由此不难想象东洋髻在当时受中国妇女喜爱的程度。那么，沈伯尘所描绘的梳着东洋髻的美人究竟是怎样的呢？接下来，笔者将具体分析。

例如，像图8－23中的女子一样，沈伯尘所画的梳着东洋髻的美人，几乎都是穿着中国汉族女性传统服饰上衣下裳。而头上梳的东洋髻则分为两类：一类是戴着蝴蝶结，另一类则几乎毫无装饰。若是将这一类东洋髻美人与其他传统中国风的美人相比较的话，不难发现，东洋髻美人常常是与西式物品相伴的。比如图8－23中，女子面前立着一面西式全身镜，身上披着一件西式长外套，其他室内家具看上去也像西式的。因此，也许可以说，这东洋髻就跟其他西式装饰物品一样，已然成为都市女性新生活中的一种新时尚。

继沈伯尘之后，1923年，启新书局出版了陆子常的画集《最新式时装百美图》。陆子常与沈伯尘的美人图从根本上有着很大的不同。据陆子常在自序中的介绍，他所描绘的美人图中的女子全都是当时上海实际存在的人物，并非虚拟的，因此他的每幅美人图都配有人物原型的名字。[①] 而陆子常如何能找到那些实际存在的美人来作画呢？其实，他是根据自己搜集到的美女照片来进行创作的。这部画集分为上、下两卷，共四册。笔者对四册

① 陆子常：《最新式时装百美图》下卷，启新书局，1923，自序。

图 8 - 23　沈伯尘描绘的美人图

资料来源：吴浩然编著《老上海女子风情画》，第 151 页。

画集进行一番详细的确认之后，发现《最新式时装百美图》中梳着东洋髻的女性有 10 人，她们的真实姓名如下：王水香、张嫒嫒、左红玉、姜小玉、马巧珠、徐蕙珍、张小宝、李黛玉、陆桂卿、金巧铃。陆子常笔下的美人图中出现的东洋髻从造型上来看与前面沈伯尘所画的并没有太大的不同，不过，这些真实存在的美女所梳的东洋髻上都会绑着一个蝴蝶结，这算是陆子常所画东洋髻美女的特色了（图 8 - 24）。而且，陆子常记录下来的这些东洋髻美女是 1920 年代前期中国真实存在的女性，这一点对本章探讨东洋髻在中国的流行与实际状况来说，具有十分重大的意义。

图 8－24　陆子常描绘的美人图

资料来源：陆子常《最新式时装百美图》下卷，第 46 页。

除了美人画集，还有一件十分有趣的事，就是“梳着东洋髻的中国女性”这一形象也经常在广告中出现。举个例子，清末民初非常受欢迎的一款叫作“仁丹”的日本制药于 1913 年 2 月 11 日在《大公报》上刊登了一则广告。广告中的女性身穿中国服装，头上却梳着浓密而蓬松的东洋髻，东洋髻后面绑着一个蝴蝶结（图 8－25）。原本这仁丹所使用的商标是一个穿着军服的军人形象，大概是为了吸引当时更多中国人的目光，特意在广告中导入了这种中国服装搭配日式发髻的时尚女性形象。不仅是仁丹，另一种叫作“中将汤”的日本妇女用药在中国销售时，也在广告中大量使用这种梳着东洋髻的中国女性形象（图 8－26）。这类广告大都出现在 1914 年中到 1915 年初。笔者推测，中将汤当时借着这波东洋髻的流行热潮，将广告刊登在极具影响力且拥有广大读者的报纸《申报》上，大概是想以时尚女性形象来吸引读者的目光，最终扩大该商品的影响力吧。

图 8－25　《大公报》上刊载的仁丹广告

资料来源：《大公报》1913 年 2 月 11 日。

图 8－26　《申报》上刊载的中将汤广告

说明：左侧上下两张插图均为梳着东洋髻的女性。

资料来源：《申报》1915 年 1 月 17 日，第 8 版。

最后，除了文献资料以及图画、广告等图像资料，笔者还找到了一些能反映当时中国女性热衷梳东洋髻这一潮流发型的老照片。比如，《妇女杂志》曾设立专栏用来刊登杂志读者的信息，在其 1917 年第 9 期上刊载过一张女学生的照片。该女学生是湖南省衡阳女子职业学校的学生，名叫罗刘时（图 8 - 27）。照片中，罗刘时穿着中国服装，头顶上则高高地梳着一个东洋髻，虽说这是一张黑白照片，可依旧能清晰地看出东洋髻的整体形状。另外，笔者还搜集到了四张梳着东洋髻的中国女性的老照片（其中一张见图 8 - 28）。每张照片都是中国妇女穿着传统的上衣下裳，头上梳着东洋髻坐在椅子上，一副时髦的打扮。

图 8 - 27　梳东洋髻的《妇女杂志》读者

资料来源：《妇女杂志》第 9 期，1917 年，第 10 页。

图 8－28　梳着东洋髻的普通妇女

资料来源：胡铭、秦青主编《民国社会风情图录　服饰卷》，第 16 页。

在综合考察了上面的文献资料以及各类图像资料后，笔者推测东洋髻于 1910 年代初期开始在普通女性之间流行，并一直持续到 1920 年代。其中特别有一点，从各类资料集中出现的时间来判断，1914～1915 年应该是东洋髻流行的顶峰。

＊＊＊

本章主要以在中国女性之间流行的发型东洋髻为研究对象，重新探讨了东洋髻是如何传入中国的这一课题，根据搜集到的各种资料，重新找到了东洋髻的起源，并且梳理清楚了东洋髻流行的具体经过和时期。

首先，针对目前中国学术界认为东洋髻是受东洋妓女的影响的观点，笔者发现东洋妓女的东洋妆与本章中探讨的东洋髻完全是两码事。东洋妓女的东洋妆实际上是传统的日本发髻与日本和服的整体搭配。因此，笔者无法认同上述观点。

然后，笔者对东洋髻的真实面貌以及流行经过进行了详细的考察分析之后，大致勾勒出了东洋髻在中国发展的整体脉络。

接着，笔者重点关注了 1912～1920 年，也就是东洋髻在妓女以外的中国女性之间流行的时期，通过对往来中日两国之间的两个女性群体进行考察，探讨了东洋髻传入中国的路径及具体经过。具体来说，就是对 1900 年代被派遣到中国的日本女教习，以及 1900～1920 年代陆陆续续从日本留学归来的女学生，与东洋髻之间的关系进行了详细考察。考察的结果可以用下面这个公式来表达，即“东洋髻＝日本女教习/中国留日女学生的束发”。也就是说，在中国流行的东洋髻实际上就是日本女子学校的学生和教师的发型。另外，从日本传入中国的东洋髻很容易被认为只不过是一种来自海外的时尚潮流罢了，实则不然。实际上，这是日本与中国之间近代女子教育密切交流的结果，东洋髻最初主要是在与女子教育事业相关的中国女性之间流行。对她们来说，东洋髻与其说是一种时尚潮流，倒不如说是一种新知识分子女性的象征。在那之后，东洋髻才开始在其他普通女性之间流行，并且流行的范围越来越广。

最后，经过本章的考察所得出的重要结论可以归纳为以下三点。第一，东洋髻是 1910 年代前期开始在普通女性之间流行，这一潮流一直持续到 1920 年代以后。第二，到了 1920 年代以后，东洋髻的身影并未真正消失，而是在某些地区作为妓女的一种装扮被保留了下来。第三，可以发现，除了上海、北京等大都市，从南边的广东地区到中部的湖南、东部的江苏、北方的蒙古，以及东北地区都曾大范围地流行过东洋髻。并且，除了汉族女性以外，还有少量蒙古族的女性也曾受到东洋髻的影响。

第九章　日本流行“中国服”现象

明治维新是日本近代风俗文化变迁的一个分水岭。日本人陆续抛弃了传统习俗，以西方文明为蓝本改造自己的国家和社会。当然，这样的大变革影响了日本人生活的方方面面，服装无疑也包含在内。况且，在社会风俗改良方面，服装本身也是一个重大课题。首先，对于男性，日本开始实行军服和制服的西化，并且规定在正式场合有身份的男性必须穿着西服。[①] 而在女性之间，比如在鹿鸣馆时期，上流社会的贵妇以及千金小姐中也有人穿上了华丽昂贵的西式女裙。不过，这些现象仅仅发生在极少部分人之间，女性的服饰西化并没有立即向中下层社会渗透。值得一提的是，明治时期以后，在很长一段时间内，围绕着女性服饰问题，和服改良派与西服推崇派之间出现了较为激烈的争论。例如，明治时期与大正时期分别发生了“衣服改良运动”与“服装改善运动”，皆是典型。

有趣的是，在围绕“和服”与“西服”的各种争论中，偶尔还会提到中国服。这又是为什么呢？还有，在“和服”与“西服”

---

① 小池三枝・野口ひろみ・吉村佳子『概説日本服飾史』光生館、2000、116頁。

之争中，中国服又是以怎样的形式登场的呢？这些都让人感到困惑。不仅如此，随着调查深入，笔者发现中国服竟然还在日本流行过一段时间。为何会出现这样的现象？又是怎样的契机促使中国服在日本流行起来的呢？这些谜团还未曾解开。当然，在目前学界的研究成果中，笔者还是找到了与中国服流行现象有关联的几篇论文，比如，学者大丸弘明确指出在 1930 年代初期，中国服流行过一段时间。[1] 池田忍也曾提及："进入昭和时代以后，中国服曾作为帝国大都市最前沿的流行被当时的女性所喜爱。"[2]

尽管找到了一点线索，可是为何日本人会突然欣然接受并喜爱中国服饰文化，中国服又是如何传入日本并成为一种流行时尚的，这些原因都是未知的。也就是说，有关中国服的流行过程及原因等还有很多未知数。而且，笔者发现，有关中国服流行时间的说法，比如大丸所指出的"1930 年代初期"以及池田所说的"昭和时代"等，跟笔者搜集到的资料中所显示的时间有一定的出入，那么有关中国服流行的时间的确是有待重新考察的。

基于以上诸多疑点，在本章中，笔者设定甲午战争到第二次世界大战结束为研究时间，以在此期间日本的主流媒体（主要指新闻报刊及女性杂志）所报道的中国服流行信息为具体考察内容，来解开中国服的流行从滥觞到鼎盛的具体过程这一疑团，同时对当时的社会背景及流行背后的原因进行深入的考察和分析。

---

① 大丸弘「両大戦間における日本人の中国服観」『風俗：日本風俗史学会会誌』第 27 巻第 3 号、1988 年、59 頁。

② 池田忍「『支那服の女』という誘惑—帝国主義とモダニズム」『歴史学研究』765 号、2002 年、1 頁。

本章选择的分析文本为日本两大著名报刊《读卖新闻》和《朝日新闻》(在后文中简称为《读卖》与《朝日》)。之所以选择它们，首先是因为它们都是从创刊开始到第二次世界大战结束(1945 年) 从未间断、连续发行的知名报刊。这为本研究在相对稳定的时间内较为完整地追踪考察中国服流行现象的发生以及变化过程提供了很大的可能性。其次，也是对本研究来说极为重要的一点就是，这两份报纸与其他报纸相比，具有一个典型的特征：它们更倾向于向读者提供一些女性更加感兴趣的报道。因此，笔者在这两份报纸中发现了不少有研究价值的材料。[①] 具体用数字来说明的话，与中国服相关的文章，《读卖》中有 30 篇，《朝日》有 28 篇，加起来有 58 篇之多。而这 58 篇报道，占据了笔者所搜集到的所有中国服相关报刊资料的 77%。因此，本章主要将《读卖》和《朝日》作为分析材料。但笔者事先声明：在必要的情况下，还是会加入《都新闻》和《东京日日新闻》的报道作为参考。

接下来，笔者将根据统计数据来说明本章所研究的时段。[②] 正如图 9 - 1 所显示的一样，很明显在 1945 年以前的日本报刊中，有关中国服的报道出现得最频繁的时期为 1920 年代，报道数量为 33 篇，占据了总数 75 篇中的 44%。这个数量比从 1930 年到 1945 年 16 年间（包含了战争时期）的总数量 27 篇还要多。因此，如果单纯从这些粗略的统计数字来考虑的话，笔者推测

---

① 川嶋保良『婦人・家庭こと始め』青蛙房、1996、5 頁。

② 这个数据是笔者根据所搜集到的新闻报刊（除《读卖新闻》《朝日新闻》以外）的所有文章统计整理而成。

1920年代应该是日本人对中国服最感兴趣的一个时期。另外，1930年以后，由于战争所带来的复杂影响，新闻报道中常常出现一些舆论偏颇，在本章中此类报道并不在探讨范围之内。本章主要将1920年代的报道作为分析材料进行考察。①

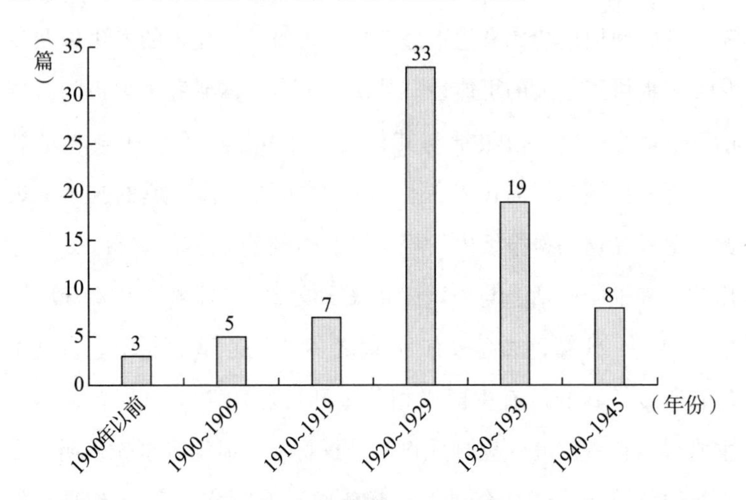

图9－1　1945年及之前日本报刊中有关中国服文章的统计数据

在对本章所分析的杂志资料进行说明之前，笔者想对日本女性杂志的历史进行简单的梳理。日本最早出现的一本女性杂志为严本善治创办的《女性杂志》。这是严本善治遵照任明治女学校校长期间该校的基督教主义教育方针所创办的一本十分具有进步意义的杂志，创刊于1885年。② 之后，虽说出现了不少诸如

① 由于笔者并未找到1930年的中国服相关的文章，且1931年发生九一八事变之后，中日两国关系受政局的影响变得更复杂了起来，因此笔者判断这之后的中国服相关的文章与到1928年为止的中国服流行不能混为一谈。从1930年代到战争结束期间的文章并不纳入本章的考察范围。

② 石川弘義・尾崎秀樹『出版広告の歴史　1895－1941』出版ニュース社、1989、16頁。

《青鞜》等以文艺或评论类文章为主的面向女性读者杂志，但是它们大都很难归类于大众文化，而是一种孤芳自赏型的杂志。[①] 然而，随着日本国民中等教育的普及，能读会写的女性越来越多，一种非精英层的大众读者群形成了。同时，随着明治后期到大正时期都市中产阶级的数量逐渐增加，在经济上有一定余力的消费商业杂志的家庭也越来越多。如此一来，能够支撑包含女性杂志在内的所有商业杂志成长的客观条件已经形成。[②] 而且，不少报刊也逐渐意识到“女性”读者的存在，开设了面向女性读者的专栏。在如此优厚的客观条件的刺激下，以大众女性为主要读者群的女性杂志如雨后春笋般冒了出来。例如，《妇人画报》创刊于1905年；被看作《中央公论》女性版的《妇人公论》创刊于1916年；创刊之初以时髦高级为卖点，不过很快就转型成为面向大众的女性杂志，并因此获得了大量读者的《妇人俱乐部》则创刊于1920年；以家庭主妇为主要读者群，主要介绍生活实用类小知识的《主妇之友》创刊于1917年。也就是说，从1910年代到1920年代，所谓的日本四大女性杂志相继完成了创刊和发行。[③] 此外，在1920年代，还出现了针对不同读者群体创办的杂志。其中，以上流社会的贵妇、千金小姐为目标读者群，为了吸引她们的关注毫不吝惜地大量使用豪华高级的彩色照片以及插图的《妇女画报》，是当时最具有代表性的一本女

---

① 石川弘義・尾崎秀樹『出版広告の歴史　1895－1941』、16頁。

② 木村涼子『〈主婦〉の誕生婦人雑誌と女性たちの近代』吉川弘文館、2010、30－42頁。

③ 浜崎廣『女性誌の源流：女の雑誌、かく生まれ、かく競い、かく死せり』出版ニュース社、2004、75－101頁。

性杂志。

在本章中，主要以《妇人画报》和《妇人公论》以及以富裕家庭的女性为主要读者群的《妇女画报》这三种杂志为分析文本。① 而笔者选择这三种杂志的理由如下。

一方面，这三种杂志都刊载过不少有关中国服的文章，而这些文章正好是本章重点研究的对象。根据笔者的资料调查结果，《妇人画报》中出现了23篇，《妇女画报》中出现了12篇，《妇人公论》中出现了6篇。这三种杂志中刊载了跟本章研究相关的文章共计41篇。② 因此，可以说这三种杂志作为本章研究材料是最合适的。另一方面，这三种杂志也各具特色。《妇人画报》是日本四大著名女性杂志中创刊最早的一本，因此，通过分析研究来推断中国服在日本女性杂志中最早出现的时间，它就是最佳材料。而《妇女画报》的存世时间相对来讲比较短暂，1924年5月创刊，1928年11月废刊，但这个时间正好与中国服存在的时间重合，并且这本杂志中刊载了不少中国服相关的文章以及珍贵

---

① 本章所用到的资料为『DVD－ROM版婦人画報』（臨川書店、2004），该杂志从创刊号（1905年7月）到第482期（1944年4月）所有包含“中国服”关键词的文章。『婦人公論』也大抵如此。具体来说，就是『DVD－ROM版婦人公論』（臨川書店、2006）从创刊号（1916年）到第346期（1944年4月），笔者通过搜索“中国服”这一关键词所找到的所有相关文章。而『婦人グラフ』则是笔者调查了日本国立国会图书馆数据库中该杂志所有相关的文章。具体来说，就是对1926年第3卷第1期到第6期、1927年全年、1928年第1期到第6期进行了考察。通过这些调查，最终找到了与本章讨论内容相关的文章以及插图、照片资料等共计41篇。

② 根据笔者的调查，女性杂志刊载的文章中与中国服相关的有47篇，而本章中笔者详细调查的三大杂志中共包含了41篇，这占到了笔者搜集到的所有资料的87%。除此以外，『婦人倶楽部』（日本战前四大女性杂志之一）中有5篇，『婦女界』中有1篇。

的照片资料。因此,《妇女画报》可以说是帮助我们了解当时中国服的式样及种类等相关细节的珍贵资料。《妇人公论》主要刊载了一些介绍当时中国女性民俗文化的文章，这对考察中国服流行的社会背景是不可或缺的材料。通过对这三种各具特色的女性杂志上中国服相关文章的研究分析，可以探索了解中国服潮流出现的时间及变化发展过程、式样种类等信息，以及较为详细的社会背景信息。另外，出于论述的需要，除了这三种杂志，笔者还将参考其他女性杂志中的相关文章来作为信息的补充。

接下来，笔者将通过分析报刊上有关中国服潮流的文章，来探讨在中国服潮流出现以前，日本人究竟是如何认识中国服的。如此一来，中国服究竟是从何时开始被日本人关注，又是如何在日本变得流行，以及产生了怎样的影响等一系列疑问就会迎刃而解，变得明晰。

第一节　媒体报道中的“中国服”

在论述中国服潮流之前，首先来看一下，报刊上究竟是如何介绍在成为时尚潮流之前的中国服的。

笔者在整理分析了搜集到的所有报刊文章之后发现，最早关注中国服的日本人是一位叫作吉冈弥生的女性。她创立了日本最早培养女医的机构——东京女医学校，是一位赫赫有名的女子教育家。[①] 1910 年 11 月 27 日《读卖》朝刊第 3 版刊载了一篇题为

① 『吉岡弥生：吉岡弥生伝』日本図書センター、1998。

《女子教育家恳谈会》的报道，文中吉冈弥生指出："中国服从卫生的观点来看甚好，若将其改良则可变得更为美观，不过就其改良方面还值得商讨。"吉冈弥生从卫生的角度给予了中国服最高的评价，这是她在日本女性服装改良之际所做出的一个提议。

而10年之后，也就是1920年，还真出现了一位对中国服做了些改良的女性。1920年11月9日《读卖》朝刊第4版上刊载了一篇报道，内容是："若将以往的日本服改良的话，并非易事。最近，尝试着对中国服进行了一些改良。西服之类的对并不具备暖气设备的日本冬天的居住环境来说实在是不合适。可是，换成是中国服的话，外衣底下可以自由地增添衣物，因此我选择了改良中国服。只不过，中国服袖子的部分太过狭窄，且立领会让人觉得不太舒服，这些地方想要进行改良……"这是一位叫作入泽常子的女性的发言。她的丈夫正是作为东京帝国大学教授被任命为日本皇室首席御医，为日本的内科医学留下丰功伟绩的名医入泽达吉。[①] 值得一提的是，著名女作家与谢野晶子曾在自己的散文集《作为一个人以及女人》中对入泽常子做过以下的评价："夫人曾言：虽然凭借一己之力并不能使国家变得富裕，但是至少自己愿意做倡导鼓励国民节俭的先锋。她仅用少许布匹便能制成和服带；还改造了虽狭小却使用便利的厨房等，她正是一位将各种各样的节俭想法付诸实际行动的人物。"[②] 从与谢野晶子的评价中我们不难推测出入泽常子是一位大胆、富有创造力且十分注重

---

① 入澤達吉著・入澤常子編『如何にして日本人の体格を改善すべきか』日新書院、1939、1頁。

② 与謝野晶子『人及び女として』天弦堂書房、1916、61頁。

节俭的女性。大概也正是因为如此，她才认为在不具备取暖设备的寒冷冬天，比起穿西服，改良后的中国服对日本人来说更加合适。

等到女性杂志上也开始出现类似于报纸上介绍女性中国服的文章时，已经是1920年代中期了，晚了十多年。1924年以前虽说也能在女性杂志中找到一些介绍中国服的文章，[①] 但大都是作为邻国妇女的服饰来介绍的，并非对中国服本身有任何的兴趣。然而，1924年以后，日本女性杂志突然开始刊登不少有关中国服的信息。

比如，《妇人画报》第91期（1924年9月）刊载了一篇题为《中国服与中国妇女赞美》的文章。该文章的作者是一位叫作水岛尔保布的男性，他拥有多重身份，譬如画家、小说家以及散文家。他在文章中先是赞赏了中国男性像英姿飒爽的贵公子，接着又在下文中对民国以后出现的一类新女性的外观进行了描述：“认真梳起来的刘海，眼镜，奢华的手表……无论是上衣还是下裙都很短。她们服装上的纹样以及发型都是极具个性的。”甚至他还刻意指出：“在中国，没有看到一个像日本人那样穿着奇怪西服的人。”当时的中国女性已经从一味崇尚洋货转变为热衷于穿戴本国特色服饰了。在水岛尔保布当时停留的上海，从他的描述来看，大多数中国妇女已经改穿新式上衣下裙，不过，他却说没有一个人穿西服。笔者推测这大概是他个人的经验之谈，

① 「英国婦人の眼に映つた支那の家庭と婦人」『画報』第42号、1910年5月1日；「各国の婦人気質を発揮せる世界の女　秘密の裡に隠され支那婦人」『公論』第13号、1917年1月1日。

是根据自身喜恶进行偏向性选择后的陈述。不过可以肯定的是，水岛本人不太赞成日本女性穿西服。我们可以看一下他在后文中的观点：

> 日本的女士们比起穿上那凸显自身罗圈腿和鸭屁股的西服，让自己看上去像是女将军出征一样，倒不如穿穿中国服，那会好太多。无论是从便利性来说，还是从经济实惠的点来说，抑或是从美观性、穿上后的轻快舒适感来说，当然还可以从极尽奢华的角度来说，中国服遥遥领先于西服。中国服不仅是文明的，也是艺术的。不仅如此，它毫无疑问也是更加适合日本人的身材的。

水岛用辛辣的口吻讽刺了穿着西服的日本女性之中很多人的身型很不美观，有罗圈腿，臀部还像鸭屁股一样。他从便利性、经济性、实用性，甚至美观的角度给予了中国服至高的评价，而且他认为穿中国服比穿西服要好太多了。当然，水岛的这一观点，在当时女性杂志上经常出现的和服与西服之争中，显得格外另类。

另外，《妇人公论》第110期（1924年11月1日）上也出现了一篇题为《新型与旧型——中国妇女的印象》的文章。作者为小说家南部修太郎，他在文中对中国女学生做出了如下的评价："看上去像是没有纹样的黑底的上衣，配上白色或者蓝色的裤子，脚上穿着一双轻便的中国布鞋，头发梳成三七分的发辫，全身不使用任何鲜艳的颜色，也不佩戴任何装饰品，那样清纯朴素的模样看上去那么年轻，又有活力。我认为她们那样的打扮实在是太妙了。”很显然，南部修太郎对中国女学生那种朴素清纯的打扮是高度赞赏的。

以上笔者分析的这几篇文章，就是在中国服成为日本一种时尚潮流以前，日本报纸和女性杂志对它的介绍。在此可以做一个简单的梳理。首先，在报刊文章中出现了从服饰改良的角度对中国服表现出兴趣的女性。她们认为中国服从卫生和实用性的角度来看，比和服与西服都更具有优势，因此对中国服做出了高度评价。当时甚至还出现了真正对中国服进行改良的日本女性。而这些现象与后来出现的中国服的时尚潮流息息相关。值得注意的是，当时最早认识到中国服优势的这些女性，都属于日本上流社会，她们要么是名流的夫人，要么是能最先获取先进知识的精英阶层人物。换句话说，中国服在日本成为时尚潮流应该是源自上流社会的倡导。其次，有趣的是，报纸中与中国服相关的文章几乎都是日本女性对中国服表现出兴趣，而女性杂志中的中国服相关文章的作者却都是日本男性。尤其是后者，向女性杂志投稿的是男性这一点不能忽略。由于他们是知识分子精英阶层，比起其他人，他们前往中国的机会会更多一些。于是，他们在杂志上积极地投稿，将自己在中国看到的女性服饰文化写成文章，介绍给日本读者，他们对新型的中国服表现出了比较浓厚的兴趣，甚至表达了一些好感。总而言之，到1920年代中叶为止，在日本的主流媒体上，最早被中国服吸引的是上流社会及知识分子精英阶层。

那么，在这之后，中国服又是如何打开知名度，变成一种时尚潮流的呢？接下来，就来看看这个演变的过程吧。

第二节　“中国服”成为一种潮流

进入1920年代以后，与之前不同的是，几乎每年都能看到与中国服相关的文章。下面笔者将根据报刊上刊登的文章来详细分析中国服是如何发展成为一种时尚潮流的。

中国服潮流出现的征兆

1921年6月5日，《读卖》朝刊第4版刊载了一篇题为《用褶皱作为衬托的儿童服装 今年的时尚中融入了中国服版型的元素》的文章。这是笔者搜集到的最早将中国服作为流行服饰来介绍的一篇文章，内容如下：“1921年……很多服装中都加入了中国服的元素，因此给人一种沉稳大气的感觉。其中有像棉和麻混织的印花布一样的类型，价格在两圆以上不等。”文章向读者介绍了当时儿童服饰中增加中国元素的新型时尚潮流。另外，文章还大力赞扬了中国服，认为中国服与西服一样，比较方便儿童活动，并且具有经济实惠的特点。

不过，倘若就像上述文章介绍的一样，中国服的流行首先是从日本儿童服饰开始的，那么不禁让人产生疑问：为何日本儿童的服饰会早于成年人（主要指女性）吸收中国服的优点，并演变成一种潮流呢？笔者推测应该可以从他们接受西服的先后顺序来考虑。明治初期，西服最开始主要是被日本上流社会富裕家庭的儿童较为频繁地穿着，且大都作为节假日的礼服或者外出时的服装。到了1897年以后，普通老百姓的孩子也穿起了西服。[①] 而同时期，在女性之间，尤其是成年女性，就连以富裕家庭的千金小姐为主要学生来源的女子学校，也不过是采用了和服女裤（原本是日本男性所穿）而已，西服对于普通家庭的女性来说，还是遥不可及的存在。[②] 也就是说，原本日本儿童穿西服的时间就比妇女要更早一些，而且西服在儿童之间也更普及一些。由这一点可以推测出，在当时的日本，儿童服饰比成年人服饰（尤其是女性服饰）更早地接受外来文化的影响，因此，儿童服饰也就更早地吸收了中国元素，并成为一种时尚潮流。除此以外，在同文中作者还提醒读者：“在购买之时需要注意的是，比起买大人服饰的缩小版，倒不如选择适合天真无邪的儿童的专门版型。”由此可以推测出，当时除了具有中国元素的儿童服以外，其实也出现了成年人的中国服饰，而且这样的服饰可以定制或者售卖。不过，需要明确的一点是，当时售卖的应该还不是完完全全的中国服，而是具有中国元素的服饰。

除此以外，也出现了一篇有关成年女性中国服的文章。同月17日《读卖》朝刊第4版刊登了这样一则新闻：据说音乐家原田润的夫人，也就是新妇人协会大阪支部的干事原田皋月，在宝冢看了戏剧《西游记》之后，“从中获得了一些灵感，后来几乎总是穿着与中国服十分相近的衣服。这事关西都有所耳闻”。当

---

① 山田民子・寺田恭子・富澤亜里沙・澤野文香「子供服洋装化の導入と改良服に求められた機能性との関係」『東京家政大学生活科学研究所研究報告』第36集、2013、45頁。

② 増田美子編『日本衣服史』、314頁。

然，这位也并非普通女性，说到底还是有个性的社会名流的个人行为罢了。

越来越高的关注度

五四运动就像一根导火索一样引起了各个领域的改革，围绕着女性解放、人格独立等的各种运动也相继在中国大地上沸腾了起来。于是，各行各业开始出现所谓的“中国新女性”，[①] 吸引了世界的目光。随着中国女性社会地位的不断提高，日本人也开始关注东亚邻国中国女性群体了。自然而然，与她们相关的女子教育、家庭生活、服饰风俗等也成为关注的焦点。比如，1922年2月24日《朝日》朝刊第6版刊登的一则题为《中国妇女的活跃度》的文章，其中记载：“中国的家庭生活和西式的一样，并没有像日本这样既不卫生还和西式并存的烦恼。而妇女服装的版型和西服很像，并不像和服那样需要根据季节的不同总要重新置办几身，运动的时候也十分便利，不会像日本妇女一样由于穿着和服而行动不便。”简而言之，文章从制作的简单、实用的便利这两点来高度赞扬中国服。这篇文章的作者是一位叫作鹈饲浪江的女性。她是关西音乐团的领袖人物甲贺梦仙（原名甲贺良太郎）家的千金，曾兼任关西钢琴同好会的干事。在一份资料中，笔者发现了鹈饲浪江有到访中国的经历，那是在1922年的秋天，她作为钢琴同好会的干事在上海举办的“中日联合音乐会”上

① 张文灿：《社会性别视阈下的启蒙困境——以五四新文化运动之塑造新女性为例》，《中华女子学院学报》2013年第2期。

演出,[①] 因此笔者推测，她应该是当时对上海妇女的服饰有所见闻，然后通过回忆这段经历写下了这篇文章的吧。在文章中她继续叙述道：

> 最近无论是在其他国家还是在中国，也开始流行起了中西混合的服饰穿搭。看着中国女学生穿着轻便的服装阔步向前的样子，实在是让我们羡慕不已。中国妇女的生活方式也好，素质也罢，已经与世界文明接轨了，我们日本妇女也要继续努力前行方可啊。

鹈饲在文中指出：中国妇女的服饰生活已经越来越进步、越来越文明了，而日本女性也应该努力奋起直追。其言下之意是：作为邻国的女同胞，日本女性也不能落后，应该进一步进行服饰改良才是。

时间进入 1924 年，报纸上突然出现了一篇题为《近来越来越引人注目的中国服的流行》（《读卖》朝刊第 3 版，1924 年 9 月 28 日）的文章，让人眼前一亮。下面，我们来看看这篇文章的具体内容：

> 像云吞呀，烧卖呀这些中华料理变得流行已经有些日子了。近来倒不是因为受到中国又爆发战争的刺激和影响，像中国的纹样图案、电影戏剧等也变得流行起来了，甚至还波

① 塩津洋子「『ピアノ同好会』の活動」『大阪音楽大学博物館年報』第 25 号、2009 年、1－14 頁。

> 及了我们的服饰生活。不仅仅是男性的服饰，就连女性的服饰中也能看到零零星星的中国文化的影响。不仅是日本，就连欧洲，和日本趣味相互融通交流的也是这中国趣味。

在这段文字叙述中，中国服的流行原因似乎变得明晰了起来。我们可以暂且粗略地总结如下：（1）来自外部的刺激，也就是受到当时欧洲的“中国趣味”的影响；（2）内部社会环境的影响，在当时的日本，像中国料理、中国纹样、中国电影、中国戏剧等所谓的“中国趣味”所带来的影响。这两个因素应该与中国服流行的背景息息相关。

接下来，笔者将针对这两个因素进行具体分析。首先，关于（1），日本女性受到欧洲“中国趣味”的影响，这究竟是怎么回事呢？换句话说，在日本人之前，欧洲的女性之间已经流行起了中国服。但关于这一点的真实性还有待考察。《妇人画报》第213期（1923年7月1日）刊载了一篇题为《觉醒过来的中国女性》的文章，其中记载：“西方妇女喜爱中国服的热情高涨，甚至还有人穿上了清朝的大官袍——红底刺绣配上金龙纹样的服装。”这是交际舞在上海大为流行之时关于热衷于穿中国服的西方妇女的描述。不过，这段描述中出现的“清朝的大官袍——红底刺绣配上金龙纹样的服装”并非当时中国女性的常服，也就是上衣下裙（或裤），而是清朝的礼服。因此，即使西方女性喜爱中国服的热潮对崇拜西方文化的日本女性产生了一定的影响，可实际上流行的服饰并不一致。我们推测，日本妇女大概是受到了西方妇女热衷于“中国趣味”的刺激，才对中国服更加关注吧。

然后，关于（2），笔者推测当时应该出现了各种各样的“中国趣味”，而作为其中的一种，中国服也逐渐被日本人接受。在此不能忽略的是有关中国戏剧的影响。我们可以回顾一下，在第四章中笔者已经阐述过，1919 年以中国著名京剧大师梅兰芳一行抵达日本在帝国剧场进行公演为契机，中国戏剧的热潮达到了顶峰，就连媒体报刊也时不时地刊登一些日本歌舞伎男演员穿中国服（长袍马褂）的报道。其实不仅是歌舞伎男演员，在女演员之间，中国服也集聚了相当的人气。关于这一点，笔者将在后文进行详细的说明。

另外，1925 年 1 月 1 日《妇人画报》第 231 期（特别增大号）中刊载过一篇介绍中国、朝鲜和爪哇三国妇女服饰的文章。其中有一张照片展示了正在东京本乡女子美术学校学习的中华民国女学生的情况。照片中有 6 名女留学生，除了从右边数第 3 人的穿着比较接近西式连衣裙外，另外 5 人穿的都是上衣下裳（图 9－2）。

这种女性所穿的中国服从款式上看比较接近民国时期流行的“文明新装”（图 9－3）。而且，照片旁边有如下的说明：“中国妇女的服饰最近越来越吸引日本妇女的关注，并且隐隐约约能看到中国服的流行趋势了。”从这条信息中可以解读出，在 1925 年这个时间点上，已经有一部分日本女性开始对中国服产生兴趣。不仅如此，这段说明甚至还预言，今后中国服会变得流行起来。

图 9－2　女子美术学校的中国女留学生

说明：这是东京本乡女子美术学校的中华民国女留学生的照片。

资料来源：『婦人画報』特別增大号、第 231 号、1925 年 1 月 1 日。

图 9－3　中国妇女改良过的服装

说明：江西省新妇女留日团体的女性，她们穿着上衣下裳的学生装。

资料来源：『婦人画報』第 213 号、1923 年 7 月 1 日、挿絵、35 頁。

还有一个重要的点，就是中国服流行的原因可以考虑中国女性自身意识的转变。实际上，比图 9－2 大约要早 20 年，也就是在 1906 年和 1908 年（图 9－4），《妇人画报》刊载了两张中国女留学生的毕业纪念照。不过，在图 9－4 中，清末来到日本的女留学生大都梳着束发，穿着女裤，和其他日本女学生没有太大的区别。有趣的是，与之相比，中华民国的女留学生已经可以自信满满地穿着中国服，看上去明朗又充满活力。经过 20 年岁月的沉淀，中国女留学生的服饰已经发生巨大的变化，只穿西服与和服的年代早已一去不复返，大大方方地穿着自己国家改良后的传统服饰的新时代已经到来。对中国妇女改良服饰大加赞赏的文章也时常出现在读者眼前。比如，《妇人画报》第 213 期上有一篇题为《觉醒过来的中国女性》的文章，关于中国妇女服饰的改良，作者神田正雄[①]写道：“借用了欧美妇女服饰的长处，留下中国妇女传统服饰的优良部分，终于制成了堪称典范的女装。不仅仅是女学生，就连其他普通妇女也都爱穿。”将当时中国正在积极进行的女装改良运动描写了出来。接着，神田正雄又阐述道：“一般来说大家会认为中国人是因循守旧的国民，但是从女装改良这件事来看，好像并非如此。”说明当时日本人认为中国人大都墨守成规，可实际上在女装改良这一点上，中国人不仅不守旧，反而很容易接受新鲜事物，因此作者有些震惊。文章的最

① 神田正雄，在担任《海外》杂志的社长及主笔之后，成为日本众议院议员。他于 1901 年担任四川省学堂的教育顾问兼教师，还撰写过《四川地理教科书》。之后，在美国、欧洲留学，于 1908 年归国。后进入东京大阪朝日新闻社工作，并且作为派遣员在北京待了 10 年。从这些经历中可以看出神田对与中国相关的事情比较精通。

后，作者提出了自己的想法，希望日本的女装也能尽快改良："日本的妇女大都以东洋的大姐自居，希望相关人士能注意到这一点。"

图 9-4　实践女学校的中国女留学生（毕业生）

资料来源：『婦人画報』第 9 号、1908 年 3 月 1 日。

综上所述，西方女性对中国服的兴趣给日本人带来的影响，还有日本国内出现的中国戏剧热以及对中国女性的改观等，这些因素直接使中国服在日本受到越来越多的关注，并由此开始流行。

女演员的时尚

终于，日本的杂志上出现了实际穿着中国服的日本人。《妇女画报》第 3 卷第 2 期（1926 年 2 月）刊载了一张穿着中国服的女性照片（图 9-5）。照片中的女性名为水谷八重子（初代），她是活跃于大正到昭和时期的著名女演员，同时以经常穿中国服而闻名。照片下面还带有一小段文字解说："妇女们热衷的那美丽又具有韵味的中国服，其实去年开始就在电影女演员之间流行了起来，像极了那可爱的中国少女的蒲田的东荣子女士，还有英百合子女士、栗岛澄子女士、新星筑波雪子女士等，经常在剧场的走廊等地方看到她们身穿中国服的倩影。不得不说，穿中国服最好看的还当是艺术座的水谷八重子女士。”从上述文字不难推测出，大概是在1925年，中国服已经在电影和剧场女演员之间流行起来。

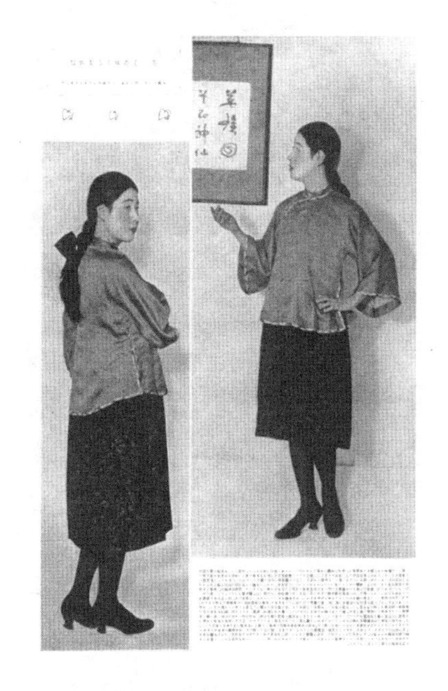

图9－5　水谷八重子

资料来源：『婦人グラフ』第3巻第2号、1926年2月、頁付なし。

紧接着，该文补充道：“并不能说女演员之间的中国服流行更加领先，因为最近在富裕家庭的千金小姐的圈子里也有不少人开始穿中国服。”也就是说，刊登这张照片的时期，中国服在日本女演员之间已经流行起来（图9－6），而且在富裕阶层的年轻千金小姐之间也成为一种时尚。刊载了水谷八重子女士照片的《妇女画报》是于1924年5月创刊的一本高级时尚杂志，以上流社会家庭的女性为读者群，因此常常会介绍最新的潮流。当然，杂志上介绍的时装也并非廉价之物。

图9-6　人气女演员（左）穿中国服

资料来源：『歴史写真』1926年9月。

文章接下来对水谷八重子所穿的中国服进行了详细的介绍，说那是在银座松屋和服店特别定制的，一身合起来竟要七八圆，据说这在当时是非常昂贵的。另外，文中还具体介绍了那套中国服的材质、颜色、领口以及搭配等信息，以此来吸引读者。自从这则中国服的信息出现以后，日本的女性杂志上有关中国服流行的信息越来越多。

《妇人画报》第254期（1926年11月1日）介绍了女演员村田嘉久子所穿的两套中国服（图9－7）。左侧照片中的中国服从款式来看与前文中水谷八重子所穿的几乎是一样的，不难看出服装在剪裁上突出了女性身体的线条美。而右侧照片中的中国服则与本章介绍的明显不同，可以说完全是另一款女装。其实，这款连衣裙式样的长袍从形态来看十分接近后来风靡一时、受到万千中国女性喜爱的旗袍。

图9－7　村田嘉久子的中国服

资料来源：『婦人画報』第254号、1926年11月1日、53頁。

我们可以了解到，日本女性杂志介绍过的女装中国服实际上有两种，一种是由汉族女性常服改良而来的上衣下裙，而另一种则是满族女性常穿的旗袍类型的服装。

另外，在图 9－7 的照片下面，模特村田嘉久子写了如下文字：

> 众所周知，从人种适合的角度来看，中国服比西服更加适合日本人的身材。中国服的优点就是它的模样、刺绣以及色彩能让穿上的人看上去更加年轻。而且，不需要像和服那样必须系上令人窒息的带子，光这一点就多么让人开心呀。还有，中国服的领子端端正正，穿上之后让人不由得挺直了肩和颈，看上去姿态更加优美。穿着中国服的内衣也不用担心坐在榻榻米上会不雅观，更不用担心着凉，这一点也比西服更加优越。另外，搭配的鞋子十分简单，像拖鞋一样，很适合习惯了走小碎步的日本女性。穿中国服并不需要刻意搭配帽子，这也让人觉得十分开心。最后，中国服比和服不知道要便宜多少，真的很实惠。

从这段文字中，我们可以了解到村田嘉久子对中国服的评价究竟有多高。而她评价的重点主要有以下两条：第一，与和服相比，中国服没有拘束感，非常经济实惠；第二，与西服相比，中国服更加适合日本女性的身材，也适应她们的生活习惯，是比较简约的感觉。或许因为这些优点，村田嘉久子成为倡导穿中国服的共鸣者。值得一提的是，图 9－7 的照片下面特意标注出来，村田嘉久子所穿的上衣下裙款式的中国服是梅兰芳赠送的。

千金小姐及贵妇的爱用品

在前文中笔者提到过，1920年代喜爱中国服的日本女性并非只有女演员，一小部分富裕家庭的千金小姐和贵妇也十分中意中国服。比如《妇人画报》第250期（1926年7月1日）就刊载了一张富裕家庭的三个少女的照片（图9－8）。从照片旁边的说明文字可以得知，年龄排第二的女孩，也就是照片右侧的少女穿的正是“淡粉色上下两件的中国服套装”。这个少女所穿的与前文中介绍的上衣下裳应属同一个类型。不过，稍有不同的是，少女下面所穿的并非裙子，而是裤子。说到这里，也许有人会质

图9－8　富裕家庭女孩的中国服（右一）

资料来源：『婦人画報』第250号、1926年7月1日、口絵。

疑那还是中国服吗，实际上，在当时的中国，若是穿着上衣下裳，往往也会有两种造型，除了上衣下裙的款式以外，上衣下裤的打扮也是十分流行的。也就是说，照片中的少女反而是当时中国最流行的打扮。需要注意的是，同一张照片中出现的另外两名女孩穿的都是西服。虽然文章中并没有详细介绍三人的信息，但是从照片来看，都穿着外国的服装，且站在非常时髦的建筑物前面，她们三人应该都是富裕家庭的千金小姐吧。

其实，中国服并不只是小女孩的服装，还出现了上流社会母女俩一起穿着中国服的情况。《妇人画报》第 267 期（1927 年 6 月 1 日）上刊登了一张题为《在中国趣味的门前 大边房子夫人及其千金》的照片（图 9－9）。据笔者调查，这“中国趣味的门”应该是当时大阪市外萤池（现在大阪丰中市萤池）的大边房子夫人家宅的一部分，取名“千里山庄”，据说这栋建筑是其丈夫设计的，在一间平房里加入了不少中国元素。图 9－9 的照片，大概就是大边房子夫人及其千金醇子穿着中国服，站在自家中国风的大门口拍摄的吧。如果没有照片旁边的说明文字，大概很多人都会以为是在中国拍摄的。

3 个月之后，也就是 9 月的《妇女画报》（第 4 卷第 9 期）上，在“介绍年轻女性”的栏目中刊登了一张德冈镜子的照片。这名女子是当时有名的实业家德冈祐三的千金，也是创建了京极运输商事的京极杜藻的义妹。[①] 这个所谓“介绍年轻女性”的栏目其实就是向公众介绍一些千金小姐的家庭背景（主要是她们父

① 高月智子・能澤慧子「1920 年代若い女性の理想像：『婦人グラフ』に見る令嬢たち」『東京家政大学博物館紀要』第 8 号、2003 年、187 頁。

图 9－9　日本母女俩穿中国服合影

资料来源：『婦人画報』第 267 号、1927 年 6 月 1 日、16 頁。

兄的身份、职业）、学历、教养及兴趣之类的信息，并且往往会配上一张本人的照片。据说栏目实质就是为富家千金寻找如意郎君。回到本节的主题上来，有趣的是，杂志中刊载的德冈镜子小姐的穿着打扮与其他富家千金明显不同。大多数人都是穿着和服或者西服，而德冈镜子小姐居然穿着中国服，而且从照片来看，她还打着一把中式的纸伞（图 9－10）。或许是受到当时中国服时尚潮流的影响，德冈镜子小姐在公开个人信息时，选择的最具代表性的照片竟是身穿中国服的一张。当然，这位小姐也许只是为了突出自己的与众不同才选择了这张照片。

图 9－10　德冈镜子小姐穿中国服的半身像

资料来源：『婦人グラフ』第 4 卷第 9 号、1927 年 9 月。

从上面这些资料来看，1920 年代中期，中国服被日本女演员以及上流社会的千金小姐和贵妇喜爱，并被实际穿着体验。由于这些女性要么是明星偶像等公众的焦点，要么是家世显赫、经济富裕的千金小姐和贵妇，她们比其他女性更早获得、享受最前沿的时尚潮流。从目前所分析的女性杂志资料来看，这时的中国服流行几乎限定在极少数特殊女性之间，其特点是非常昂贵。

那么，中国服在日本究竟是如何从小部分人的时尚发展成为能影响普通女性的大众潮流的呢？

第三节　流行期的到来——传入普通家庭

在上一节中，我们了解到中国服最早是在日本女演员和上流社会富裕家庭的千金小姐与贵妇之间开始流行的。不过，她们所穿的中国服说到底都是最前沿的时尚潮流，而且是非常昂贵的。因此，最初，中国服对普通大众（非富裕阶层）来说，并不是能轻易享受的时尚。而且实际上，购买中国服的渠道也十分有限，主要集中在大都市的西式百货大楼里。另外，虽然上述有关中国服流行的文章发表于1924年前后，但很难说此时中国服已经成为一种流行，实际上，其与日本大众之间还有一定的距离。至于其中的理由，那时虽说定制中国服已成为可能，但是一般家庭还是无法制作中国服，因此对日本大众来说，穿上中国服并非一件容易的事。

然而，1926年新闻报刊上开始刊登面向普通家庭具体介绍中国服是如何制作的文章。1926年5月30日《朝日》东京朝刊第5版刊载了一篇文章，内容如下：

> 逐渐地，有些人开始考虑小女孩的中国服了。东洋人的服装都在向洋服靠近，一点点发生变化。最近中国服里出现了一种吸收了西服的特征，同样采用了窄袖的衣服，已经十分接近西服了。当然不仅仅是因为这个，从制作简单、轻巧、款式可爱这些点来看，中国服也很适合小女孩穿。特别是在炎热的夏季，穿上中国服以后活动自由，但又不像西服那样裸露过多，十分合适。

这篇文章列举了中国服的各种优点，向读者介绍了一种在炎热的夏季既穿起来凉爽又容易制作、适合小女孩的中国服。可是，为何中国服的流行是从儿童衣服开始的呢？笔者推测大概有四点原因：西服中出现的“中国趣味”的影响；制作方法简单易懂；具有方便、实用（比如轻快、活动自由）等特点；美观（造型可爱，具有东方含蓄美）。文章作者认为中国服具有这些优点，因此推荐其作为日本孩子的穿着。除此以外，文中还介绍：“倘若想做一身价格实惠的中国服，七八圆就足够了；若是想购买高级中国服，那么就需要花三十圆左右。”由此可见，为了吸引各个阶层的消费者购买，商家提供了经济实惠的和高级奢侈的两种中国服。而正是因为这些报刊和商家的宣传，中国服变得越来越流行。

继新闻报刊上的宣传之后，为了顺应大众女性的需求，女性杂志上也开始陆续刊登有关中国服制作方法的文章。举个例子，《妇人画报》第254期（1926年11月1日）上刊载了一篇介绍十三四岁少女的中国服制作方法的文章（图9-11）。该文章详

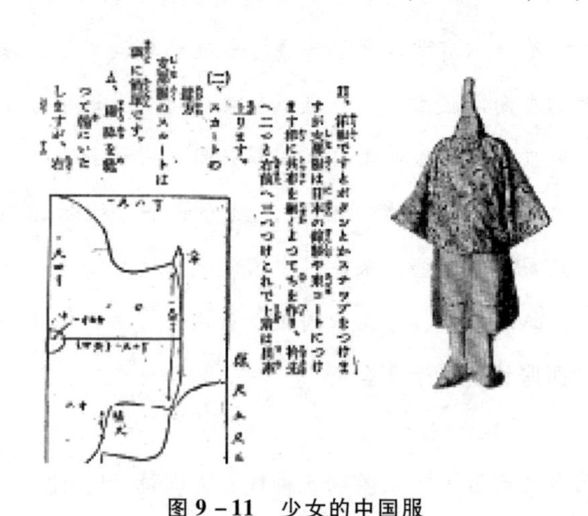

图9-11　少女的中国服

资料来源：『婦人画報』第254号、1926年11月1日。

细地介绍了从上衣到下裙的制作方法。不过，在当时，中国服大概还是比较少见的服装吧，因为笔者发现文章作者在介绍制作方法的时候，为了让读者更好地理解，时常会与西服的缝纫方法做比较。另外，作者还向读者建议，日本的儿童（特指小女孩）除了西服以外，还可将中国服当作服装的一个选择。

进入1927年后，有关中国服的文章剧增，几乎达到了前一年的5倍之多。这意味着大众对中国服的关注明显增加了。《妇女画报》第4卷第5期（1927年5月）刊载了一篇向日本女性强烈推荐中国服的文章，标题为《适合初夏穿的中国服》。文章陈述道：“无论是从体形、肤色，还是头发颜色等方面来看，日本妇女穿中国服要远比穿西服合身，甚至看上去更加迷人。”接着，又列举出其他的优点：中国服“无论是在散步还是拜访接待时穿着都很适宜”，而且“缝纫方法也十分简单”。另外，在杂志的后一页还非常详细地介绍了适合成年人穿的中国服的制作方法。其实这篇文章是作为《妇女画报》“西服讲座”系列的一部分来介绍中国服的。也就是说，在当时人们的意识里，中国服与和服截然不同，是一种外来的服装，而且暂且被归于西服的范畴。此时，中国服在日本并没有被看作和服与西服之外的独立的第三类服装，而是仅仅作为外来服装，偶尔被划分到西服的范畴内。在“西服讲座”系列中介绍中国服的，是一家叫作铃子西服店的店铺。也就是说，除了前文中提到的制作和销售中国服的银座松屋和服店，实际上还有像铃子西服店这样的小型服装店也在制作、销售中国服。还有，文章刊载的照片（图9－12）中身穿中国服的模特就是后来声名大噪的女俳人稻垣菊野，拍摄之时她还只是以若叶信子为艺名活跃在松竹蒲田的女演员而已。文章以女明星身穿时髦的中国服照片作为配图，大概也是为了宣传中国服的魅力以此来吸引读者吧。

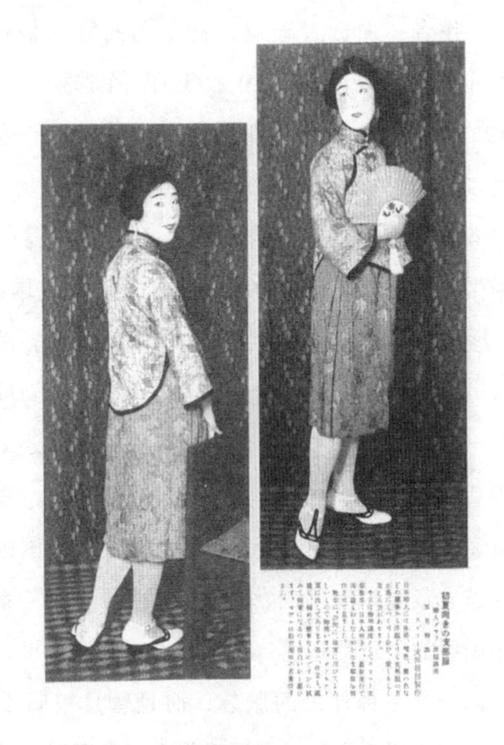

图 9－12　若叶信子的中国服

资料来源：『婦人グラフ』第 4 巻第 5 号、1927 年 5 月。

之后到 1929 年，女性杂志上陆陆续续出现了不少介绍中国服制作方法的文章。例如，介绍夏季适合少女穿的清凉的中国服的制作方法（图 9－13）；还介绍了秋季适合 10 岁左右少女穿的可爱中国风上衣的制作方法。[①] 另外，还出现了介绍融入中国元素的女学生毛衣的文章（图 9－14）。[②] 这些文章大都是在介绍妙龄少女所穿的中国服。这一类文章经常出现在 1928 年夏天到 1929 年春季，笔者认为这个时期中国服在女性杂志上出现的频率最高。

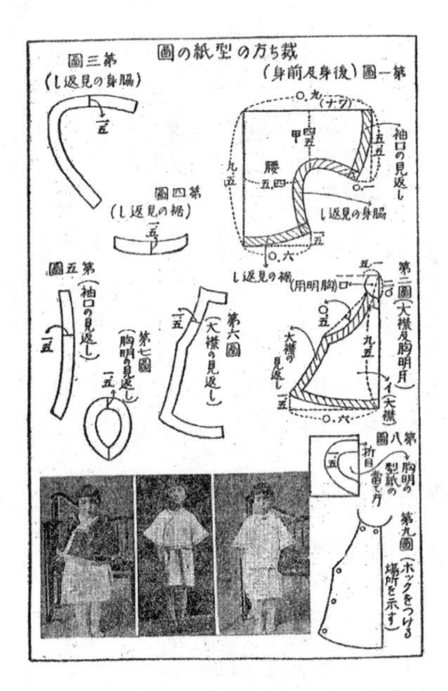

图 9－13　少女穿的中国服的制作方法

资料来源：「夏向きの可愛らしい少女用支那服の仕立て方」『婦人公論』第 156 号、1928 年 8 月 1 日。

① 「夏向きの可愛らしい少女用支那服の仕立て方」『婦人公論』第 156 号、1928 年 8 月 1 日；「支那型スエーターとボレロの編み方」『婦人画報』第 278 号、1928 年 10 月 1 日。

② 「支那味を交へたる女学生用スエーター」『婦人画報』第 283 号、1929 年 2 月 1 日。

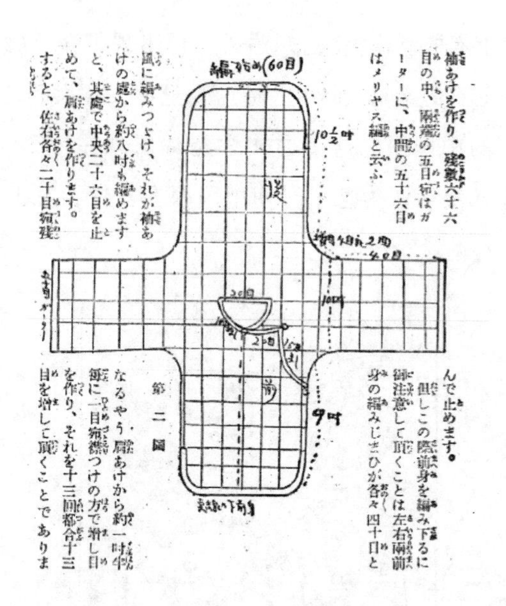

图 9－14　中国风毛衣波莱乐的编制方法

资料来源：『婦人画報』第 278 号、1928 年 10 月 1 日。

那么，这波中国服的流行究竟是从何时开始的呢？关于这个疑问，众说纷纭，例如：

从去年夏天开始，中国服就在妇女之间流行起来。到了今年夏天，走在大街上可以看到穿中国服的妇女越发多了起来。①

最近，看到不少穿着中国服的小女孩，那乖巧可人的模样实在是让人心生喜欢。穿中国服的妇女最初大都集中在花

① 『読売新聞』1927 年 7 月 15 日、朝刊第 3 面。

柳界和演艺界，她们的中国服是一种偶尔穿一穿的特别的服装，而普通家庭的妇女中穿中国服的少之又少。……最近，中国服热潮也一点点地高涨了起来。①

如果将这两段文字进行对比的话，我们可以发现有关中国服流行时期的说法其实是有出入的。《读卖》刊载的文章认为，中国服是从1926年夏季开始流行的。与这种说法不同，在《东京日日新闻》上刊登的文章则认为是从1927年9月开始的。同时，《东京日日新闻》上也补充了以下的信息：在对普通家庭的女性产生影响之前，中国服已经成为不少小女孩的服装，而且在花柳界、演艺界，穿中国服已经成为一种潮流。根据这两则信息的内容，中国服大概是在1926年夏季，首先在小女孩以及花柳界、演艺界的女性之间流行起来，到了1927年，才开始影响到普通家庭的女性。

关于这个时期中国服流行的真实状况，我们从其他的新闻报刊上也能获知一二。1927年9月2日，《都新闻》第11版刊载了如下信息：“另外，中国服变得非常流行。在我国，从好些年前开始，每年都会迎来一波中国服的热潮，就像今年夏天，男性也开始穿中国服，这种流行逐渐渗透到普通家庭里。现在，一般来讲，作为一种常识，最好提前稍微了解一下中国服的穿着方法。”这时，中国服的流行已经不仅仅局限于小女孩和成年女性之间，甚至在男性之间也掀起了中国服的热潮。另外，我们大致

① 『東京日日新聞』1927年9月11日、朝刊第4面。

可以看出原本只是小部分女性之间的潮流逐渐影响到更多普通家庭的趋势。也就是说，在流行达到最高潮的时候，无关社会地位、年龄、性别，中国服已然成了一种大众潮流，成为许许多多普通日本人喜爱的服饰。甚至可以说，明治时期以来，外来的服饰中除了西服，就只有中国服产生了如此巨大的社会影响。

值得一提的是，后来还出现了中国风睡衣等（图 9－15），中国风饰品也成为人气商品。为了搭配中国服，就连那些耳环也热销起来："耳环由于受到中国服潮流的影响，最近也成为非常火爆的人气商品。像珍珠珊瑚、金丝玛瑙（オネックス）、茄子形状的小配件（パウッ）都变得十分流行，价格从五六圆到五六十圆不等。"

图 9－15　穿着中国风睡衣的女演员

资料来源：『読売新聞』1927 年 2 月 12 日、第 4 面。

然而，到了 1928 年，新闻报刊上有关中国服的文章骤减。虽说如此，但也占到了中国服相关报道总数的第二位。也就是说，进入 1928 年以后，1927 年产生的中国服热潮的影响依然存在。从这些文章的内容来看，有介绍春夏中国服最新时尚的，譬如在读卖新闻社举办的美容讲习会中，介绍了中国服的穿着方法。不过，从这之后到 1930 年，几乎再也找不到跟中国服有关的报道了。这也可以说是中国服流行的空白期，遗憾的是，目前并不清楚原因。另一方面，1929 年以后，女性杂志上有关中国服潮流的文章也急剧减少。截至太平洋战争爆发前，仅《妇人画报》第 425 期（1939 年 7 月 1 日）上出现了一篇题为《中国妇女的风景》的文章。而且，这篇文章主要介绍 1930 年代末期从城市到农村中国女性的时尚，与日本的中国服流行并没有什么联系。

总而言之，到了 1920 年代末，中国服的潮流接近消退。而中国服流行突然终止的原因笔者认为可以从以下三个方面考虑：第一，原本时尚就是一种具有偶然性而且很难持久的特殊现象。第二，从政治方面来看，1928 年日本第二次出兵山东直接导致了中日关系急剧恶化。第三，1929 年，美国华尔街引发的金融危机对世界带来的影响应该也波及了时尚界，间接地提前结束了中国服的流行。

* * *

在本章中，笔者根据搜集到的报纸、杂志上与中国服相关的文章，梳理了中国服流行的具体过程，分析了流行的时代背景。考察的最终结果可以总结如下。

首先，笔者将中国服开始流行以前，具体来说是从 1910 年代到1920年代中期，也就是对中国服的初步认识时期，日本媒体对中国服的印象进行了概括。接着，1921年到1926年可以看作中国服流行的准备期。最后，从中国服相关文章出现的频率来看，笔者认为1927年到1928年为中国服流行的高潮期。不过，结合杂志文章内容综合来看，认为从1926年到1928年为中国服流行的最高潮才更为妥当。另外，由于战争的影响，1931年以后出现的中国服相关文章的内容和性质与本章所考察的对象有着本质的区别，因此不做深入探讨。

我们再来具体梳理和总结一下本章的研究成果。从1910年代到1920年代中期，为了促进和服的改良，不少改良派人士大力赞扬中国服，日本人对中国服感兴趣的文章陆续出现了。当时，甚至还出现了日本女性在实际生活中穿中国服的现象。只不过此时的中国服对普通大众来说，还是很新奇的事物，是上流社会或者知识分子精英阶层才能穿着甚至见到的衣服。

进入1921年到1926年的准备期以后，中国服成为一种流行趋势的苗头已经初步显现出来了。演艺界的女明星以及富裕家庭的千金小姐、贵妇身穿中国服的样子给普通日本人带来了一定的视觉冲击，使得日本更加关注中国服。1926年夏天以后，女性杂志上开始频繁出现教普通的家庭主妇制作中国服的文章，直到1928年，中国服才逐渐成为普通日本人相对而言比较常见而且能在实际生活中穿着的一种服装。如此一来，中国服由小范围内少数人的服装逐渐演变成了在日本无论男女老少都可以穿着的流行服饰。

对于中国服在日本流行的原因，笔者主要从以下三方面来考虑。第一，清王朝灭亡，进入中华民国后，中国女性积极进行传统服饰的改良，并将其应用到实际生活中。这些文明进步的举动让日本人震惊的同时也赢得了他们的一些好感。另外，西方国家女性之间的中国服热潮也对日本产生了一些影响。第二，在“和服与西服之争”愈演愈烈的1920年代，尤其是1923年日本发生关东大地震以后，改良日本女性服饰成为当务之急。在这样一种新的社会背景下，中国服由于具有制作方法简单、比和服更有实用价值等优点，成为日本人的“第三种服饰”而备受瞩目。第三，中日演艺界的频繁交流所带来的影响，以及当时日本社会中出现的“中国趣味”的流行，使得中国服在女明星和富裕家庭的千金小姐、贵妇之间流行起来。

结　语

本书主要对19世纪末期到20世纪前期，中日两国对对方服饰文化的认知以及实际进行的交流进行了详细考察。原始资料的匮乏以及战争的影响导致研究背景复杂起来，因此对于1937年之后出现的资料本书不做任何探讨。当然，本书所能涵盖的内容也是有限的。尽管如此，从近代东亚视角，以服饰为媒介来探讨中日两国之间的文化交流，以及通过“他者”视角来重新认识本国的服饰文化，为当下中日两国服饰研究提供了一条新的思路，也获得了一些新的研究成果。此外，通过梳理东亚内部相互影响的关系，笔者认为，中日两国早已熟知的“服饰的近代化=服饰西化”这一公式仍值得更多探讨。从这个角度来说，本书也为东亚交流史研究领域提供了一个新视角，并且更新了目前学术界的研究成果。

在综观全书的内容之后，笔者针对发现的一些问题点再展开讨论。

第一篇（第一章至第三章），主要围绕中日两国对对方服饰的认知进行考察。具体来说，第一章主要以签订《中日修好条规》到甲午战争爆发为研究时限，对具有旅日经验的中国官员、知识分子撰写的东游日记中有关日本人服饰文化的部分进行详细的考察，剖析并明确了当时日本人的服饰观。在第二章和第三章中，分别以中日贸易（1900～1910 年代）方面的资料和日本人的一般言论资料（1910～1920 年代）为分析文本，具体考察了当时日本人介绍的中国服饰文化，并探讨了日本人的中国服饰观。这些分析研究的结论可以总结如下。

第一，有关中国人的日本服饰观。清末旅日官员和知识分子在东游日记中对日本人的服饰表现出了强烈的好奇心和兴趣，针对日本的服饰西化现象表现出了震惊和不解，并强烈地批判了明治政府所推崇的服饰西化政策。另外，东游日记中出现了不少有关和服起源的叙述，虽然并没有什么依据，但他们几乎一致认为和服是受中国古代服饰的影响发展变化而来的。看到眼前的和服，联系到古代中国对周边国家的影响甚至波及服饰，再对比清末中国国际地位一落千丈的现实，中国官员大都不由自主地追忆了往昔强盛的中国。此外，由于这些官员和知识分子年龄和阅历不同，他们对日本服饰也是褒贬不一。

第二，对日本人的中国服饰观进行了阐述。对于当时的日本贸易商来说，与中国服饰直接相关的商品是出口时非常重要的种类，因此，有部分日本人开始积极主动地研究中国的人情风俗，出现了相关书籍，其中中国人的服饰文化是重点关注对象。在这些出版物中，为了对中贸易能够顺利进行，刊登了不少当时中国人的服饰状况，男女老少的服饰种类及颜色、纹样等具体信息。这些贸易资料为我们还原了清末民初部分中国人，尤其是普通百姓的服饰文化。1910 年代以后，日本人撰写的有关中国服饰文化的书的数量逐渐增加。其中，日本人尤其关注中国男性的辫子与女性的裹脚。他们不仅如实地记述了当时中国人的社会风俗，有时会对中国人表示同情，甚至还批判了中国的某些旧俗，字里行间时常透露出不同国家的文化在发生碰撞时所产生的巨大反应。当然，有时他们对中国人的生活文化表示出了一定的兴趣。具体来说，中日两国在夏季身体裸露部分的意识以及冬季穿着冬装的习惯等方面有极大的差异，因此，有时两国民众对对方的文化产生了严重的误解。当时，中国人的部分风俗习惯被认为是不文明的、落后的。然而，在这样的背景下，在一小部分日本人中间诞生了一种新的中国服饰观。他们认为中国服可以根据季节的不同灵活调整，具有优越的功能性，且实用性强；另外，中国服能展示出大国礼仪，原本就历史悠久等，因此对中国服赞叹不已。甚至还有人认为中国服与和服、西服相比，不仅不输它们，甚至远超它们，是最优秀的一种服装。

通过以上的分析，我们可以发现中日两国对对方服饰文化的认知实际上是多样的。一方面，我们可以找到一些共同点。比如，都对对方的服饰文化带有一定的好奇心；两国文化差异所带来的文化冲击会让他们不由自主地批判和轻视对方。与此同时，也出现了一些欣赏对方服饰文化的看法。另一方面，两国的认知出现了一些截然不同的地方。譬如，甲午战争后，中国人的日本服饰观发生了逆转性的变化，由原本的“轻蔑”转变为“模仿”。相反，甲午战争以中国的败北而结束，导致这之后的日本社会主流看法总是将中国视为落后国家。不可思议的是，在当时，违背主流意识、赞赏中国服饰文化的观点也是存在的。另外，即使初衷是为了自身的贸易利益，在日本也出现了积极研究中国服饰文化的现象。

接下来，在第二篇（第四章至第六章）及第三篇（第七章至第九章）中，笔者以性别来划分，第二篇以男性为主体，第三篇以女性为主体，详细地考察了中日两国之间服饰文化交流情况。

在第四章中，笔者考察了歌舞伎演员、知识分子以及其他领域的日本男性与中国服的关系，明晰了曾体验过中国服的日本男性的“中国服”观。在第五章和第六章中，为了探明中国男性接受日本服饰文化的具体过程，对日本与中国分别进行了考察。具体来说，在第五章中剖析了中国留日学生的服装意识，第六章考察了日本学生服传入中国以后是如何被中国人接受的，同时还探讨了日本学生服与中山装之间千丝万缕的联系。通过上述考察得出了如下结论。

第一，中日两国穿着对方民族服饰的动机并不相同。日本男性穿中国服有各种各样的原因。最初由于中国戏剧热，日本歌舞伎男演员最早获得了亲近中国服的机会。而一部分喜爱中国文化（日本人称“中国趣味”）的知识分子，则通过穿中国服来标榜自己是具备汉文化修养的精英人士的身份，同时通过改变外表来使自己更融入汉文化。还有人，由于旅行或者工作到访中国，在某个契机下穿上了中国服，因此爱上了中国服。不难理解，穿中国服这一行为其实是日本男性自发的。与此不同的是，中国男性接受日本服饰文化经历了三个阶段：最初是抗拒抵制阶段（被动的），然后是逐渐接受融入阶段（变化中），最后是随着时代变迁思想行为发生变化阶段（自发的）。除此以外，在中国本土，教育界人士大力倡导穿日本学生服。在清末民初的中国教育界，大家积极地学习、模仿日本的教育理念和相关制度，学生服也被当作一个道具吸收引进来了。

第二，从中日两国穿着对方服饰的效果来看也产生了一些差异。一方面，日本男性通过穿中国服获得了一种从和服与西服中难以体验到的新鲜感。不过，由于穿中国服，时常遭受同胞的差别对待。另一方面，中国留日学生最初对日本人的服饰文化表现出了一定的抵抗，但是随着时间的推移也逐渐接受，最后几乎是完全融入了日本人的服饰文化中。与去欧美的中国留学生几乎只能穿西服相比，留日学生除了和服，还可以穿日本学生服。后来，日本学生服逐渐演变成象征着中国留日学生身份的服饰。到了民国，对留日学生来说，学生服更是随处可见，大家都积极地接受，甚至学生服还具有一定的优越性。也就是说，对民国的留日学生来说，学生服不只是学校的制服，更具有时尚意义。

第三，中日两国服饰文化影响的差异。虽然部分日本男性穿过中国服，对中国服表示出了热爱，但是的确很难下结论说中国服在日本男性中成为一种时尚。穿着中国服给日本男性带来舒适感和心理上的愉悦，同时由于穿着中国服，他们的地位发生了颠覆性的逆转，反过来被自己的同胞轻视，甚至还遭受了暴力等不公平对待。与此相反，甲午战争以后，清政府重新以日本为师，积极仿效日本政治和教育等方面的制度，学生服成为教育制度中一个不可或缺的道具被引进并实际应用到了中国的新式学堂教育之中。后来，学生服由于良好的功能性及价格实惠的特点，在中国引起了部分人的关注，被认为比西服更优越。另外，除了教育界，普通男性之中也出现了提倡大家改穿学生服的声音。更重要的一点是，在当时，的确出现了部分中国男性穿着学生服的现象。学生服不只是新式学堂男学生的校服，甚至还成为普通男性的日常服饰，为后来中山装的诞生做了铺垫。

在第三篇中，笔者针对中日两国女性的服饰文化交流，具体考察了她们是如何享受和体验对方服饰文化的。经过详细探讨，明晰了中日两国出现对方女性服饰文化流行现象的背景及原因。

第七章和第八章主要考察了中国女性的服装和发型究竟是如何受到日本影响的，明晰了这种来自日本的影响究竟是通过怎样的途径传入中国，并对中国女性的服饰文化带来哪些改变的。在第九章中，对在日本女性和孩子中出现的中国服流行现象进行了考察，并探讨了中国服在日本流行的原因及具体过程。通过这些考察得出如下结论。

第一，中日两国出现的流行服饰文化的具体内容不同。在日本流行的主要是中国汉族女性所穿的上衣下裳式样的中国服，同时出现了旗袍的身影。另外，中国风的睡衣及小饰品等也成为热销商品。而在中国流行的主要是日本女学生朴素的服饰风格，以及日本女教师和女学生常梳的束发，也就是一种叫作东洋髻的发型。

第二，流行出现的时间及影响范围不同。在日本，从 1910 年代到 1920 年代中叶，也就是本书所说的对中国服的初步认识时期，日本人对中国服表现出了一定的关注，甚至还出现了赞美中国服的声音。不过，那时的中国服对一般日本女性来说还是不太熟悉且比较新奇的，仅仅出现在上流社会或者知识分子精英阶层的女性之间。然而到了 1921 年至 1926 年，也就是中国服流行的准备期，中国服流行的趋势开始出现。后来，由于杂志上刊登的演艺界女明星及上流社会富裕家庭的千金小姐、贵妇身穿中国服的倩影给读者带来了强烈的视觉冲击，大众对于中国服的关注度上升到新高度。接着，时间到了1926年到1928年，中国服对很多日本人来说逐渐成为一种日常可见的，也是能够实际穿在身上的服饰。如此一来，中国服从特定范围内一小部分人所能享受的服装，逐渐渗透到普通家庭，变成日本男女老少都比较喜爱的流行服饰。

另一方面，清末民初的中国正值时代更迭，留日女学生以东渡日本为契机，接触了日本女学生朴素的服饰文化，并将其吸收融入自己的服饰文化中。另外，由于国内的部分女子学堂受到了日本教育制度的影响，女学生受到学校规章制度的约束，被迫接受了日本女学生朴素的服饰观。而经过两国文化的融合之后，被动变为主动，她们爱上了这种去掉浮华凸显纯洁质朴本质的服饰精神。这种朴素的精神后来被“文明新装”吸收，在中国女学生甚至普通妇女之间变得极为流行。除此以外，东洋髻的流行时间也值得关注。东洋髻从1910年代前期在普通妇女之间开始流行，并持续到1920年代。其中，1914～1915年是流行的巅峰期。东洋髻最初主要是在与教育相关的女性之间流行。对她们来说，这种发型与其说是一种潮流时尚，倒不如说是新知识分子女性的象征。后来，东洋髻开始获得其他女性的青睐，逐渐变成一种大众的流行。另外，不仅在上海、北京等大城市，就连南方的广东各地、中部的湖南、东部的江苏、北方的蒙古，甚至东北地区也都出现了东洋髻的影子，可见其流行范围之广。不仅如此，除汉族以外，比如在蒙古族女性中间也能看到东洋髻的影响。

第三，有关流行的原因和背景。关于中国服在日本成为时尚潮流的原因，笔者认为可以从三个方面来考虑。①进入民国后，中国妇女开始积极改良传统女装，并将其应用到实际生活中。这种时代的改变带来的变化，让邻国日本不得不对中国妇女刮目相看，赢得了他们的一些好感。当然，日本人受到当时西方国家出现的中国服热潮的影响这一点也不容忽视。②在“和服与西服之争”愈演愈烈的1920年代，特别是发生日本关东大地震之后，日本女性的服饰改良变成一个亟须面对的问题。在这种情况下，部分日本人认为中国服制作简单，而且具有比和服更实用等优点，因此，将它排在和服与西服之后，作为第三种优秀的服饰。③中日演艺界的频繁交流与“中国趣味”的流行重叠，直接影响到女明星和富裕家庭的千金小姐、贵妇，于是她们开始喜爱穿中国服。

另一方面，甲午战争以后，中国受到了日本女子教育很大的影响，同时中国女学生也受到了日本女学生服饰文化的影响。一方面，中国留日女学生通过留学直接接触了日本女子学校的制服文化，受到了其深远的影响。另一方面，中国国内的女学生受到国家和女子学校的规章制度的约束，不得不接受日本女学生服饰文化中追求质朴无华的精神，间接地受到了日本的影响。除此以外，还有从日本传入中国的东洋髻，其很容易被看作一种流行发型，然而实际上，它与中日两国之间女子教育的交流息息相关。在社会上开始积极推崇女子教育的年代，有知识又具有独立人格魅力的女性，也就是被称作“新女性”的群体被其他很多女性同胞所憧憬向往。在这样的时代背景下，原本只在教育界部分女性之间流行的东洋髻逐渐流传到其他普通妇女之间。

服饰文化交流中凸显的中日两国的共同点与差异

在考察服饰文化交流的过程中，笔者发现中日两国所表现出来的共同点与差异，大致可以总结如下。

首先谈谈三个共同点。第一，中日两国对彼此服饰文化的认知有明显的差异。日本女性剃眉、染黑牙的习俗，日本人和服里面不穿内裤的习惯，以及部分体力劳动者在劳作时大幅裸露下半身的场景等，无疑让当时的中国人大为不解，无比震惊。反过来，当时的日本人对中国男人留辫及女人裹脚的习俗也表现出了极大的兴趣。在他们的文字叙述中大都表现出对中国女人的同情、对中国陋习的批判，言语间透露出惊诧之意。另外，有关服装的清洗问题，中国人的脏衣服有时不会清洗，而是通过估衣铺的贩卖从上流社会逐步流入社会底层。这种习惯让日本人无比震惊。

第二，中日两国近代服饰文化中有关“洋”的概念十分接近。具体来说，中日两国在定义“洋”时，有时会不约而同地将本国传统服饰以外的都看作“洋装”。展开来讲，在当时日本的“洋装”中，有时也包含了中国服。举个例子，与服饰相关的杂志在介绍中国服的时候，刻意将文章放入“洋装之部”栏目；百货店里制作并销售中国服的也叫作洋装部；在杂志上面向大众介绍中国服信息的也是洋装店。也就是说，很有可能，在当时的日本，外来的中国服有时被划入了洋装的范围。另一方面，在中国“洋”的概念显得更加明确，具体划分为东洋和西洋。西洋指的就是美国和欧洲等西方发达国家，而东洋则专门指日本。比如，出现在上海的日式人力车当时就被称作东洋车，日本人经营的茶馆被称作东洋茶馆。同样，从服饰文化的角度来看，日式发髻被称作东洋髻，日式风格的打扮被称作东洋妆。也就是说，在当时的中国，“洋”的概念是在与“中华”的比较中成立的，那么日本自然而然被归入“洋”的范围之中。只不过，欧美国家对中国来说是西洋，而日本从地理位置来看，在中国的东边，自然也就被看作东洋之国了。如此一来，同样在提到“东洋”一词时，不难看出中日两国之间理解的巨大差异。

第三，中日两国的近代服饰文化不约而同地出现过想要脱离西服影响的倾向。比如，西服会束缚人的身体，让人觉得十分拘束，因此在非常闷热的夏季，对穿惯了和服的日本人来说穿上西服就如同跌进了地狱，遭到了部分男性的强烈批判。同时，女性的西服容易露出小腿，看上去很不雅观，这有些违背东亚传统的道德观念。另外，西服在旅行时和防寒上有很大的缺陷，因此也被人诟病。然而，不少日本人认为中国服是最能适应日本气候的服装。另一方面，在中国，定制和购买西服花费很大，而且西服穿着起来很麻烦，因此出现了否定西服的声音。与此同时，穿长袍有诸多不便，而且被认为违背时代潮流发展，也不适合当时的中国人。因此，经济实惠、功能性强的日本学生服就受到了中国人的关注。总而言之，无论是日本还是中国，当时都有一部分人认识到西服其实并不适合我们亚洲人，而巧妙的是，大家不约而同地否定了本国的传统服饰。反过来，中国人青睐日本学生服，而日本人憧憬中国服，并且大家都真正地穿上了对方国家的服装。

再来看两个差异之处。第一，中日两国在吸收对方服饰文化的过程中，以及对方服饰文化流行时期出现了不同程度的差异。日本男性开始关注长袍马褂并实际穿着体验大致是在 1910 年代到 1920 年代。几乎同时，一部分日本女性接受了上衣下裳和旗袍文化，特别是 1920 年代以后，中国服在普通日本妇女甚至少女之间流行起来。总而言之，日本无论男女老少都开始关注中国服，并且穿着体验中国服主要是在 1910 ~ 1920 年代。中国人受到日本服饰文化的影响主要是在甲午战争以后，具体来说，就是男女学生东渡日本留学时期。另外，在中国流行的日本服饰文化之所以多种多样，主要是因为留学生受到日本服饰不断变化的影响。详细地说，男性之间流行穿日本学生服主要是在中华民国成立初期。随着时间的推移，在众多留日男学生眼中，学生装不再是单纯的学生制服，而是升华成为一种时尚潮流。女性方面，1910 年代至 1920 年代中期，中国女学生吸收了日本女学生制服文化中追求质朴无华的精神，改良了本国的传统服饰，出现了一种叫作“文明新装”的服装。这种服装最初只在女学生之间流行，后来其影响力扩大到其他妇女之间，成为一种潮流服饰。综上所述，从中日两国最初接受对方服饰文化的时间来看，中国更早一些，主要在 1900 年代。不过，中日两国服饰文化交流的鼎盛时期是在 1910 ~ 1920 年代。也就是说，1910 ~ 1920 年代中日两国在服饰文化交流上出现了一个小高潮。

第二，中日两国服饰文化影响力的差异。从本书的构成，特别是从第二篇与第三篇的具体章节来看，中国人受到日本服饰文化的影响更大、更深远一些。具体来说，由于旅行、工作或自己的趣味，日本男性中确实有一部分人穿着体验过长袍马褂。中国女性的上衣下裳、旗袍在日本女性特别是少女之间确确实实流行过，不过那也只是在1920年代短暂的一段时期内产生影响罢了。然而，在中国，男性的日本学生服和女性所受到的日本女学生服饰朴素精神的影响，以及东洋髻这种日式发型，都与中日两国近代教育的交流紧密相关，因此，这种日式的影响力对中国人来说更广泛、更深远。从整体上来看，在近代中日两国的服饰文化交流过程中，日本对中国产生了更加深远的影响。两国的影响力为何会如此悬殊呢？其中一个重要的原因就是甲午战争。甲午战争后，中日关系发生逆转，为了达到实现近代化的目的，中国反过来以日本为师。特别是中国为了推动近代教育事业的发展，开始积极地向日本派遣留学生，聘请日本教习，同时模仿日本的教育制度创办学校。在这样的背景下，日本服饰文化（男性的学生服，女学生朴素的服饰精神）作为教育中不可或缺的一部分而被引进中国。后来，通过留学生不断地传播，日本与中国的服饰文化混搭并融合在了一起，对不同身份的中国人都产生了一定的影响。总而言之，中国服饰文化对在日本的影响是短期的、限定在一定范围内的，而日本服饰文化对近代中国所产生的影响则是既深远又广泛。

中日两国近代服饰关系图

受到西方文化的影响，近代中日两国在不同程度上进行了服饰西化。在两国目前的相关研究中，主流的看法常常将“服饰的近代化”与“服饰西化”画上等号。然而，不得不让人注意的是，“服饰西化”一词被过分强调，让人忽视了邻国之间的相互影响。因此，为了填补相关研究的空白，本书以中日交流的视角来探讨两国近代的服饰文化。接下来，笔者将用关系图来概括总结本书的研究成果。

图结－1展示的是日本的近代服饰、发型受到影响的过程。在这个过程中，日本的和服与西服时而对立，时而融合，最终实现了和服对西服的全面吸收。值得一提的是，虽然只是短暂的一段时间，日本人的近代服饰文化也受到了中国服的影响。中国服成为当时日本男性钟爱的一种服饰，甚至还变成了日本女性追逐的一股时尚潮流。另外，笔者在前文中也提到过，在当时的日本，西服其实有时还包含中国服。也就是说，对当时的日本人来说，中国服与西服有时候是重合的。

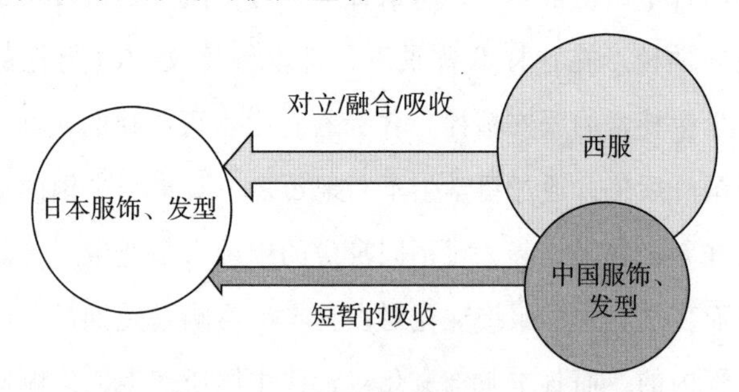

图结－1　日本近代服饰、发型受到的影响

图结－2中线路A展示的是中国的服饰、发型受到了日本的影响。笔者在前文中已经有所阐述，在当时的中国，“洋”的概念是与“中华”的概念相对的，因此日本是在“洋”的范围内的。不过，美国、欧洲被中国人看作西洋，而日本对中国来说则是东洋。因此，对当时的中国人来说，日本的服饰文化不过是西服文化中的一部分罢了。另外，中国人当时吸收借鉴的并不是传统的日本服饰文化，而是接受了西方文化熏陶后诞生的一种近代服饰文化（比如男性的学生服、女性的东洋髻）。线路 B 则代表中国服饰受西服文化影响，即直接受欧美服饰文化影响。

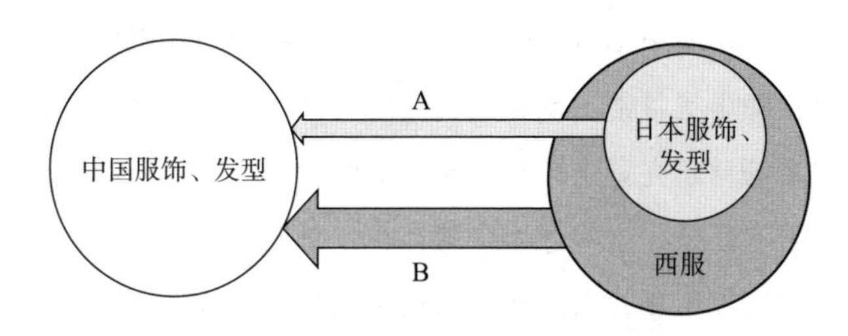

图结 -2　中国近代服饰、发型受到的影响

最后，笔者针对本书写作中遇到的一些问题，以及今后的课题等进行一个简单的梳理和说明。

东游日记中所有的文字记录未必是中国人亲身体验、目睹的事实。不难想象，结合当时的具体情况，例如语言、交通、时间和金钱等现实问题，作者未必能轻易地到日本旅游，并且一一确认所有的情况。如此一来，他们很有可能是浏览了当时的新闻报刊及公文资料，翻阅了部分书籍之后，将这些信息统合整理在一起，可能还有不少人向曾旅居日本的华侨打探消息。正因为如此，他们有关日本服饰文化的叙述、对日本人的看法等有时错漏百出，往往带有个人偏见，是有局限性的资料。因此，使用这些研究资料时需要更加谨慎地考察和辨别。另外，东游日记的作者在对日本人进行描述时针对的究竟是怎样的人群，这些细致的地方也需要进一步的探讨。

除此以外，笔者在本书的序章中指出，日本的美术作品与文学作品中有关于中国服的描写。比如，1920 年代以谷崎润一郎为代表、具有“中国趣味”的作家常常在自己的文学作品中描写身穿中国服的女性。还有，在藤岛武二和岸田刘生等画家的作品中，也出现了不少“身穿中国服的女性”。在中国，郁达夫和郭沫若等的作品中也时常出现日本女性的身影；受中国老百姓喜爱的月份牌里也常常出现身穿和服的女性形象。遗憾的是，出现这些现象的背景究竟是什么，与本书所考察的中日服饰交流的小高潮是否有联系，这些谜团依然存在。总而言之，关于在日本出现的中国女性形象，以及在中国出现的日本女性形象，对这种东亚女性群体之间交流的整体状况的认知还比较模糊。这也是笔者比较关注，并且今后还想要进一步考察的课题。

主要参考文献

史料

崇文书局编《日本留学指掌》，东京：崇文书局，1905。
陈莲痕：《京华春梦录》，竞智图书馆，1925。
冯和法：《日本在华之棉织品市场及其势力之消长》，《国际贸易导报》第2卷第12期，1931年。
海上闲人：《上海罢市实录》，公义社，1919。
黄遵宪：《日本国志》，台北：文海出版社，1968。
胡铭、秦青主编《民国社会风情图录 服饰卷》，江苏古籍出版社，2000。
《老照片：服饰时尚》，江苏美术出版社，1997。
《鲁迅全集》第6卷，人民文学出版社，1981。
陆子常：《最新式时装百美图》下卷，启新书局，1923。
《日用百科全书》第36编《衣服》，商务印书馆，1919。
《中国发辫史》，苏乾英译，《东方杂志》第31卷第3期，1934年2月。
梦芸生：《伤心人语》，振聩书社，1906。
吴友如：《点石斋画报》，上海文艺出版社，1998。

王锡祺编《小方壶斋舆地丛钞》，上海著易堂，1891。
王咏霓：《道西斋日记》，鸿宝斋，1892。
杨步伟：《一个女人的自传》，岳麓书社，2017。
章宗祥：《日本游学指南》，1910。
《中国留学生文学大系：近现代散文纪实文学卷》，上海文艺出版社，2000。
中华民国教育部参事处：《教育法令汇编》第1辑，商务印书馆，1936。
钟叔河辑注校点《黄遵宪日本杂事诗广注》，湖南人民出版社，1981。
罗森等：《早期日本游记五种》，湖南人民出版社，1983。
钟叔河编《周作人文类编：日本管窥》，湖南文艺出版社，1998。
李圭：《环游地球新录》，岳麓书社，2008。
周建人口述，周晔编写《鲁迅故家的败落》，湖南人民出版社，1984。
朱有瓛主编《中国近代学制史料》，华东师范大学出版社，1987。
相浦杲編集・翻訳『魯迅全集』第9巻（『集外集・集外集拾遺』)、東京学習研究社、1985。
芥川竜之介「南京（中)」『支那游記』改造社、1925。
芥川龍之介『芥川龍之介全集』第19巻、岩波書店、1997。
石割透編「5月17日　芥川道章宛」『芥川竜之介書簡集』岩波書店、2009。
市川左團次『左團次藝談』南光社、1936。
石井研堂『明治事物起原』橋南堂、1908。

一宮操子『新版蒙古土産』靖文社、1944。
井上紅梅『支那女研究香艶録』支那風俗研究会、1921。
井上紅梅『支那風俗』下巻、日本堂書店、1921。
入澤達吉著・入澤常子編『如何にして日本人の体格を改善すべきか』日新書院、1939。
内山清『貿易上ヨリ見タル支那風俗之研究』上海日日新聞社、1915。
大町月桂『女学生訓』博文館、1903。
大町桂月『満鮮遊記』大阪屋号書店、1919。
魚返善雄編註『中国人的日本観』目黒書店、1943。
奥野信太郎「燕京品花録」『随筆北京』平凡社、1940。
梶川半三郎『実業之支那』六合館、1906。
木川如一・田中亀治編訳『東瀛遊学指南』日華堂、1906。
景梅九著、大高巌・波多野太郎訳『留日回顧：中国アナキストの半生』平凡社、1966。
桂頼三『長江十年：支那物語』同文館、1917。
桑原隲蔵『東洋史説苑』弘文堂書房、1927。
黄尊三著、実藤恵秀・佐藤三郎訳『清国人日本留学日記：一九〇五—一九一二年』東方書店、1986。
後藤朝太郎『支那風俗の話』大阪屋号書店、1927。
後藤朝太郎『支那游記』春陽堂、1927。
斎藤清衛『北京の窓：民族の対立と融和』黄河書院、1941。
実藤恵秀・豊田穣共訳『日本雑事詩』生活社、1943。
鹿田熊八・寺本伊勢松編『改正小学体操法』熊谷久栄堂、1898。

信濃憂人訳編『支那人の見た日本』東京青年書房、1941。
朱北樵『支那服に就て』東亜研究会、1928。
竹内好訳『竹内好個人訳魯迅文集』第2巻、筑摩書房、1983。
坪井正五郎・沼田頼輔編『世界風俗写真帖』第1集、東洋社、1901。
東亜同文会編纂局『支那経済全書』第7輯、東亜同文会、1909。
東亜同文会編纂局『支那経済全書』第12輯、東亜同文会、1909。
東京女子高等師範学校『東京女子高等師範学校一覧．明治42－44年』東京女子高等師範学校、1912。
東洋タイムス社編纂局編『無尽蔵の支那貿易：最近調査』東洋タイムス社、1917。
東洋婦人会編『支那雑観』東洋婦人会、1924。
鳥山喜一『黄河の水』弥円書房、1925。
中山忠直『日本人に適する衣食住』宝文館、1927。
難波知子『近代日本学校制服図録』創元社、2016。
長谷川桜峰『支那貿易案内』亜細亜社、1914。
原口統太郎『支那人に接する心得』実業之日本社、1938。
松本亀次郎『中華五十日游記』東西書房、1931。
松本正造『西洋日本束髪独稽古』松本正造、1887。
満洲事情案内所編『満洲国の習俗』満洲事情案内所、1935。
南満洲鉄道株式会社編『満蒙全書』第1巻、満蒙文化協会、1922－1923。
村松梢風『支那漫談』騒人社書局、1928。
安本重治『支那印象記』東洋タイムス社、1918。

山崎清吉・山崎信子『詳解婦人結髪術』東京婦人美髪学校出版部、1925。

与謝野晶子『人及び女として』天弦堂書房、1916。

『留学早稲田大学己酉畢業生紀念写真帖』1909、早稲田大学所蔵。

吉川幸次郎「四十五年ぶりの中国」『吉川幸次郎講演集』筑摩書房、1996。

报刊

《大公报》《东方杂志》《妇女杂志》《良友》《申报》

『朝日新聞』『読売新聞』『DVD－ROM版婦人画報』『DVD－ROM版婦人公論』『グラフ』

著作

常人春：《老北京的穿戴》，北京燕山出版社，2007。

陈高华、徐吉军主编《中国服饰通史》，宁波出版社，2002。

陈象恭编著《秋瑾年谱及传记资料》，中华书局，1983。

戴争编著《中国古代服饰简史》，中国轻工业出版社，1988。

华梅：《服饰与中国文化》，人民出版社，2001。

黄福庆：《清末留日学生》，台北：中研院近代史研究所，2010。

黄强：《衣仪百年——近百年中国服饰风尚之变迁》，文化艺术出版社，2008。

黄士龙编著《中国服饰史略》，上海文化出版社，2007。

贾鸿雁：《中国游记文献研究》，东南大学出版社，2005。

廖军、许星：《中国服饰百年》，上海文化出版社，2009。
尚明轩：《何香凝传》，人民文学出版社，2012。
孙燕京：《服饰史话》，社会科学文献出版社，2000。
吴昊：《中国妇女服饰与身体革命（1911～1935）》，东方出版中心，2008。
吴浩然编著《老上海女子风情画》，齐鲁书社，2010。
王晓秋：《中日文化交流史话》，商务印书馆，2007。
王晓秋、大庭修主编《中日文化交流大系历史卷》，浙江人民出版社，1996。
王晓秋：《近代中日启示录》，北京出版社，1987。
汪向荣：《日本教习》，三联书店，1988。
杨源主编《中国服饰百年时尚》，远方出版社，2003。
袁仄、胡月：《百年衣裳：20世纪中国服装流变》，三联书店，2010。
张春新、苟世祥：《发髻上的中国》，重庆出版社，2011。
郑翔贵：《晚清传媒视野中的日本》，上海古籍出版社，2003。
郑永福、吕美颐：《近代中国妇女生活》，河南人民出版社，1993。
周松芳：《民国衣裳——旧制度与新时尚》，南方日报出版社，2014。
周一川：《近代中国女性日本留学史（1872～1945年）》，社会科学文献出版社，2007。
朱美禄：《域外之镜中的留学生形象——以现代留日作家的创作为考察中心》，巴蜀书社，2011。
石川弘義・尾崎秀樹『出版広告の歴史　1895－1941』出版ニュ

ース社、1989。
汪向栄著・竹内実など訳『清国お雇い日本人』朝日新聞社、1991。
刑部芳則『洋服・散髪・脱刀：服制の明治維新』講談社、2010。
川嶋保良『婦人・家庭こと始め』青蛙房、1996。
金一勉『遊女・からゆき・慰安婦の系譜』雄山閣出版、1980。
木村涼子『〈主婦〉の誕生婦人雑誌と女性たちの近代』吉川弘文館、2010。
京都美容文化クラブ編『日本の髪型』京都美容文化クラブ、2000。
小池三枝・野口ひろみ・吉村佳子『概説日本服飾史』光生館、2000。
佐々木揚『清末中国における日本観と西洋観』東京大学出版会、2000。
佐藤三郎『中国人の見た明治日本—東遊日記の研究』東方書店、2003。
佐藤尚子・大林正昭編『日中比較教育史』春風社、2002。
実藤恵秀『中国人日本留学史』くろしお出版、1981。
実践女子学園一〇〇年史編纂委員会編『実践女子学園一〇〇年史』実践女子学園、2001。
田中圭子『日本髪大全』誠文堂新光社、2016。
難波知子『学校制服の文化史』創元社、2012。
浜崎廣『女性誌の源流：女の雑誌、かく生まれ、かく競い、かく死せり』出版ニュース社、2004。
増田美子編『日本衣服史』吉川弘文館、2010。
劉香織『断髪近代東アジアの文化衝突』朝日新聞社、1990。
劉建輝『魔都上海日本知識人の「近代」体験』ちくま学芸文庫、2010。

论文

崔蕾、张志春：《从汉唐中日文化交流史看中国服饰对日本服饰的影响》，《西北纺织工学院学报》2001 年第 4 期。
崔金丽：《吕碧城与北洋女子公学》，《中国社会科学院研究生院学报》第 205 期，2015 年。
陈晰：《史量才教育活动述评》，《绵阳师范学院学报》2013 年第 6 期。
樊如森、吴焕良：《近代中日贸易述评》，《史学月刊》2012 年第 6 期。
侯杰、胡伟：《剃发·蓄发·剪发——清代辫发的身体政治史研究》，《学术月刊》2005 年第 10 期。
贾莉：《从“东游日记”看日本服饰习俗及晚清官员之日本服饰观》，《绍兴文理学院学报》2012 年第 1 期。
蒋宏宇：《我国近现代中小学体育教科书历史变迁研究》，博士学位论文，北京体育大学，2014。
郎净：《晚清体操教科书之书目钩沉及简析》，《体育文化导刊》2014 年第 8 期。
马兴国：《中日服饰习俗交流初探》，《日本研究》1986 年第 3 期。

彭华：《中国缠足史考辨》，《江苏科技大学学报》（社会科学版）2013 年第 3 期。

时培磊：《明清日本研究史籍探研》，博士学位论文，南开大学，2010。

谭泽明：《报人史量才的儒商情怀——多重角色与核心身份》，《南昌大学学报》（人文社会科学版）2017 年第 1 期。

王升远、唐师瑶：《蔡元培的东文观与中国日语教育——从绍兴中西学堂到南洋公学特班》，《中国大学教学》2008 年第 3 期。

王红艳：《变革下的本土化进程——20 世纪上海职业教育研究》，博士学位论文，华东师范大学，2013。

王作松：《中国“学生装”的历史流变》，《人民教育》2016 年第 9 期。

吴善中、黄蓉：《浅论辛亥革命前夕狂飙突起的剪辫运动》，《扬州大学学报》（人文社会科学版）2002 年第 2 期。

张文灿：《社会性别视阈下的启蒙困境——以五四新文化运动之塑造新女性为例》，《中华女子学院学报》2013 年第 2 期。

周立、李卉君：《论民国学生装的文化特点及其当代价值》，《哈尔滨学院学报》2010 年第 11 期。

朱跃：《郑辟疆与江苏省立女子蚕业学校》，《苏州大学学报》（教育科学版）2016 年第 2 期。

大丸弘「両大戦間における日本人の中国服観」『風俗』1988 年。

石井洋子「辛亥革命期の留日女子学生」『史論』第 36 号、1983 年。

池田忍「『支那服の女』という誘惑—帝国主義とモダニズム」

『歴史学研究』第765号、2002年。

閻瑜「谷崎潤一郎の中国旅行と『支那趣味』の変貌」『大妻国文』第41巻、2010年。

武継平「『支那趣味』から『大東亜共栄』構想へ—佐藤春夫の中国観」『立命館言語文化研究』第19巻第1号、2007年。

晏妮「20世紀初頭、上海における中国教育会の設立：とくに日本との関係を中心に」『人間文化研究科年報』第27号、2012年。

晏妮「近代上海における務本女塾の設立」『人間文化研究科年報』第28号、2013年。

晏妮「上海における近代的女子教育の展開—愛国女学校と務本女塾を中心に—」博士論文、奈良女子大学、2014。

黄紅萍・中里喜子「纏足の歴史Ⅱ」『東京家政大学博物館紀要』第3号、1998年。

呉佳佳「芥川の中国体験—『支那遊記』を中心に—」『札幌大学総合論集』第36巻、2013年。

米家泰作「近代日本における植民地旅行記の基礎的研究—鮮満旅行記にみるツーリズム空間—」『京都大學文學部研究紀要』第53巻、2014年。

塩津洋子「『ピアノ同好会』の活動」『大阪音楽大学博物館年報』第25号、2009年。

深澤一幸「王之春の『東京雜詠』『東京竹枝詞』」『言語文化研究』、2011年。

高月智子・能澤慧子「1920年代若い女性の理想像：『婦人グラ

フ』に見る令嬢たち」『東京家政大学博物館紀要』第8号、2003年。

単援朝「芥川竜之介と胡適—北京体験の一側面」『言語と文芸』第107号、1991年。

難波知子「近代日本における女子学校制服の成立・普及に関する考察：教育制度・着用者・制服製作に注目して」『人間文化論叢』第9号、2006年。

三石善吉「近代日本と中国－27－後藤朝太郎と井上紅梅」『朝日ジャーナル』第14巻第32号、1972年。

村上嘉實「東方文化研究所のころ」『人文』第46号（創立70周年記念）、1999年。

吉岡由紀彦「芥川龍之介の眼に映じた中国—『支那游記』・零れ落ちた体験—」『作家のアジア体験—近代日本文学の陰画—』世界思想社、1992。

山田民子・寺田恭子・富澤亜里沙・澤野文香「子供服洋装化の導入と改良服に求められた機能性との関係」『東京家政大学生活科学研究所研究報告』第36集、2013年。

劉建雲「第一高等学校特設予科時代の郭沫若—『五校特約』下の東京留学生活—」『人文学研究所報』第52号、2014年。

渡邊友希絵「明治期における『束髪』奨励—『女学雑誌』を中心として」『女性史学』第10号、2000年。

渡邊友希絵「『束髪』普及の過程における一考察：昭憲皇后を中心として」『鷹陵史学』第28号、2002年。

其他

《古代汉语辞典》第2版，商务印书馆，2015。

王力等编《古汉语常用字字典》第5版，商务印书馆，2016。

后 记

本书是笔者在日本大阪大学言语文化研究科日语日本文化专业博士课程就读期间发表的论文的一个汇总。原书用日语撰写，是笔者在任大阪大学日语日本文化教育中心（CJLC）特任助教期间出版的。笔者在研究及翻译的过程中得到了很多专家学者的帮助和指点。

首先，感谢恩师岩井茂树教授（时为副教授）。作为笔者的导师，岩井教授在本书的立意及构思方面提出了许多宝贵而又十分有价值的参考意见。岩井教授是笔者踏上研究道路的领路人，同时也是笔者研究方向的指引者。不仅如此，岩井教授对笔者所写的日语论文每次都会十分细致地修改，并反馈一些修改意见，每每让笔者获益匪浅。这些经历是笔者在读博士期间收获的宝贵财富。另外，还有加藤均教授和佐野方郁副教授，作为笔者的副导师，二位在研究过程中给予了笔者很多宝贵的建议和指导，并对文中很多细节的地方做出了指正和修改。在此，对三位教授表示衷心的感谢！此外，国际日本文化研究中心的刘建辉教授提供了建议和指导，让笔者在搜集和分析中国方面的资料时受益匪浅。笔者还要特别感谢在参加国际服饰文化学会、服饰文化学会、日本比较文化学会、日本风俗史学会等学会及在国际会议上做学术报告时为笔者提供了参考意见和指正之处的众多良师益友。另外，还要感谢在本书的撰写过程中为笔者提供了许多信息的老师和前辈。他们分别是服饰史研究专家小山直子女士、日本东北艺术工科大学旗袍文化研究家谢黎老师、东京家政学院大学藤田惠子老师、千叶大学见城悌治老师。在读博期间，野村公益财团和日本学术振兴会提供的奖学金/特别研究员奖励费在生活上给笔者提供了支援，让笔者能更加专注地投入研究。尤其是日本学术振兴会提供的科学研究费补助金特别研究员奖励费是本书得以问世的最大支柱。在此，特别感谢！

这次中文版的出版，要特别感谢编辑李期耀老师。感谢李老师联系到笔者，积极地帮助笔者争取到如此宝贵的出版机会。由于笔者个人原因，翻译比原定的计划推迟了很久，李老师总是十分理解和支持，让笔者更加坚定一定要用最好的成果来回报这份恩情。

最后，要感谢我的家人。在长年的海外留学及研究生活中，家人的关爱和支持让我坚持到了最后。尤其是我的母亲，她不但是我爱上服饰文化的启蒙老师，而且无时无刻不给予我最大的支持和理解。

2023年2月9日于东京

图书在版编目(CIP)数据

异服新穿：近代中日服饰交流史 / 刘玲芳著译. --
北京：社会科学文献出版社，2023.6
ISBN 978-7-5228-1533-6

Ⅰ.①异… Ⅱ.①刘… Ⅲ.①服饰文化-文化交流-文化史-研究-中国、日本-近代 Ⅳ.①TS941.12

中国国家版本馆CIP数据核字(2023)第047411号

异服新穿：近代中日服饰交流史

著　　译 / 刘玲芳

出 版 人 / 王利民
责任编辑 / 李期耀
文稿编辑 / 侯婧怡
责任印制 / 王京美

出　　版 / 社会科学文献出版社·历史学分社（010）59367256
地址：北京市北三环中路甲29号院华龙大厦　邮编：100029
网址：www.ssap.com.cn
发　　行 / 社会科学文献出版社（010）59367028
印　　装 / 北京盛通印刷股份有限公司

规　　格 / 开 本：889mm×1194mm　1/32
印 张：11.875　字 数：264千字
版　　次 / 2023年6月第1版　2023年6月第1次印刷
书　　号 / ISBN 978-7-5228-1533-6
著作权合同登记号 / 图字01-2022-4482号
定　　价 / 79.00元

读者服务电话：4008918866